第三次全国农作物种质资源普查与收集行动

农作物优异种质资源与典型事例

——浙江、福建、江西、海南卷

● 魏利青　高爱农　胡小荣　方　沩　主编 ●

图书在版编目（CIP）数据

农作物优异种质资源与典型事例. 浙江、福建、江西、海南卷 / 魏利青等主编. --北京：中国农业科学技术出版社，2021. 11

ISBN 978-7-5116-5447-2

Ⅰ. ①农… Ⅱ. ①魏… Ⅲ. ①作物—种质资源—资源调查—浙江 ②作物—种质资源—资源调查—福建 ③作物—种质资源—资源调查—江西 ④作物—种质资源—资源调查—海南 Ⅳ. ①S329.2

中国版本图书馆 CIP 数据核字（2021）第 160660 号

责任编辑 崔改泵
责任校对 贾海霞
责任印制 姜义伟 王思文

出 版 者 中国农业科学技术出版社
北京市中关村南大街12号 邮编：100081
电 话 （010）82109194（出版中心）（010）82109702（发行部）
（010）82109709（读者服务部）
传 真 （010）82106650
网 址 http: // www.castp.cn
经 销 者 各地新华书店
印 刷 者 北京地大彩印有限公司
开 本 185 mm×260 mm 1/16
印 张 15.5
字 数 376千字
版 次 2021年11月第1版 2021年11月第1次印刷
定 价 160.00元

《农作物优异种质资源与典型事例——浙江、福建、江西、海南卷》

编委会

主　编　魏利青　高爱农　胡小荣　方　沩

副主编　皮邦艳　赵伟娜　张　慧

主要编写人员（以姓氏笔画为序）

浙江省

马志进　丰智慧　王　驰　王　斌　王春猜　王美兴　王素彬
王凌云　王晶晶　王普红　贝道正　毛小伟　毛水根　毛慧娟
古咸彬　乐焕东　过维平　朱再荣　朱伟君　朱贵平　任海英
刘永贵　刘合芹　刘秀慧　刘宏友　孙军华　严百元　李付振
李志邈　杨梢娜　吴东林　吴利龙　吴建忠　吴彩凤　应卫军
汪成法　汪宝根　沈一诺　宋　洋　张权芳　张惠琴　张群华
陈人慧　陈小央　陈义重　陈昌新　陈岳聪　陈建江　陈健根
陈景锐　陈豪安　林　怡　林　燚　林天宝　林军波　郁晓敏
罗建丰　周　攀　周奶弟　周新伟　郑小东　郑志强　郑智明
赵永彬　胡依君　胡敏骏　柯甫志　俞亚国　俞法明　姜伟锋
姜路花　徐义华　徐永健　徐红霞　徐洪潮　陶永刚　黄子洪
章忠梅　章浩忠　屠昌鹏　董向阳　程立巧　童永华　童琦珏
谢小波　蔡芸菲　颜曰红　戴美松

福建省

王俊宏　王景生　韦忠耿　韦晓霞　邓素芳　邓朝军　叶爱金
乐　飒　冯大兴　朱　鸿　朱业宝　刘　晖　刘文亮　刘书华
刘爱华　江　川　江　萍　汤陈财　许奇志　阮妙鸿　孙　君
苏明星　李大忠　李世俊　李永平　李和平　李顺和　李振武

李瑞美 李燕丽 杨如兴 吴文革 吴冬梅 吴宇芬 吴松海
吴桂亭 邱凤秀 余文权 应朝阳 张　扬 张文锦 张民生
张加明 张回灿 张树河 张艳芳 张海峰 陆佩兰 陈　华
陈　恩 陈义挺 陈双龙 陈代顺 陈芝芝 陈年镛 陈志彤
陈丽云 陈秀萍 陈祖枝 陈福治 范颖洁 林　辉 林　强
林　楠 林友国 林永胜 林忠宁 林珊珊 林贵发 林炳洪
林碧珍 林霜霜 罗奕聘 金　光 金　标 周　兴 练冬梅
钟秋生 段斌莉 姜祖福 洪世孟 洪桂芬 洪健基 夏品蒲
高　璐 郭　瑞 郭林榕 黄水龙 黄世勇 黄伟群 黄宝珠
曹敏嘉 梁桂华 揭锦隆 葛慈斌 温庆放 蓝新隆 赖正峰
赖妙玲 腾振勇 詹　杰 潘世明

江西省

丁　戈 王开龙 王正谷 尹玉玲 史柏琴 兰孟焦 尧平安
朱方红 刘　进 刘日进 刘乐先 关　峰 汤　洁 孙　建
严　晴 苏金平 李　慧 李建红 李晓军 吴问胜 吴美华
吴样兰 何俊海 余丽琴 邹小云 况姚赟 辛佳佳 张　洋
张小花 张六古 张代红 陈小荣 陈志才 林海英 赵朝森
钟思荣 钟梓璘 饶月亮 徐国金 涂玉琴 黄元文 章　暘
董礼胜 曾　明 漆迎春 黎毛毛

海南省

邓会栋 吕福昌 伍华告 伍壮生 华　敏 李海明 张春香
陈万聪 范鸿雁 郑道君 胡福初 唐清杰 程子硕

中国农业科学院作物科学研究所

方　沩 皮邦艳 张　慧 赵伟娜 胡小荣 高爱农 魏利青

编　审　高爱农

PREFACE 序

近年来，随着生物技术的快速发展，各国围绕重要基因发掘、创新和知识产权保护的竞争越来越激烈。农作物种质资源已成为保障国家粮食安全和农业供给侧改革的关键性战略资源。然而随着气候、自然环境、种植业结构和土地经营方式等的变化，导致大量地方品种迅速消失，作物野生近缘植物资源也因其赖以生存繁衍的栖息地遭受破坏而急剧减少。因此，尽快开展农作物种质资源的全面普查和抢救性收集，妥善保护携带重要特性基因的种质资源迫在眉睫。通过开展农作物种质资源普查与收集，不仅能够防止具有重要潜在利用价值种质资源的灭绝，而且通过妥善保存，能够为未来国家现代种业的发展提供源源不断的基因资源。

为贯彻落实《全国农作物种质资源保护与利用中长期发展规划（2015—2030）》（农种发〔2015〕2号），在财政部支持下，农业农村部于2015年启动了“第三次全国农作物种质资源普查与收集行动”（以下简称“行动”），发布了《第三次全国农作物种质资源普查与收集行动实施方案》（农办种〔2015〕26号）。“行动”的总体目标是对全国2 228个农业县进行农作物种质资源全面普查，对其中665个县的农作物种质资源进行系统调查与抢救性收集，共收集各类作物种质资源10万份，繁殖保存7万份，建立农作物种质资源普查与收集数据库。为我国的物种资源保护增加新的内容，注入新的活力。为现代种业和特色农产品优势区建设提供信息和材料支撑。

为了介绍“行动”中发现的优异资源和涌现的先进人物与典型事迹，促进交流与学习，提高公众的资源保护意识，根据有关部署，现计划对“行动”自2015年启动以来的典型事例进行汇编并陆续出版。汇编内容主要包括优异资源、资源利用、人物事迹和经验总结等四个部分。

优异资源篇，主要介绍新近收集的优异、珍稀濒危资源或具有重大利用前景的资源，重点突出新颖性和可利用性。资源利用篇，主要介绍当地名特优资源在生产、生活中的利用现状、产业情况以及在当地脱贫致富和经济发展中的作用。人物事迹篇，主要介绍资源保护工作中的典型人物事迹、种质资源的守护者或传承人以及种质资源的开发利用者等。经验总结篇，介绍各单位在普查、收集以及资源的保护和开发利用过程中形成的组织、管理等方面的好做法和好经验。

该汇编既是对“第三次全国农作物种质资源普查与收集行动”中一线工作人员风采的直接展示，也为种质资源保护工作提供一个宣传交流的平台，并从一个侧面对这项工作进行了总结，为国家的农作物种质资源保护和利用工作尽一份微薄之力。

编委会

2020年12月

FOREWORD 前　言

由农业农村部组织开展，中国农业科学院作物科学研究所牵头实施的“第三次全国农作物种质资源普查与收集行动”（以下简称“行动”）于2015年开始实施，在农业农村部种业管理司的直接领导下，组建了以首席科学家刘旭院士为核心，中国农业科学院作物科学研究所和各相关省（区、市）农业农村厅（委）、农科院和县（市、区）农业农村主管部门组成“行动”执行网络体系，全面实施“第三次全国农作物种质资源普查与收集行动”实施方案。

在先期启动湖北、湖南、广西、重庆、广东、江苏6省（区、市）的工作基础上。2017年组织开展了浙江、福建、江西和海南4省的农作物种质资源普查与收集行动。经过4年的努力，4省共完成248个县（市、区）农作物种质资源的普查与征集和74个县（市、区）的系统调查与抢救性收集，累计收集各类农作物种质资源近1.2万份。这些新收集种质资源将极大地丰富我国国家作物种质资源库（圃）。

此次浙江、福建、江西和海南4省普查与收集行动中，发现和鉴定出了一批优异种质资源，这些优异资源已经或将继续在当地的农业农村经济发展、扶贫攻坚和乡村振兴等方面发挥巨大作用。其中南靖柴蕉、屏南棒桩薯、九山生姜、井冈山秤砣脚板薯、琼山毛桃、武义小佛豆、庆元白杨梅、东阳红栗等地方特色种质资源先后入选农业农村部评选的2018年、2019年“十大优异农作物种质资源”。

在“行动”开展过程中，奋战在资源保护一线的领导、专家、技术人员以及普通群众，涌现出许多先进人物和典型事例，他们为国家的种质资源保护工作贡献了自己的一份力量和一份坚守，值得宣传和学习。

我们作为普通的种质资源工作者能够参与其中也感到很荣幸。在此也感谢各个省（区、市）的有关单位对我们普查办公室的大力支持！由于时间仓促，本汇编难免有疏漏之处，敬请大家批评指正！

编者

2021年7月

CONTENTS 目 录

浙江卷

福建卷

江西卷

海南卷

浙江卷

一、优异资源篇

（一）小佛豆

种质名称：小佛豆。

学名：蚕豆（*Vicia faba* L.）。

来源地（采集地）：浙江省武义县。

主要特征特性：浙江省武义县发现，形状像佛抱双手，因而当地称之为“小佛豆”。该品种具有品质好、耐旱、耐瘠等优点。

利用价值：经进一步鉴定后可用于杂交材料，培育综合抗性优良的蚕豆品种。

该资源入选2018年十大优异农作物种质资源。

小佛豆

供稿人：浙江省农业科学院　古咸彬

（二）白杨梅

种质名称：白杨梅（水晶杨梅）。

学名：杨梅（*Myrica rubra* Siebold et Zuccarini）。

来源地（采集地）：浙江省庆元县。

主要特征特性：白杨梅（水晶杨梅）为白杨梅品系中唯一的大果型且深受消费者欢迎的品种。白杨梅是杨梅中的稀有品系，颜色从粉红到乳白不等，而其中尤其以通体乳白的水晶杨梅最为稀有，相传在古代作为贡品。白杨梅功效：生津止渴、健脾开胃，多食不仅无伤脾胃，且有解毒祛寒之功效；白杨梅含有多种有机酸，维生素C的含量也十分丰富，不仅可直接参与体内糖的代谢和氧化还原过程，增强毛细血管的通透性，而且还有降血脂和阻止癌细胞在体内生成的功效。

利用价值：有生津止渴、健脾开胃、解毒祛寒之功效，还可降血脂，具有较高的保健药用价值，开发前景广阔。

该资源入选2018年十大优异农作物种质资源。

白杨梅

供稿人：浙江省农业科学院　林天宝

（三）东阳红粟

种质名称：红粟。

学名：粟［*Setaria italica* var. *germanica*（Mill.）Schred］。

来源地（采集地）：浙江省东阳县。

主要特征特性：优异地方品种，种植历史超过百年，但是目前已经日渐减少，只有极少农户种植。7月下旬播种，全生育期91d。茎秆直立，分蘖弱，幼苗叶鞘紫色，株高136.2cm，穗下节间30cm，单株草重12.02g。新生叶片和叶鞘绿色，开花后叶片和叶脉转为紫色，成熟期植株叶片和茎秆均为紫色。生长期间，叶片从下部开始渐次向上部由绿色变为紫色，秋季成熟时，整株叶片紫色。穗圆筒形、紧，穗颈勾形，粒色橙，米色黄。千粒重2.22g，单株籽粒重8.04g。综合表现高产，植株生长健壮，籽粒橙色，糯性。红粟米，红壳黄粒，优质、糯性好，根系发达，茎秆粗壮，抗倒伏，适应性广，抗病，耐瘠薄，耐干旱。

利用价值：①食用价值。营养价值高，含丰富的蛋白质、脂肪和维生素，包括胡萝卜素、维生素B_1、维生素B_2、烟酸等及钙、铁等矿质元素。红粟米糯性、品质佳，既可以用作一般的小米粥、小米糕等食品，也是地方传统美食“粟米糖”的最佳原料。

（六）120日玉米

种质名称：120日玉米。

学名：玉米（*Zea mays* L.）。

来源地（采集地）：浙江省仙居县。

主要特征特性：植株高大，叶平展，茎秆较细，气生根多，单株叶片19～20张，抗倒伏较好。据考查，平均株高267.3cm，穗位高134.4cm，果穗长锥形，长19～25cm，粗4.3cm，每穗结籽10～12行，每行36～47粒，轴粗2.4cm，单穗重约160g。籽粒黄白色，马齿型，千粒重277g，出籽率85.4%。迟熟，全生育期150d左右。不耐旱，怕渍喜温光，抗病性好。一般亩产200kg左右，产量偏低。

利用价值：粉质糯，食用品质好，农民习惯做玉米饼、玉米条、玉米圆等食用。

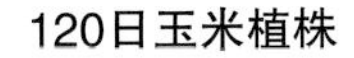

120日玉米植株　　120日玉米果穗

供稿人：浙江省仙居县农业农村局　朱贵平　张群华　朱再荣　张惠琴　周奶弟　应卫军

（七）红筋园荚金豆

种质名称：红筋园荚金豆。

学名：菜豆（*Phaseolus vulgaris* Linn.）。

来源地（采集地）：浙江省仙居县。

主要特征特性：植株蔓生，长3～4m，生长势强，分枝较多，花冠粉红色，嫩荚长圆条形，稍扁，浅绿色；老荚表面均匀分布粉红色条状斑点，横断面近椭圆形，单荚果重10～15g；荚长13～15cm，每荚种子数6～7粒，种粒之间间隔较大；籽粒褐色有黑色弯曲状条纹，百粒重28g。中熟，出苗后约50d可采收，嫩荚纤维少、嫩、味甜、品质佳，喜温暖，怕寒，又不耐高温，对土壤的适应性较强，宜栽培在排水良好、土层深厚、含钾多、不缺磷的微酸性土壤，忌与豆科作物连作。亩产鲜荚1 000～1 500kg。

利用价值：品质好，可直接种植推广利用。

红筋园荚金豆

供稿人：浙江省仙居县农业农村局　朱贵平　张群华　朱再荣　张惠琴　周奶弟　应卫军

（八）独自人芋

种质名称：独自人芋。

学名：芋［*Colocasia esculenta*（L.）Schott］。

来源地（采集地）：浙江省仙居县。

主要特征特性：株高150～200cm，开展度90cm×95cm，分蘖中等偏弱；叶绿色，长60cm，宽55cm，叶面光滑、绿色，背面浅绿色，叶缘无缺刻，叶柄绿色，长1.4～1.9m，基宽约8cm。母芋呈长椭圆形，芋皮褐色，肉浅粉色，间有纵向紫红色丝状纤维，长15～20cm，直径12～15cm，单芋重900g；单株结子芋8～12个，总重约500g；该品种迟熟，耐热，耐旱，不耐寒，抗病性强，全生育期200d左右，亩产1 300～1 500kg。

利用价值：以食母芋为主，子芋也可食，村民喜欢用来烧咸酸饭，酒店可用于制作芋夹肉。

独自人芋

供稿人：浙江省仙居县农业农村局　朱贵平　张群华　朱再荣　张惠琴　周奶弟　应卫军

（九）黄肉猕猴桃

种质名称：黄肉猕猴桃。

学名：中华猕猴桃（*Actinidia chinensis* Planch）。

来源地（采集地）：浙江省仙居县。

主要特征特性：该品种的猕猴桃树长势旺盛，枝梢粗壮，叶背面有茸毛，10月成熟采收，果实呈长圆柱形，平均单果重50g左右，最大果重100g，丰产性好，果皮黄褐色，果面光滑、茸毛少；果肉金黄、维生素C含量高（据浙江省农业科学院测定含量为116.3mg/100g，可溶性固形物含量16.7g/100g），钙、铁、锌、硒含量高，肉质细嫩汁多、风味香甜可口，营养丰富，品质特优。

利用价值：野生猕猴桃品种，上张乡苗辽村村民陈友福于2007年在海拔1 200m的高山上发现，现已将母树进行保护。可作为育种材料。

黄肉猕猴桃

供稿人：浙江省仙居县农业农村局　朱贵平　张群华　朱再荣　张惠琴　周奶弟　应卫军

（十）黄花菜

种质名称：黄花菜。

学名：黄花菜（*Hemerocallis citrina* Baroni）。

来源地（采集地）：浙江省仙居县。

主要特征特性：该品种叶片狭长，对生于短缩茎节上。花薹由叶丛中抽出，薹高80～120cm，每一花薹陆续开20～60朵花，花基部合生呈筒状，上部分裂为6瓣，淡黄、黄绿或黄色，雄蕊6枚，雌蕊1枚。对环境要求不高，耐瘠、耐旱、耐阴，在坡地、沙滩上均可生长，也可利用桑园、果园进行间作。5月下旬至6月上中旬开始采摘，采收期可达50d以上。种植后可连续采收多年，盛产期每亩可采收折干花50kg左右。

利用价值：黄花菜营养丰富，可用作鸡煲、仙居浇头面的佐料，也是仙居八大碗的主要食材之一。

黄花菜

供稿人：浙江省仙居县农业农村局　朱贵平　张群华　朱再荣　张惠琴　周奶弟　应卫军

（十一）新安4号茶叶

种质名称：新安4号茶叶。

学名：茶［*Camellia sinensis*（L.）O. Ktze.］。

来源地（采集地）：浙江省建德市。

主要特征特性：由当地村民马金宝在乾潭镇罗村半野生群体种中发现的白化突变茶树单株，成熟叶绿色，叶尖渐尖，叶缘微波，叶质较厚，芽叶肥壮，新梢茸毛较少；春季芽叶乳黄色，随着新梢长到一芽4～5叶开始逐渐转绿；夏、秋季新梢芽叶浅黄绿色。春季营养芽萌发晚，春茶一般在3月下旬至4月初萌发，一芽一叶期在4月上旬。发芽能力强，产量较高，制绿茶品质优，茶汤颜色较淡，香味独特，适制卷曲形烘青等名优绿茶，抗逆能力强，耐旱性和耐寒性好，无明显病害发生。

利用价值：品质优，抗性强，适宜选育茶叶新品种。

新安4号茶叶

供稿人：浙江省农业科学院　林天宝

（十二）白花扁豆

种质名称：白花扁豆。

学名：扁豆［*Lablab purpureus*（L.）Sweet］。

来源地（采集地）：浙江省建德市。

主要特征特性：建德市地方品种，属大粒扁豆地方品种。春季播种，生育期至霜降。缠绕藤本，无限生长，茎长达数米，鲜茎绿色，茎秆较弱，单株分支数6个，有根瘤，花期6—12月。羽状复叶具3小叶。荚果长8.86cm，中部最阔，宽2.21cm，扁平，豆荚月牙形，荚色浅绿，背脊线和腹线绿色，稍向背弯曲，基部和顶端渐狭，结荚期6—12月。种子3～5颗，种子长11.197mm，宽约8.725mm，椭圆形，褐色，种脐线形，长约占种子周长的2/5。百粒重41.071g，单株产量（种子）152g，单株荚数（成熟荚）77个。

利用价值：采收扁豆花，晒干后收购价20～60元/kg，3月种植，7月即可采摘扁豆花，采花时间持续至11月，亩产扁豆花900kg左右，每5kg扁豆花可晒1kg干花，亩产值在1万元以上。据村民反映，有机构收取干花用以提取抗菌素。

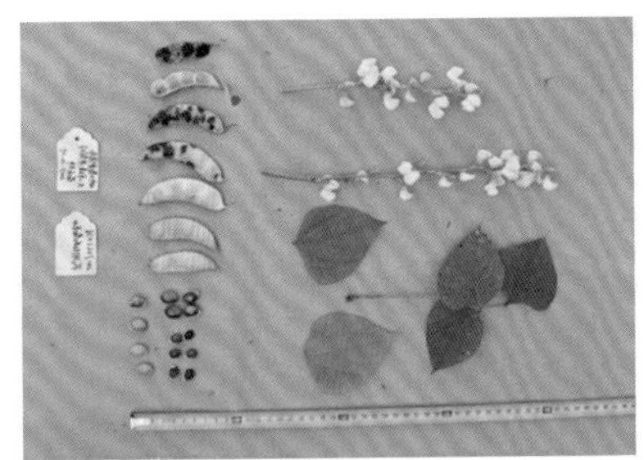

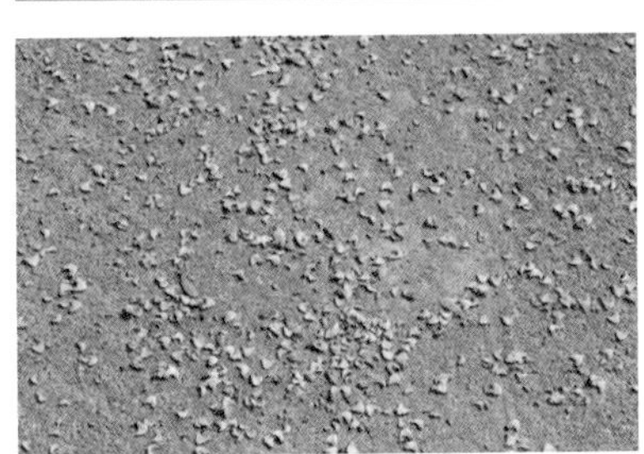

白花扁豆

供稿人：浙江省农业科学院　林天宝　刘合芹

（十三）红辣椒

种质名称：红辣椒。

学名：辣椒（*Capsicum annuum* L.）。

来源地（采集地）：浙江省淳安县。

主要特征特性：果实长圆锥形至长羊角形，顶端渐尖且常弯曲，青果绿色，成熟后呈红色，味中辣。种子扁肾形，淡黄色。花果期6—11月。亩产量2 000kg左右。

红辣椒按果实大小分为两种。大辣椒：果长约18cm，青果淡绿色，单果重25～33g，果顶平或凸起。小辣椒：果长约10cm，青果深绿色，单果重21g，果顶平或中央凹陷。

清明至5月均可播种，山地播种要适当推迟。育苗移栽，亩栽3 000 ~ 3 200株，花果期6—11月，采收期长，山地种植采收主要集中在8—10月。

利用价值：红辣椒因其皮薄、肉质厚、细嫩，口感好，是威坪豆豉辣酱、淳安辣椒酱、剁椒的主要原材料。也可晒作干辣椒用，部分作鲜菜食用。

红辣椒

供稿人：浙江省淳安县种子管理站　王素彬

（十四）六月白豆

种质名称：六月白豆。

学名：大豆［*Glycine max*（L.）Merr.］。

来源地（采集地）：浙江省淳安县。

主要特征特性：六月白豆属南方春播型大豆品种；全生育期适中，从出苗到成熟需要70d；植株较高，成熟时从子叶节到植株生长点可达80cm，株型收敛，有限结荚习性；叶片椭圆形，叶色深绿；白花，茸毛棕色；结荚分散，底荚较高；籽粒圆形，种皮黄色，子叶黄色，脐呈黑色；成熟种子百粒重可达15.5g。该品种田间表现较好，成熟籽粒商品性较好，单位面积产量一般。

六月白豆

利用价值：该品种具有品质好、耐旱耐瘠等优点，但产量较低。主要用于山区特色旱粮种植。农户喜欢用六月白豆做豆腐，做出来的豆腐细嫩，口感好，出豆腐率也高。用它做的豆腐可用来腌制“六月霉”（通常称“霉豆腐”），颜色好，香味好；也可炒食，六月白豆炒霉干菜是传统的吃法。用六月白豆加工的毛豆腐、烘豆腐、豆腐干是淳安有名的地方特产，深受市民的青睐。

供稿人：浙江省农业科学院　汪宝根　郁晓敏

（十五）白黄瓜

种质名称：白黄瓜。

学名：黄瓜（*Cucumis sativus* L.）。

来源地（采集地）：浙江省武义县。

主要特征特性：植株生长势旺盛，可搭支架生长，也可以匍匐生长，结果性状均良好。瓜皮白色、无斑点、瓜刺较少、水分多、瓜瓤淡绿色。

利用价值：耐贫瘠，耐旱性强，高山种植产量高，可作为高山蔬菜开发应用。

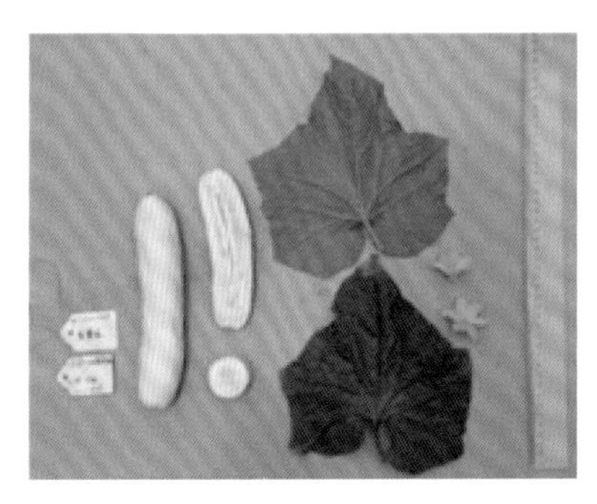

白黄瓜

供稿人：浙江省农业科学院　古咸彬

（十六）千手观音玉米

种质名称：千手观音玉米。

学名：玉米（*Zea mays* L.）。

来源地（采集地）：浙江省宁海县。

主要特征特性：地方品种，分蘖能力强，一株有30～40个分蘖，成熟时，有千手观音之相。该品种名称千手观音，为多穗类型，每株3～6个成穗。7月中旬播种，11月中旬收获，生育期约120d，株高178cm，穗位高35～95cm，穗长8～10cm，穗行数10，行粒数25粒，百粒重25.3g，籽皮棕色，粉质细腻，硬粒

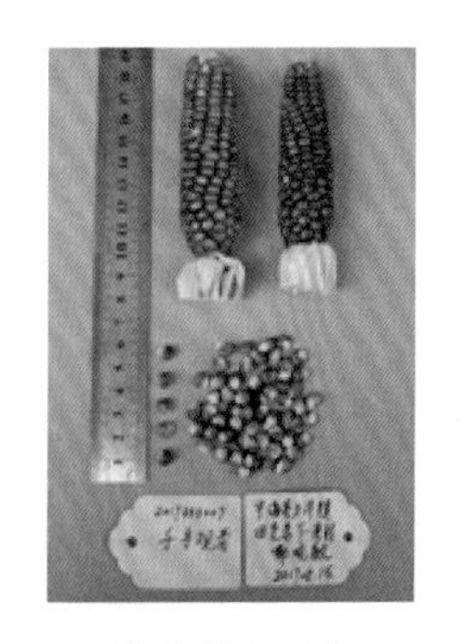

千手观音玉米

型。该玉米品种耐瘠薄，抗逆性较差，易倒伏。

利用价值：具有较高的营养价值，适宜婴幼儿食用。

供稿人：浙江省农业科学院　柯甫志　王美兴

（十七）龙爪粟

种质名称：龙爪粟。

学名：粟［*Setaria italica* var. *germanica*（Mill.）Schred.］。

来源地（采集地）：浙江省庆元县。

主要特征特性：农户自然封存16年仍具发芽能力，抗病虫、抗旱能力强，无须喷药。富含膳食纤维，被誉为五谷之首。

利用价值：药食两用，现已在当地大面积推广，产业化开发成汤圆、粟酒等产品，农民合作社年产额100多万元，濒危老品种焕发新生机，为其他老品种产业化开发提供借鉴。

龙爪粟

供稿人：浙江省农业科学院　李付振

（十八）皋泄香柚

种质名称：皋泄香柚。

学名：柚［*Citrus maxima*（Burm.）Merr.］。

来源地（采集地）：浙江省舟山市。

皋泄香柚植株

皋泄香柚果实

主要特征特性：舟山市地方品种，又名宝川文旦，列入舟山市农作物种质资源保护名录，种植历史约125年，目前在当地仅存1株。该香柚品质佳，口感好，亟待保护利用。

利用价值：具有较高的保护利用价值。

供稿人：浙江省农业科学院　宋洋

（十九）猪血芥

种质名称：猪血芥。

学名：芥菜［*Brassica juncea*（L.）Czern. et Coss.］。

来源地（采集地）：浙江省温岭市。

主要特征特性：植株高大，叶片肥大，叶缘呈锯齿状，叶脉呈紫红色，脉络清晰，因叶脉呈红色如血，故名猪血芥。株高60～70cm。抗逆性强，适应性广，熟期适中，产量高。彩色芥菜，在9月播种，12月即可开始采收，亩产可达3 000kg以上。

利用价值：食用叶片和菜薹。叶可腌制成咸菜。菜薹腌制晒干，干菜品质优。可作为彩色芥育种材料。

猪血芥的花

猪血芥植株

供稿人：浙江省温岭市农业农村局　林军波　王驰

（二十）落汤青

种质名称：落汤青。

学名：芥菜［*Brassica juncea*（L.）Czern. et Coss.］。

来源地（采集地）：分布在浙江兰溪市。

主要特征特性：株高约35cm，株型半直立。叶倒卵形，叶缘波状，叶面较皱。叶柄中间凹入呈槽状。单株重约1 000g。较抗病耐肥，叶色在沸水中涮烫后更青绿，故名“落汤青”。晚熟，采收期长。抗病性好，产量高，品质佳，纤维少，质地嫩。

利用价值：下霜后食用，苦味自然消除，叶片可鲜食。若抽薹时收获，全株腌制。鲜食与腌制兼用型芥菜。有驱湿、驱毒、驱火、补血、美容等独特功效。可作为育种材料，也可直接用于生产。

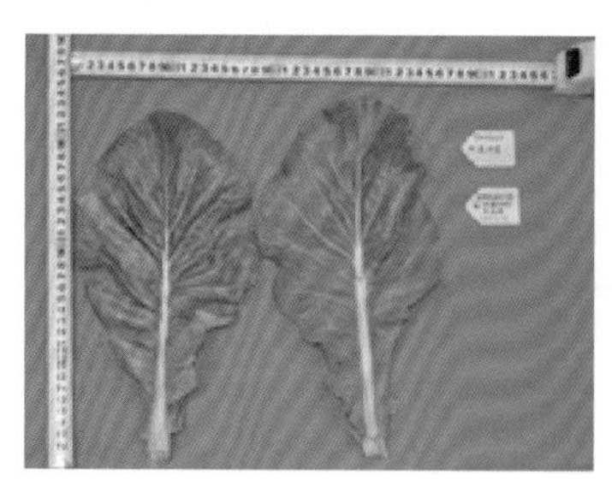

落汤青

供稿人：浙江省兰溪市种子管理站　陈景锐　童永华

（二十一）矾山红米

种质名称：矾山红米。

学名：稻（*Oryza sativa* L.）。

来源地（采集地）：浙江省苍南县。

主要特征特性：单季中籼，生育期约125d，亩产300～400kg，株高约130cm，穗长约30cm，粒中长形，种皮红色。种植历史约100年，因产于苍南县矾山镇而得名。该品种以糙米食用为主，米饭软糯香，口感较同类红米品种好，富含天然可溶性红色素、蛋白质、氨基酸及硒、铁、钙、锌等多种矿物质元素，营养价值极高；有养胃、降血压、降血脂、补血等功效；同时，由于富含维生素A和维生素B，对夜盲症和脚气等疾病的改善具有一定的效果。

利用价值：目前当地农户种植的矾山红米以自家食用为主。食用方法大致有：①直接煮成米饭或搭配白米煮饭食用；②煮成稀饭食用；③炒熟后食用或磨粉食用；④浸泡后作为炒菜辅料食用，如炒豆芽、炒花菜时添加等。

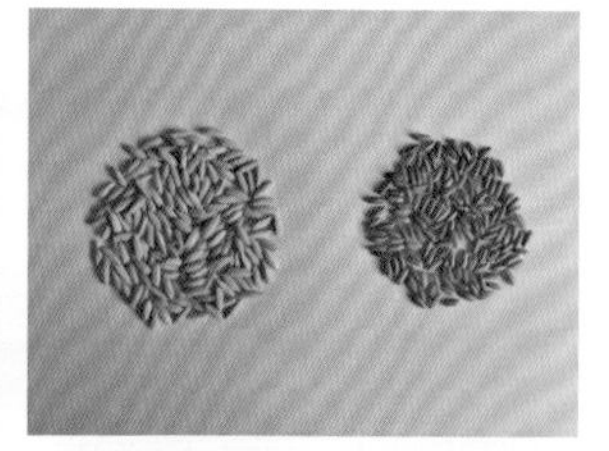

矾山红米

供稿人：浙江省农业科学院　俞法明
浙江省苍南县农业农村局　王春猜

（二十二）软菜

种质名称：软菜。

学名：厚皮菜（*Beta vulgaris* var. *cicla* L.）。

来源地（采集地）：浙江省舟山市。

主要特征特性：软菜为叶用甜菜，又名君达菜、牛皮菜，藜科甜菜属，软菜株型半展开，分蘖性弱；叶片肥厚有光泽，黄绿色，长椭圆、叶缘波状、叶面皱褶；叶柄发达、白色。主要食用部分为茎叶，具有清热解毒、行瘀止血的作用，也可作为饲料。该品种适应性广，对土壤要求不严，既耐寒又耐热，栽培管理容易，可多次剥叶采收，产量高，供应期长。

利用价值：软菜是舟山市的特色蔬菜。舟山人在“立夏”节气这一天，有吃茶叶蛋、糯米饭、软菜、绿豆等食物的风俗，以祈求身体健康、安然度过夏天等意。软菜谐音“软”，舟山人认为在立夏这天吃掉软菜以后，会身体硬朗，有足够的体能应对接下来的农忙季节。市场上也主要在立夏前后有供应。可进行软菜资源的收集保护，作为育种材料选育新的软菜品种，丰富和保护舟山的文化遗产。

软菜植株

软菜生境

软菜

供稿人：浙江省农业科学院　李志邈

浙江省舟山市种子管理站　杨梢娜

（二十三）菱角资源

种质名称：水红菱、尼姑菱。

学名：菱（*Trapa bispinosa* Roxb.）。

来源地（采集地）：浙江省嘉善县。

主要特征特性：水红菱、尼姑菱为嘉善县地方品种。水红菱有四个角，菱角外皮水红色，是早熟品种，清明播种，立秋开始收嫩菱，处暑、霜降收老菱，一般亩产400～500kg。叶柄、叶脉及果皮均呈水红色。果型较大，每千克50～70个。尼姑菱是一种无角菱，果皮为绿色，果形元宝形，成熟期相对于水红菱晚熟。

菱角含有丰富的淀粉、蛋白质、葡萄糖、不饱和脂肪酸及多种维生素，如维生素B_1、维生素B_2、维生素C、胡萝卜素及钙、磷、铁等微量元素。菱角含水量多，含淀粉稍少，味甜。

利用价值：在当地菱角可以用作鲜食、熟食的零食，或在餐桌上作为蔬菜，人们利用菱角的药用价值制作出了各种药膳，如毛豆菱角、菱粉糕、菱烧豆腐、红菱汁等，其中毛豆菱角这道菜在当地极负盛名。

水红菱

尼姑菱

供稿人：浙江省农业科学院　俞法明
浙江省金华市农业科学研究院　王凌云

（二十四）白芸豆

种质名称：白芸豆。

学名：菜豆（*Phaseolus vulgaris* Linn.）。

来源地（采集地）：浙江省瑞安市。

主要特征特性：平均亩产500～600kg，株高约300cm，叶片呈三角形，白色花，籽粒中等大小，呈肾形、椭圆形、扁平形等。白芸豆营养丰富，食用口感清爽鲜嫩，食法多样，可煮可炖，同时具有较强的药用和保健功能，是我国传统的药食同源产品。

利用价值：目前当地农户种植的白芸豆以自家食用为主，可做豆馅、豆沙，做汤菜、烧肉，也可用来制作罐头或冷饮、糕点、甜食小吃等。

白芸豆是我国传统的药食同源产品，如目前国内开发出一种白芸豆精华素的产品，能抑制α-淀粉酶的作用，阻断淀粉分解，减少葡萄糖吸收，从而起到降低餐后血糖升高、减少胰岛素分泌、降低脂肪合成等作用，可以有效配合糖尿病人和减肥者的饮食治疗。可以通过现代医学技术从白芸豆身上挖掘更多的药用价值，将该地区的白芸豆产业发展起来。

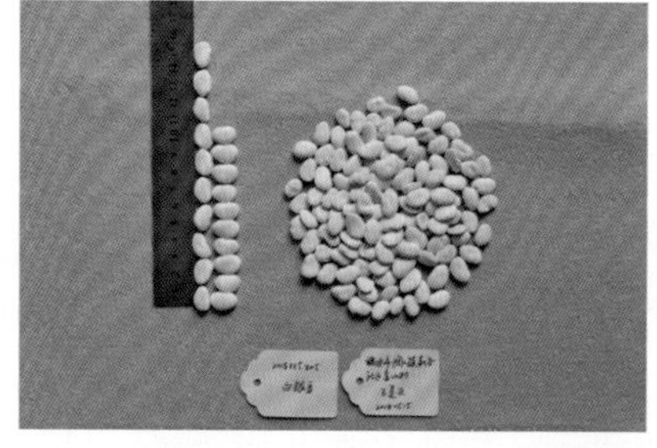

白芸豆

供稿人：浙江省农业科学院　俞法明
浙江省瑞安县农业农村局　陈义重

（二十五）黄粟

种质名称：黄粟。

学名：粟［*Setaria italica* var. *germanica*（Mill.）Schred.］。

来源地（采集地）：浙江省建德县。

主要特征特性：优异地方品种，种植历史超过百年，目前只有极少数农户种植。黄粟为一年生草本作物，须根粗大，茎秆直立，分蘖弱，幼苗叶鞘绿色，茎秆直立，抽穗期茎绿色，株高96.2cm，单株草重7.346g。圆锥花序，护颖绿色，小穗椭圆形2～3mm；叶片绿色，叶鞘绿色，成熟期叶片转黄，叶鞘松裹茎秆；叶舌为一圈纤毛；叶片长披针形，先端尖，基部钝圆，上面粗糙，下面稍光滑。穗棒形，中紧，穗颈勾形，粒色黄白色，米黄白色。主穗长11.6cm、宽1.6cm，单株穗重5.004g，种子长2.016mm、宽1.373mm，千粒重2.06g，单株籽粒重3.878g。

利用价值：黄粟米适合酿酒，酒香甜，出酒率高，每50kg出酒22.5～25kg。小米用来作粥、小米糕和酿酒等，茎叶谷糠是优质饲料，小米可入药，有清热、清渴，滋阴，补脾肾和肠胃，利小便、治水泻等功效。适宜老人孩子等身体虚弱的人滋补。同时常吃小米还能降血压、防治消化不良，有补血健脑、安眠等功效。

黄粟

供稿人：浙江省农业科学院　林天宝　刘合芹
浙江省建德市农业农村局　严百元　郑志强

（二十六）豆腐柴

种质名称：豆腐柴。

学名：豆腐柴（*Premna microphylla* Turcz.）。

来源地（采集地）：浙江省浦江县。

主要特征特性：豆腐柴又名观音柴，马鞭草科豆腐柴属植物，直立灌木，叶片为主要产品器官，揉之有臭味，可制豆腐。叶片营养丰富，富含果胶，可用于果胶提取，也可作为绿色食品的原料。豆腐柴具有高产、耐热、耐贫瘠等特性。

利用价值：豆腐柴（观音柴）叶片的浸出液可做观音豆腐，为浦江县三大传统消暑凉品之一。

豆腐柴叶的营养价值较高，粗脂肪含量远高于青菜和菠菜，粗纤维含量远高于苋菜，果胶含量尤其丰富，几乎是山楂的3倍。鲜叶中的维生素C、叶绿素的含量远高于菠菜，可溶性糖的含量高于小白菜，氨基酸含量接近于芦笋。采用高效液相色谱法对野生豆腐柴叶中氨基酸组成和含量进行测定，发现豆腐柴叶中含有18种氨基酸，其中必需氨基酸占氨基酸总量的32.4%。豆腐柴叶汁具凝胶持水力强、黏弹性好等特性，赋予了豆腐柴叶具有良好的食品加工性能。

民间对豆腐柴的加工利用是将其制成“观音豆腐”。此外，豆腐柴叶还可以用来提取果胶，用于果酱、果冻、软糖的胶凝剂，生产酸奶的水果基质，以及饮料和冰淇淋的稳定剂与增稠剂。

豆腐柴

供稿人：浙江省农业科学院　李志邈
浙江省浦江县种子管理站　刘宏友

（二十七）魁芋

种质名称：魁芋。

学名：芋［（*Colocasia esculenta* L.）Schott］。

来源地（采集地）：浙江省奉化市。

主要特征特性：魁芋，中熟，全生育期180～200d。母芋重量占总产量的60%～70%，孙芋较少。母芋近圆形，表皮棕黄色，芋头粉红色，母芋皮层较薄，芋肉纤维化程度低，球茎质地为粉质、糯滑。母芋平均单个重1.2kg左右，大的可达2.5kg左右。子芋、孙芋卵圆形或倒圆锥形。母芋、子孙芋皆可食用，以母芋为主。

该品种耐湿性较强，对疫病、污斑病抗性一般，主要虫害有斜纹夜蛾等。一般产量37 000kg/hm^2左右。

利用价值：魁芋质地为粉质、糯滑可口，营养丰富，含有15种人体必需的氨基酸。食用方法多样，且各具风味，可烘蒸、生烤、热炒、白切、浇汤、煮冻等。

魁芋

供稿人：浙江省台州市农业科学研究院　赵永彬

（二十八）天台黑壳紫红米

种质名称：天台黑壳紫红米。

学名：稻（*Oryza sativa* L.）。

来源地（采集地）：浙江省天台县。

主要特征特性：天台黑壳紫红米属常规中籼稻，优质红米特种水稻，亩产400～500kg。全生育期约141d，株高122.0cm，穗长30.0cm，每亩有效穗数约14.5万穗，每穗粒数196.7粒，结实率80.8%，千粒重29.6g，谷粒细长形，谷粒长度10.6mm、宽度2.8mm，种皮红色，叶鞘绿色，无芒，颖尖褐色，颖褐色。直链淀粉含量15.4%。

该水稻特色资源是当地农民发现的变异种，种植历史约15年。

利用价值：该品种用途以食用糙米为主，米饭软糯香，口感较同类红米品种好。可制作成营养米饭、八宝粥、米粉、米糊、紫红米年糕、紫红米蛋糕、紫红米烘糕、紫红米茶等产品。

天台黑壳紫红米植株

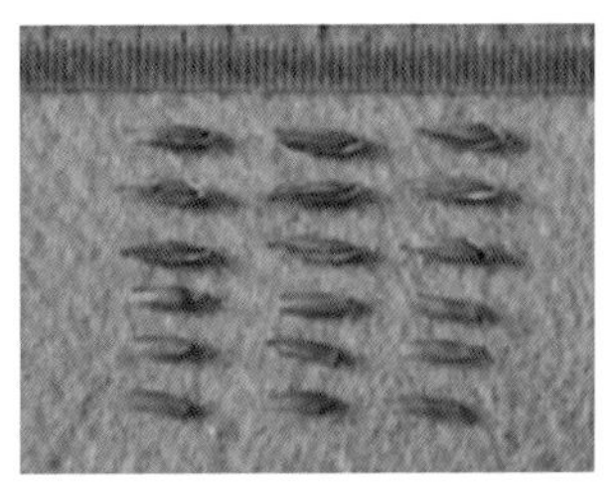

籽粒

供稿人：浙江省农业科学院　俞法明

浙江省天台县种子管理站　陈人慧

（二十九）云和细花雪梨

种质名称：云和细花雪梨。

学名：梨（*Pyrus* sp.）。

来源地（采集地）：浙江省云和县。

主要特征特性：果实成熟期较晚，集中在9月中下旬。平均单果重450g以上，部分单果重可达900g以上。果皮底色呈绿色至褐色，果面大多有锈斑，表面有较厚蜡质层。果实呈扁圆至圆形，可溶性固形物含量11.8%～15.2%，味甜多汁，果肉石细胞含量较多，且在果肉及果皮中含有大量单宁类物质，存在不同程度涩味。

利用价值：云和细花雪梨是南方地区较少见的晚熟、特大果型种质资源，因其具有高糖、低酸、具涩味，风味独特，在当地具有较高认知度，已有一定的鲜食及生产应用。此外，该资源特征特性与起源于南方的砂梨存在显著差异，其来源与分类地位一直未能破解，具有较高的科研价值。

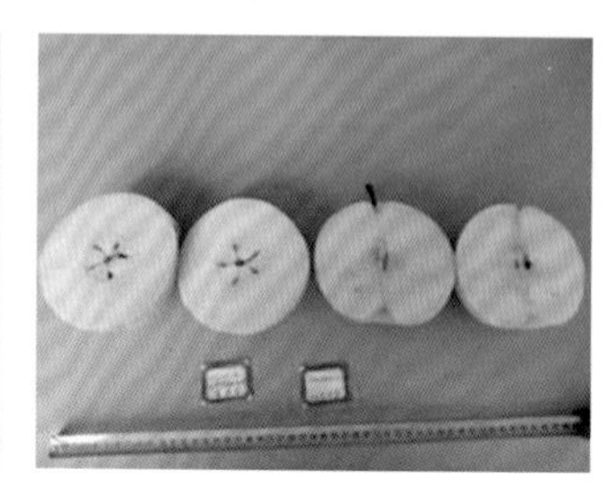

云和细花雪梨

供稿人：浙江省农业科学院　戴美松
浙江省云和县农业农村局　周新伟

（三十）模糊梨枣

种质名称：模糊梨枣。

学名：枣（*Ziziphus jujuba* Mill.）。

来源地（采集地）：浙江省浦江县。

主要特征特性：地方品种，多年生无性繁殖，种质分布少，喜山地红壤土，树势中。丰产性好，果实采前落果程度轻，大小年不明显，且果实8月中旬脆熟，为极早熟品种，果实浅红色长圆形，果肩凸而果顶凹，果面光滑，果皮薄，果点小，果点密度中，梗洼深度和广度中，萼片脱落，柱头宿存，酸甜可口，优质，果肉白色酥脆，汁液多，单果重10.1g，果实横纵径分别为27.16mm和30.47mm，总糖含量11.62%，可滴定酸含量0.76%，维生素C含量167.1mg/100g。果树耐旱抗裂果且抗枣疯病和缩果病，在生产应用上为优异资源。

模糊梨枣

利用价值：目前仅在农民田间地头房前屋后种植，尚未有大面积推广利用。可以作为鲜食枣适度推广，也可以作为优质的育种材料。

供稿人：浙江省农业科学院　任海英

（三十一）东阳黄心麦李

种质名称：东阳黄心麦李。

学名：李（*Prunus salicina* L.）。

来源地（采集地）：浙江省东阳市。

主要特征特性：该李子口感上乘，水分多，可溶性固形物含量较高，一般在12%以上，适口性好。早熟：一般6月中旬成熟，成熟期早。丰产性好，稳产，较抗细菌性穿孔病，易于栽培管理。果形特征：成熟时果皮紫红带青，果肉黄色，黏核，单果重一般在50～80g，平均单果重65g左右。

利用价值：除直接推广种植外，浙江省农业科学院园艺研究所现已将其作为亲本之一进行了多个李子杂交组合的配制。黄心麦李现已成为当地的一个特色果品，近2年越来越受地方重视，已举办两届采摘节，经济效益、社会效益显著，发展潜力较大。

东阳黄心麦李

供稿人：浙江省农业科学院　谢小波

浙江省东阳市种子管理站　马志进

（三十二）‘宁海白’枇杷

种质名称：‘宁海白’枇杷。

学名：枇杷（*Eriobotrya japonica* Lindl.）。

来源地（采集地）：浙江省宁海县。

主要特征特性：该资源是1994年从宁海县实生的白沙枇杷（亲本不详）中选出的优质中熟白沙枇杷新品种。果实长圆或圆形，单果重平均30g左右，果皮淡黄白色，锈斑少，皮薄，剥皮易，富有香气，果肉乳白色，肉质细腻多汁，可溶性固形物含量13%～16%，风味浓郁，可食率73.4%，每果种子数1～4粒。果实丰产性好，栽后第3年挂果，4年生株产可达11.2kg，成年生株产可达15kg以上，抗冻性强于软条白沙品种。

‘宁海白’品质优良，深受广大种植户的认可，但是抗冻和抗裂果能力比较差，产量不够稳定。

利用价值：‘宁海白’综合性状比较好，果实销售价格也比较高，是目前浙江省白沙枇杷主栽品种之一。目前该品种在浙江省栽培面积大约有4.5万亩，除了鲜果之外，各种植区针对该品种还开发出了枇杷花、枇杷膏、枇杷汁等系列产品。

‘宁海白’枇杷

供稿人：浙江省农业科学院　徐红霞

（三十三）温岭本地南瓜

种质名称：温岭本地南瓜。

学名：南瓜［*Cucurbita moschata*（Duch. ex Lam.）Duch. ex Poiret］。

来源地（采集地）：浙江省温岭市。

主要特征特性：南瓜地方品种，瓜呈瓣状扁圆形，直径40～50cm，皮色黄绿相间，瓜蒂处凹陷，含纤维较少，口感细腻不粗糙，南瓜汤热食、冷饮皆宜，风味上佳，单株结果数少，瓜果特大，一般单果重7～9kg，有的可达25kg，但结果少。抗性强、产量高，甜度较低。

利用价值：可作为培育新品种的亲本材料。

温岭本地南瓜果实

温岭本地南瓜植株

供稿人：浙江省温岭市农业农村局　林军波
浙江省种子管理总站　陈小央

（三十四）八月蒲（火焰蒲）

种质名称：八月蒲（火焰蒲）。

学名：瓠瓜［*Lagenaria siceraria*（Molina）Standl.］。

来源地（采集地）：浙江省温岭市。

主要特征特性：瓠瓜地方品种，瓜呈纺锤形，瓜皮绿色，表皮光滑，表皮密生细软毛，长30~40cm，高产；抗病虫性强，全生长期可不施药剂；极耐高热；采收期长，可从7月底开始采收至落霜时节。

利用价值：适应性广，耐贫瘠，但不耐涝，不耐盐碱。平原、丘陵地带均可种植，也可作为优质育种材料。

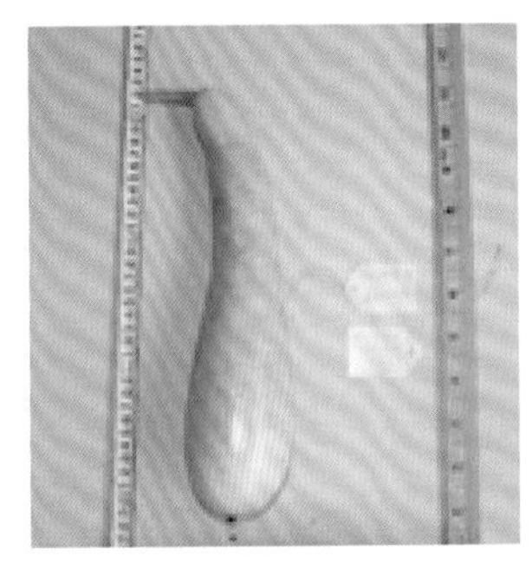

八月蒲

八月蒲植株

供稿人：浙江省温岭市农业农村局　林军波

浙江省种子管理总站　陈小央

（三十五）肖村黄瓜

种质名称：肖村黄瓜。

学名：黄瓜（*Cucumis sativus* L.）。

来源地（采集地）：浙江省温岭市。

主要特征特性：黄瓜地方品种，生长势较强，露地栽培分枝较多，坐瓜能力特别强，果实呈长圆筒形，长28~30cm，皮绿色，表面光滑，无瘤刺，瓜身有明显黄绿色条纹，单瓜重350~400g。耐寒性较强，耐热性较差，后期易发白粉病。

利用价值：种植历史悠久，可凉拌，也可作水果鲜食，因品质佳而深受喜爱，至今仍占据温岭黄瓜种植面积的15%左右。大棚栽培，每亩产量4 300kg左右。

肖村黄瓜

供稿人：浙江省温岭市农业农村局　林军波

浙江省种子管理总站　陈小央

（三十六）温岭苜蓿

种质名称：温岭苜蓿。

学名：南苜蓿（*Medicago polymorpha* L.）。

来源地（采集地）：浙江省温岭市。

主要特征特性：温岭苜蓿俗称黄花草子或金花菜，叶片大，茎较粗长，具有早发、早熟、养分含量高、适应性强、病虫害少、易留种等特点，菜用品质佳，既可作绿肥栽培，也可作菜用栽培。

利用价值：种植历史悠久，分布广，种子年年畅销浙江省内外。作蔬菜种植，每亩产量1 500～2 000kg。温岭苜蓿耐盐碱、耐贫瘠、适应性广，在平原、丘陵、山地均可种植。

温岭苜蓿

供稿人：浙江省温岭市农业农村局　林军波
浙江省种子管理总站　陈小央

（三十七）白丝瓜（本萝）

种质名称：白丝瓜（本萝）。

学名：丝瓜（*Luffa aegyptiaca* Miller.）。

来源地（采集地）：浙江省温岭市。

主要特征特性：丝瓜地方品种，生长势强，分枝多。主侧蔓均能结瓜，但以主蔓为主。果实短棍棒状，商品果长35～45cm，单瓜重350～500g，果皮乳白色，老瓜皮色微黄，表皮稍显粗糙，有9～12条淡绿色不明显条纹。早中熟，定植到采收60d左右，耐热性、耐涝性、抗病性均强，肉质疏松，微甜，品质好。

利用价值：种植历史悠久，广泛分布在温岭平原、丘陵地区，耐热性好，抗性强，不易感病，可作优质育种材料。

白丝瓜（本萝）

供稿人：浙江省温岭市农业农村局　林军波
浙江省种子管理总站　陈小央

（三十八）白皮丝瓜（洋萝）

种质名称：白皮丝瓜（洋萝）。

学名：丝瓜（*Luffa aegyptiaca* Miller.）。

来源地（采集地）：浙江省温岭市。

主要特征特性：丝瓜地方品种，叶掌状深裂，五角形，深绿色；再生能力强，前期以主茎结瓜为主，中期以侧蔓结瓜为主，后期以支蔓结瓜，单性花，花黄色，雌雄同株异花，瓜圆柱形，长35～45cm，横径6～8cm，表皮光滑，色泽洁白，肉绿，皮极薄，每亩产量约3 500kg。

白皮丝瓜（洋萝）

利用价值：种植历史悠久，广泛分布在温岭平原、丘陵地区，生长期短（仅60d），而收获期长达100多天；瓜形漂亮，品质上佳，皮极薄，民间常用竹筷去皮，很受市场欢迎，但瓜易断，表皮易破损，不耐运输。

供稿人：浙江省温岭市农业农村局　林军波

浙江省种子管理总站　陈小央

（三十九）早黄（多子芋）

种质名称：早黄（多子芋）。

学名：芋［*Colocasia esculenta*（L.）Schott］。

来源地（采集地）：浙江省温岭市。

主要特征特性：芋艿地方品种，株高1.3～1.4m，叶盾形，深绿色，母芋呈圆形，子芋长卵形，长6～7cm，芋衣黄褐色，肉白色。生长期短，成熟期特早；母芋品质不佳；但子芋、孙芋数量多，口感好，单株有30多个子、孙芋。

利用价值：种植历史悠久，在温岭仍有一定种植规模，丘陵平原均可种植，抗逆性强，一般在清明前后播种，8月初即可开始采收，全生长期150d左右。每亩产量1 750kg左右。

早黄（多子芋）

早黄田间生长情况

供稿人：浙江省温岭市农业农村局　林军波

浙江省种子管理总站　陈小央

（四十）下梁菜（雪里蕻）

种质名称：下梁菜（雪里蕻）。

学名：雪里蕻［*Brassica juncea* var. *multicep* Tsen. et Lee.］。

来源地（采集地）：浙江省温岭市。

主要特征特性：芥菜地方品种，株高45cm，直立性；叶片狭长，叶色淡绿，叶柄细长分蘖强，单株分蘖7～10个，单株总叶片可多达150片以上；成熟单株鲜重1.5kg左右，重的可达5.5kg。中熟品种，从播种到采收约120d，抗寒性强，耐肥。

利用价值：栽培历史悠久，至今仍是温岭当家品种之一，主要用于冬季腌渍，所制咸菜品质上佳。10月上旬播种，翌年3—4月采收。直播和育苗移栽均可亩产3 000kg。

下梁菜（雪里蕻）

供稿人：浙江省温岭市农业农村局　林军波
浙江省种子管理总站　陈小央

（四十一）柿花

种质名称：柿花。

学名：柿（*Diospyros kaki* Thunb.）。

来源地（采集地）：浙江省富阳区。

主要特征特性：果小，单果重30g，卵形，果顶圆钝，果面光滑无棱，果面稍有白蜡粉。叶小，革质，叶面叶脉凹陷，叶背突出。5月开花，10月下旬成熟，成熟果深黄色，宜鲜食，无核，皮薄多汁味鲜甜，品质上等。

利用价值：珍稀濒危物种。据当地农户信息，本种质早先作药用栽培。该种质果实在市场上未曾发现。

柿花

供稿人：浙江省杭州市富阳区种子管理站　张权芳　陈健根

（四十二）霉棠梨

种质名称：霉棠梨。

学名：梨（*Pyrus* sp.）。

来源地（采集地）：浙江省富阳区。

主要特征特性：本地梨老品种，本次普查到鸭蛋青、大菊花、小菊花3个品种。鸭蛋青果中等大，单果重约80g。果实形如鸭蛋，果皮青褐色，果肉米白色，质较粗。大菊花、小菊花果圆形，果皮褐色，果肉米白色，质较细。大菊花果最大，单果重约100g。小菊花果小，单果重20～30g。霉棠梨切开后果肉极易氧化，需后熟或蒸煮后方可食用，整果可食，软绵清淡，糖度低。

利用价值：采摘后果实需后熟过程，压扁后吃，甜中微酸，养胃护胃，低糖，也适合糖尿病人食用。健康食品，有商业开发前景。

霉棠梨

供稿人：浙江省杭州市富阳区种子管理站　张权芳　陈健根

（四十三）鸡心枣

种质名称：鸡心枣。

学名：枣（*Ziziphus jujuba* Mill.）。

来源地（采集地）：浙江省富阳区。

主要特征特性：鸡心枣形如鸡心，采摘鲜枣食用，果小，果实长3～4cm，宽2～2.5cm。果皮嫩时呈淡绿色，完全成熟时红棕色，果肉呈淡绿色。果实水分多，肉质细腻，味甜，品质佳。本次采集种质树龄在45年左右，5月初开花，7月下旬枣外皮呈黄色可采鲜枣食用，8月中旬即可采红枣。

利用价值：果小，食用品质佳，可直接开发利用。

鸡心枣

供稿人：浙江省杭州市富阳区种子管理站　张权芳　陈健根

（四十四）仙霞山稻

种质名称：仙霞山稻。

学名：稻（*Oryza sativa* L.）。

来源地（采集地）：浙江省江山市。

主要特征特性：植株较高，株型较散，叶色淡绿，根系发达，分蘖率强，穗大粒多，株高138cm左右，主茎总叶片数12.6叶左右，穗长20cm左右，总粒数110粒左右，结实率73%，千粒重22.7g，谷壳棕褐色，种皮和米为白色，稻米糯性，米质优、营养价值高，经检测氨基酸含量高达10.77%、微量元素Fe含量77mg/kg，精米率66.9%，胶稠度100，直链淀粉含量1.01%，全生育期160d，分蘖期长达2个月左右，幼穗分化和拔节同时进行，灌浆成熟期较长，成熟期不一，抗逆性强，亩产在200kg左右。

利用价值：目前主要用于加工稻米，是酿酒、包粽子、煮粥、做米馃等的上好原材料。

仙霞山稻

供稿人：浙江省江山市农业农村局　毛水根　胡依君　吴建忠　刘永贵　陈建江　毛小伟　陈昌新

（四十五）阳桃

种质名称：阳桃。

学名：中华猕猴桃（*Actinidia chinensis* Planch）。

来源地（采集地）：浙江省江山市。

主要特征特性：阳桃，又称羊桃，生长在海拔400m以上的高山上，为雌雄异株的大型落叶木质藤本植物。雄株多毛叶小，雄株花也较早出现于雌花；雌株少毛或无毛，花叶均大于雄株；花期为5—6月，果熟期为9—10月；叶为纸质，无托叶，阳桃为肉质根，根皮率高达30%～50%，根含水量高，主根不发达，侧根和须根发达。具有抗病、抗虫、抗旱、耐寒、耐热、耐涝、耐贫瘠等特点。

阳桃

利用价值：一是观赏价值，藤蔓缠绕盘曲，枝叶浓密，花美且芳香，适用于花架、庭廊、护栏、墙垣等的垂直绿化。二是食疗价值，含有丰富的矿物质，包括钙、磷、铁，也含有丰富的胡萝卜素和多种维生素。三是营养价值，果实中的维生素C、镁及多种微量元素含量高。

供稿人：浙江省江山市农业农村局　毛水根　胡依君　毛小伟　陈建江　王普红　陈昌新　吴利龙

（四十六）‘廿八都’山药

种质名称：‘廿八都’山药。

学名：薯蓣（*dioscorea* sp.）。

来源地（采集地）：浙江省江山市。

主要特征特性：多年生草本植物，缠绕草质藤本，茎蔓生，右旋，常带紫红色，无毛。单叶，在茎下部的互生，中部以上叶子对生，卵形或椭圆形，边缘常3浅裂至3深裂；花乳白色，雌雄异株，雄花序为穗状花序，长2～8cm，近直立，花序轴明显呈“之”字形曲折；苞片和花被片有紫褐色斑点；雄花的外轮花瓣片宽卵形，内轮卵形；雄蕊6；雌花序为穗状花序。蒴果不反折，三棱状扁圆形或三棱状圆形，外面有白粉。种子着生于每室中轴中部，四周有膜质翅，花期11月至翌年1月，果期12月至翌年1月。块茎长圆形，垂直生长，长可达1m以上，表皮附有细毛，毛孔明显，粗度直径5～10cm，新鲜时断面白色，富黏性，干后白色粉质，富含淀粉和蛋白质。同时具有优质，耐热，抗旱，抗病虫等特点。

利用价值：食用。“廿八都山药炖排骨”是当地一道不可或缺的美味佳肴。

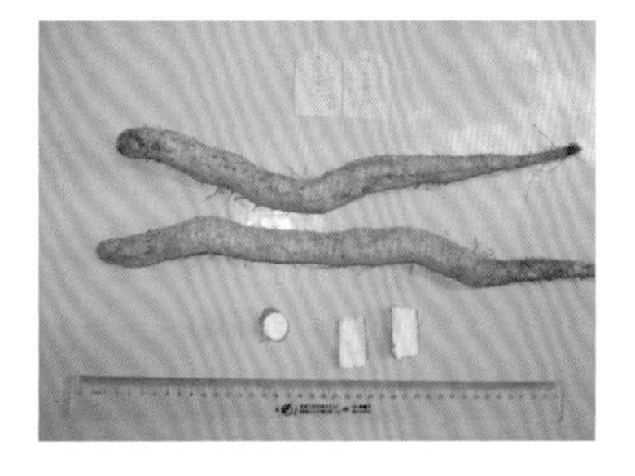

‘廿八都’山药

供稿人：浙江省江山市农业农村局　胡依君　毛水根　毛小伟　陈建江　王普红　陈昌新　陈岳聪　徐洪潮

（四十七）‘廿八都’薏米

种质名称：‘廿八都’薏米。

学名：薏苡（*Coix lacrymajobi* L.）。

来源地（采集地）：浙江省江山市。

主要特征特性：属禾本科作物，一年生粗壮草本，须根黄白色，海绵质，直径约3mm。秆直立丛生，高1～2m，具10多节，节多分枝。总状花序腋生成束，长4～10cm，直立或下垂，具长梗。雌小穗位于花序之下部，外面包以骨质念珠状之总苞，总苞卵圆形，长7～10mm，直径6～8mm，珐琅质，坚硬，有光泽。颖果小，含淀粉少，常不饱满。具有优质、广适、耐热、耐涝、耐贫瘠、抗病虫、抗旱等优点。

利用价值：有健脾、补肺、清热、祛风湿、强筋骨、补正气、利肠胃、利尿、消水肿等功效和作用，是人们日常滋补和美容、消热祛湿、消肿排脓和健脾的粮药兼用佳品。近年来江山市廿八都镇的薏米产业得到快速的发展，并进行产品深加工，生产出具有保健功能的“薏米”酒，产品销往周边各大中城市。

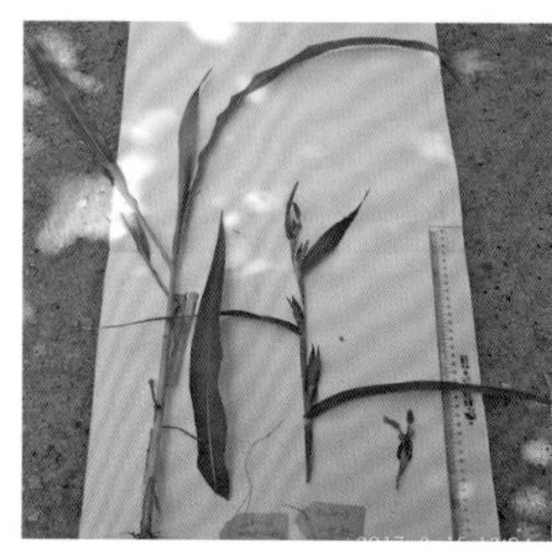

‘廿八都’薏米

供稿人：浙江省江山市农业农村局　胡依君　毛水根　毛小伟　陈建江
王普红　陈昌新　陈岳聪　徐洪潮

（四十八）‘廿八都’白豆蔻

种质名称：‘廿八都’白豆蔻。

学名：菜豆（*Phaseolus vulgaris* Linn.）。

来源地（采集地）：浙江省江山市。

主要特征特性：‘廿八都’白豆蔻是江山市廿八都特有的古老农家品种，栽培历史悠久，主要分布在江山市廿八都镇的兴墩、坚强、寻里等村，产量不高，全市种植面积不足50亩，属于芸豆中的珍稀品种之一。一年生藤本作物，茎蔓生、根系较发达，初生真叶为单叶，对生；以后的真叶为三出复叶，近心脏形；籽粒的形状肾形，颜色白色，颗粒较黄豆大，整齐、有光泽；具有抗病、耐热、优质等优点。

利用价值：其去湿防寒除痹的特有功效，深受消费者喜爱，“白豆蔻炖猪脚”已成为不可多得的药膳佳肴之一。近年价格飞涨，现每千克售价达到了60多元，具有较高的开发利用价值。

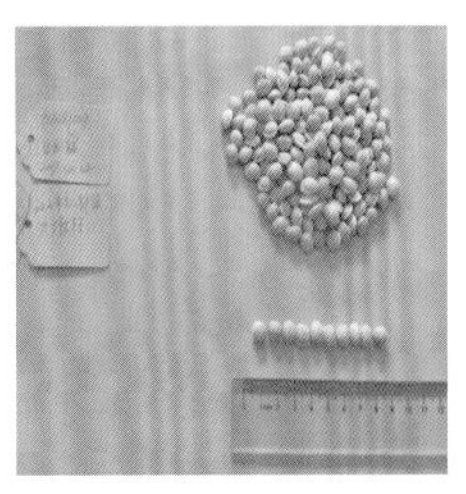

‘廿八都’白豆蔻

供稿人：浙江省江山市农业农村局　胡依君　毛水根　毛小伟　陈昌新　王普红　陈建江　陈岳聪　徐洪潮

（四十九）‘新塘边’荸荠

种质名称：‘新塘边’荸荠。

学名：荸荠［*Heleocharis dulcis*（Burm. f.）Trin.］。

来源地（采集地）：浙江省江山市。

主要特征特性：‘新塘边’荸荠，主要产于江山市西南部的新塘边镇，近年来东部上余镇也有种植，全市种植面积在3 200亩左右。为宿根性草本植物。有细长的匍匐根状茎，在匍匐根状茎的顶端生块茎。秆多数，丛生，直立，圆柱状，有多数横隔膜，干后秆表面现有节，但不明显，灰绿色，光滑无毛。鞘近膜质，绿黄色或紫红色；具有高产、优质、抗病、抗虫、耐热、耐涝优点。

利用价值：荸荠被誉为“泥底人参”美称，不仅可以促进人体内的糖、脂肪、蛋白质三大物质的代谢，调节酸碱平衡，还具有一定的抑菌功效；磷含量是所有茎类蔬菜中含量最高的，可以促进人体发育。其丰富的营养成分和独特的口感，是不可多得的果蔬食品。

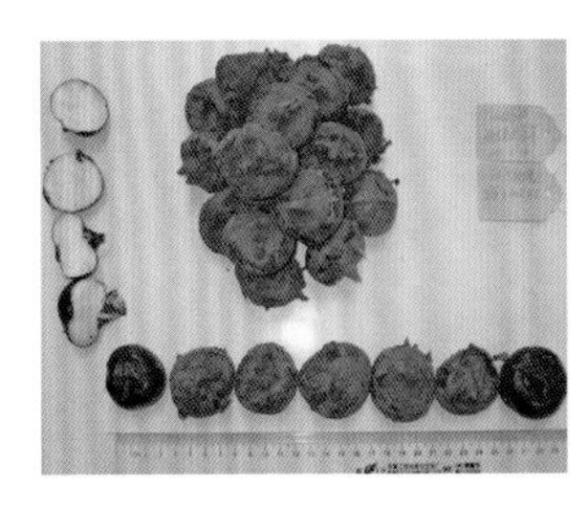
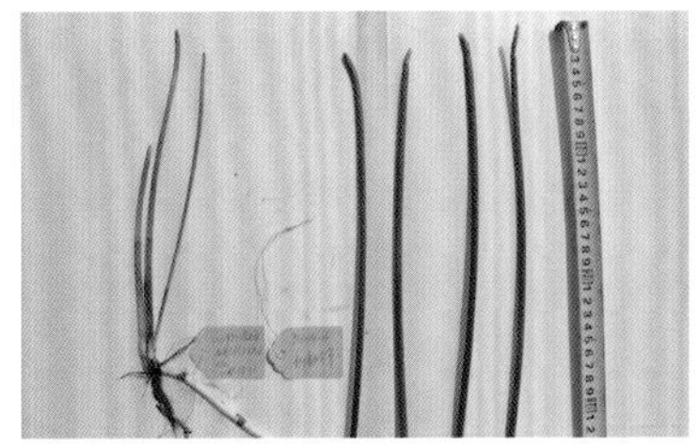

‘新塘边’荸荠

供稿人：浙江省江山市农业农村局　毛水根　胡依君　毛小伟　陈建江　王普红　陈昌新

（五十）华塔早

种质名称：华塔早。

学名：柑橘（*Citrus reticulata* Blanco）。

来源地（采集地）：浙江省江山市。

主要特征特性：该品系是江山市于20世纪80年代，从温州密柑宫川的枝变选育成的地方品种，因具有优质、早熟等优点；该品系树势中等偏弱，树冠矮小紧凑，枝条短密，呈丛状；果实高扁圆形，顶部宽广，蒂部略窄，果面光滑，果色橙红，皮较薄，单果重125～140g。品质优良，细嫩化渣，无核，含可溶性固形物13%左右，糖含量9.5～10g/100mL，酸含量0.6～0.7g/100mL；果实10月中旬成熟。

利用价值：除供鲜食外，果实可制柑饼，果汁可酿果酒，果皮可提橙皮油，花可炼香精，又是良好的蜜源，落地果和柑皮则是优良的中药材。具有开胃理气、止渴润肺的功效；主治胸膈结气、呕逆少食、胃阴不足、口中干渴、肺热咳嗽及饮酒过度。

华塔早

供稿人：浙江省江山市农业农村局　胡依君　毛水根　毛小伟
陈建江　陈昌新　王普红

（五十一）野大豆

种质名称：野大豆。

学名：野生大豆（*Glycine soja* Sieb. et Zucc.）。

来源地（采集地）：浙江省江山市。

主要特征特性：一年生豆科草本植物，茎缠绕、细弱，疏生黄褐色长硬毛。叶为羽状复叶，具3小叶；总状花序腋生；花蝶形，长约5mm，淡紫红色；苞片披针形；荚果狭长圆形或镰刀形，两侧稍扁，长7～23mm，宽4～5mm，密被黄色长硬毛；种子间缢缩，含3粒种子；种子长圆形、椭圆形或近球形或稍扁，长2.5～4mm，直径1.8～2.5mm，黑褐色。具有抗病、抗虫、抗旱、耐热、耐贫瘠等优点。

野大豆

利用价值：是大豆育种不可多得的材料之一。

供稿人：浙江省江山市农业农村局　毛小伟　毛水根　胡依君
陈建江　陈昌新　王普红

（五十二）火炭桃

种质名称：火炭桃。

学名：桃（*Amygdalus persica* L.）。

来源地（采集地）：浙江省文成县。

主要特征特性：蔷薇科桃属地方品种，落叶小乔木，树高3～5m；叶为披针形，长15cm，宽4cm，先端成长而细的尖端，边缘有细齿，暗绿色有光泽，叶基具有蜜腺；树皮暗灰色，随年龄增长出现裂缝，早春开花；果实近椭圆形核果，表皮红褐色，有茸毛，肉质可食，泛红色，品质佳，有带沟纹的核，内含白色种子，7月下旬成熟。

利用价值：在南田镇仅发现一棵珍稀资源。果皮红褐色似火，品质佳，是育种和开发利用的好材料。

火炭桃

供稿人：浙江省文成县农业农村局　郑小东

（五十三）锦鸡儿

种质名称：锦鸡儿。

学名：锦鸡儿［*Caragana sinica*（Buchoz）Rehd.］。

来源地（采集地）：浙江省文成县。

主要特征特性：锦鸡儿，又名金姜花。落叶灌木，高1～2m。茎皮上有黄点，皮易剥落，小枝有棱角，无毛。托叶三角形，硬化成针刺状，叶轴脱落或宿存变成针刺状；小叶2对，羽状排列似簇生，上面一对小叶通常较大，倒卵形或矩圆状倒卵形，长1～3.5cm，先端圆或微凹，有针尖，无毛。花单生，长2.8～3.1cm，花梗长约1cm；花萼钟状，基部偏斜，黄色带红色，花期4月。

利用价值：可以作为特用蔬菜开发利用。鲜花炒鸡蛋或烧汤吃。花朵可以入药，有活血调经、祛风利湿的功效，且对于月经不调、白带、乳汁不足等一些妇科疾病以及跌打损伤等外伤都有着非常不错的治疗效果。

锦鸡儿

供稿人：浙江省文成县农业农村局　郑小东

（五十四）胭脂米

种质名称：胭脂米。

学名：稻（*Oryza sativa* L.）。

来源地（采集地）：浙江省宁海县。

主要特征特性：胭脂米，又称宁海红米。该品种耐瘠、耐寒、耐病虫害，适于山区、冷水田和湖泊种植，株高105cm左右，茎秆3.7cm左右，秆均为黄色。叶片狭长挺直，穗茎节间长，易倒伏。穗长20cm，每亩有效穗数约18万穗，总粒数40穗，结实率90%，千粒重25g，产量200～300kg。糙米赤红色。全生育期145d，播种期在5月中旬，收割期10月初。大田施复合肥每亩50kg，返青后追施尿素每亩5kg。

利用价值：宁海御田胭脂米色如胭脂，其米饭微红而柔软，食之有香味，硒含量是黑米的2倍，铁含量是黑米的1.5倍，维生素B_1、维生素B_2含量比普通稻米高，镁、硒、锌等矿物质的含量也远高于普通稻米，胭脂米制成粥，非常适合产妇滋补身体，并对老年人补钙、降血压和儿童增高益智非常有益。可作为育种材料，也可作为优质保健米进行产业开发。

胭脂米

供稿人：浙江省宁海县种子公司　乐焕东　俞亚国

（五十五）小金钟萝卜

种质名称：小金钟萝卜。

学名：萝卜（*Raphanus sativus* L.）。

来源地（采集地）：浙江省余姚市。

主要特征特性：十字花科萝卜属。根肉质，长圆柱形，长12～18cm，因形状似倒挂的摇铃，故名小金钟萝卜。根皮白色。基生叶及下部茎生叶有长柄，通常大头羽状分裂，被粗毛，侧裂片1～3对，边缘有锯齿或缺刻；茎中、上部叶长圆形至披针形，向上渐变小。总状花序，顶生及腋生。花淡粉红色。长角果，不开裂，近圆锥形，直或稍弯，种子间缢缩成串珠状，先端具长喙，果壁海绵质。种子3～8粒。肉质根口感爽脆，品质佳。

利用价值：该资源适应性范围广、抗病性强，生吃水分含量高，脆甜可口，是水果萝卜育种的好材料，也可以直接在生产上推广利用。

小金钟萝卜

供稿人：浙江省余姚市种子种苗站　罗建丰　沈一诺

（五十六）弯豇豆

种质名称：弯豇豆。

学名：豇豆（*Raphanus sativus* L.）。

来源地（采集地）：浙江省松阳县。

主要特征特性：蔓生，花冠白色。荚果白色，长22～25cm，宽1.4cm，旋曲成圆弧状，荚面较平。种子肾形，较宽，种皮黑色。播种到始收约70d。4月中旬播种，6月中下旬开始采收。豆荚肉质肥厚，不易老，炒食风味好。

利用价值：该资源稀有，形状特殊，优质，可作为育种新材料。

弯豇豆

供稿人：浙江省松阳县农业农村局　徐永健

（五十七）凤仙花

种质名称：凤仙花。

学名：凤仙花（*Impatiens balsamina* L.）。

来源地（采集地）：浙江省黄岩区。

主要特征特性：凤仙花。别名：指甲花、急性子、凤仙透骨草。植株直立，株高1m左右，叶互生，绿色，披针形。花颜色有白色、红色。分布在浙江省台州临海、温岭、黄岩以及宁波宁海等地，为地方特色资源，栽培历史近60余年。

利用价值：农民种植后用其茎秆腌制食用。方法是将茎切成5 ~ 6cm长的段，浸水2 ~ 3d，换水5 ~ 6次，去除涩味，捞起放入沸水煮1 ~ 2min，再捞出用食盐腌10d即可。一年可播种两季，可以作为特用保健蔬菜利用。

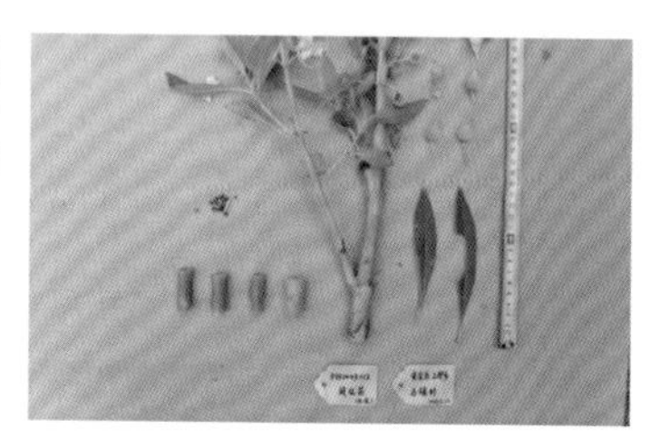

凤仙花

供稿人：浙江省黄岩区种子管理站　陶永刚　贝道正

二、资源利用篇

（一）被柿子带红火的乡村旅游

——衢江区峡川镇东坪村“柿子”资源利用

晓连星影出，晚带日光悬。

本因遗采掇，翻自保天年。

秋风起，又到了一年收获的季节。当柿子红遍山野，浙西古村衢江区峡川镇东坪村的村民又忙碌起来。

东坪村距衢州市区38km，海拔500m以上。东坪是历史名村，相传为唐朝王族李烨的隐居之地，有着1 300余年的历史。东坪村一年四季风景如画，以“古道、古树、古民居，红枫、红柿、红辣椒”闻名遐迩，山脚下筑有一条以青石板铺就的古道，蜿蜒盘曲直通山顶，宽约2m，由1 188个石阶筑成，直通村口；古道两旁是千年古树群，有红豆杉、香樟、桂花、檀树、红枫、银杏等108种，树龄均在800年以上；古老的民居雕梁画栋、古色古香、古朴自然，令人赏心悦目；红枫、红柿、红辣椒可谓是红遍山村。

当地气候四季分明，雨量充沛，属亚热带季风气候，境内动植物种类丰富。红柿、竹笋、油茶、板栗等是东坪村里的主要特产，其中红柿又是主打产品，历史悠久，源于唐末，盛产至今。东坪村海拔高，温差大，光照充足，无污染，特别适合柿树的种植、生长，柿果个大甘甜，极富营养，曾作为贡品进献朝廷。村里的柿子有客柿、西瓜柿、牛奶柿、乌柿、汤瓶柿、六柿等十多个品种，面积400多亩，产量近20万kg，百年以上树龄的柿树就有200余棵。

深秋时节，沿村中的千年古道拾级而上，田垄、山间、房前屋后，如霞似火的柿树随处可见。每年的这个时节，大批游客和摄影爱好者便会探访小村，品柿赏景，体验山居野趣，火红的柿子带火了村民的日子。

时间的卷轴往前翻，因为地处偏僻，交通不便，长期以来，村民进出都要翻山越岭，经济发展步履维艰。作为东坪特产的柿子也难以运出山，卖出好价格，带来好收益。2007年，“康庄工程”把水泥马路直接修到了东坪村村口。借着底蕴深厚的历史文化和纤尘不染的生态环境，东坪村开始发力“农家乐”。让好吃的东坪柿子走出山门，万事俱备，只欠东风。村里编制了《东坪村旅游概念规划》，结合古道与古村文化，凸显东坪“红枫、红柿、红辣椒”“古道、古树、古民居”的旅游概念，打造出以“古唐文化”为核心，隐匿于市的文化休闲胜地；采取修缮、新建、改建三种模式，对古村落进行开发与保护；还专门从杭州请来文化公司，对东坪红柿进行品牌策划。与此同时，东坪村将村民手里的古柿树全部集中起来，进行统一管理、统一经营，要求村民保持传统，不打农药、不施化肥，体现产品的生态环保特色；还策划了别具一格的“柿子节”，准备通过节会，一炮打响东坪柿子品牌。

2015年10月，首届“千年古村·浓情柿界”东坪柿子节举行，“觅柿寻宝”“最美古村趣味跑”等趣味十足的活动，吸引了近千名游客。别开生面的“古柿树拍卖会”将活动推向高潮，9棵树龄300年以上的当地柿树逐一竞价。竞得人可以获得该柿树当年产出的所有柿子，既可以鲜果交货，也可以晾晒制成干果，或者做成私人订制的礼品装，快递寄送到全国各地。主办方给每棵柿树都取了吉利的名字——“一生一柿”“好柿成双”“柿柿如意”，最终共筹集拍卖款28.67万元。根据约定，拍卖所得的全部款项都将用于东坪村，如修缮宗祠等公益项目。

其中，树龄500多年的镇村之宝、公认的“柿树王”——“百柿大吉”，多轮竞价后以13.8万元高价被拍走。“一个柿子二十元”，按照柿树的产量和竞拍价，村民们立刻计算出，“柿树王”所产的柿子，每个已经高达20多元，“这抵得上我们以前卖一筐”。

柿子熟时，漫步在东坪村，家家户户门口晒满柿干的晾架已经成为一道独特风景。七八分熟的柿子先削皮，再按着纹路切成瓣状，整齐排在竹编的簸箕里，任骄阳蒸去水分。天气好时晒上四五天就能食用。据当地村民介绍，以前柿子成熟后，要挑着沉甸甸的鲜柿到山下，再坐车送到农贸市场去卖，费时又费力。村里发展旅游经济，极大地促进了当地特色柿子和柿干的销售。

西瓜柿　绿柿

客柿　晒柿干

2017年10月的“隐柿东坪”露营文化节前后，每天都有约2 000人涌入这个高山小村。公益义卖环节中，刚落成的东坪高端民宿更是拍出了34 928元入住两日的价格。乡村的振兴也吸引了更多年轻人回归，新鲜血液的回流让古老的村子又一次焕发新生。如今，村里几家高端民宿修整一新，蓄势待发，翘首待客。

一抹柿子红，唤醒古乡村，东坪村围绕乡村振兴走出了一条属于自己的致富道路。

供稿人：浙江省农业科学院　郁晓敏

（二）开化蟠姜种质资源保护与利用

《开化县志》记载“城东乡蟠桃山生姜，俗称蟠姜，为本县特产”。开化蟠姜是祖祖辈辈传下来的地方品种，在耕作栽培、种子贮藏、加工和食用等方面都有独到之处。根据开农〔2017〕152号文件《开化县农作物种质资源普查与收集行动实施方案》，开展“第三次全国农作物种质资源普查与收集行动”，开化蟠姜被列入开化县地方特色珍稀资源重点保护性地方品种。2018年，浙江省农业科学院第二调查队林天宝队长一行，多次来到开化县芹阳办事处龙潭村，开展农作物种质资源普查与收集工作，指导开化蟠姜保护与利用。开化县农业农村局、开化县芹阳办事处在龙潭村蟠桃山建立蟠姜种质资源保护基地。

1. 开化蟠姜的产地条件

一是独特的地理条件。蟠桃山海拔310m，低山丘陵地貌，位于开化县城东郊区，黄衢南高速公路出口处，龙潭村盘山公路直达。蟠桃山东山脉是后山来脉，北山麓是马金溪，西山脚是龙潭峡谷，南山麓是龙潭村。从蟠桃山向南放眼望去，开化芹江从北向南贯穿开化县城，像一条绿色的飘带，在美丽山城中穿梭起伏。蟠姜生长在蟠桃山绿水青山中，植被丰富，生态环境优美。

二是独特的气候和土壤条件。蟠桃山属亚热带季风性气候，湿润多雾，夏季凉爽，年平均气温16℃左右，年降水量1 800mm左右，适宜蟠姜生长。蟠桃山群山环抱中，有耕地300亩，常年种植生姜30亩，多的年份达到60亩以上。蟠桃山耕地属黄壤型砂壤土，土层深厚，结构疏松，通透性好，保水保肥，有机质含量丰富，这种土壤种植生姜，品质特别好，具有外形丰满、口感香脆、辛辣适中、筋少肉嫩等特点，既是餐桌上的珍品，也是清表、解毒、去寒湿的良药，在开化十分有名，在市场上众多的生姜品种中也是独树一帜。

三是独特的社会经济条件。蟠桃山距离县城1km，是开化县一线蔬菜基地，建有山地蔬菜基地和旱粮示范基地，农业农村社会经济条件优越。蟠桃山菜农不仅有丰富的种植经验，而且有丰富的市场经验，菜农们早上运菜下山，到农贸市场卖，中午卖完菜回家，到地里种菜。蟠姜作为一个重要的蔬菜品种，年复一年风里来雨里去，紧跟菜农走市场。随着农业绿色发展和农业供给侧结构性改革，菜农们应不断增强市场意识、品牌意识，认识到蟠姜的稀有珍贵和利用价值，充分发挥优势，发展蟠姜产业。

2. 蟠姜的保护基地建设

一是加强组织领导。龙潭村党支部书记方东富说，要保护好利用好开化蟠姜，首先要建立保护性种植基地，其次要加工蟠姜进市场，再次是要把开化蟠姜品牌做起来。近几年，蟠桃山大部分农户陆续下山脱贫，搬迁到新村居住，留住山上农户仅有40余户，种植面积也大幅度减少。调查中发现，把现有农户蟠姜种子加起来，只有1 500kg左右，只能种植不到10亩，而之前蟠姜常年种植面积为50亩以上，可见蟠姜保护工作十分紧迫。

二是加强项目实施。为了切实做好蟠姜保护和利用工作，龙潭村两委按照上级要求，积极谋划方案，上门做群众工作。2018年，由开化桃上家庭农场承担，流转6亩土地，将蟠桃山22户姜农安排在一起，按照统一制种育种、统一连片耕作、统一种植时间、统一技术措施、统一栽培管理“五统一”原则，建立开化蟠姜保护基地，开展蟠姜生态高效栽培技术试验示范项目。项目实施后，蟠姜得到保护，品种得到改良，品质得到提升，产量得到提高。姜农徐小琴高兴地说，“今年蟠姜统一种植，管理得好，没有发病，产量又高，质量又好，以前开化泰康制药厂都是来收购蟠姜的，其他地方生姜他们都不要。”经县农业农村局组织相关专家验收测产，蟠姜保护基地平均亩产达2 794.6kg，新鲜蟠姜按市场销售价10元/kg计算（其他生姜6元/kg），亩产值27 945.7元，扣除土地租金、复垦、耕作、种子、肥料、遮阳网、基地牌、用工、管理费用等成本9 400元，亩净收入达到18 545.7元。蟠姜经加工腌制蟠姜销售，每亩加工成品2 235.7kg，按每千克销售价64元计算，亩产值143 083.5元，扣除场地、设备、原料、加工、包装、营销、管理费用等成本81 878.3元，亩净产值61 205.2元。

三是加强宣传推广。开化蟠姜保护基地建设，引起各级领导高度重视和支持，第三次全国农作物种资源普查与收集行动《简报》2018年第2期报道了《让老品种重焕生机——浙江省开化启动地方种质资源保护工作》，浙江省省、市、县多家报刊作了工作报道，开化电视台播放了专题节目，浙江省把开化县作为典型宣传，把好的经验、好的做法宣传推广。

开化蟠姜

蟠姜

供稿人：浙江省开化县农业农村局　汪成法
浙江省开化县芹阳办事处　徐义华

（三）‘新仓小茄子’的前世今生

新仓小茄子是嘉兴平湖的农家品种，产自平湖市新仓镇红光、秦沙等村，也是浙江省首批农作物种质资源保护名录成员之一。据当地从事多年农业生产指导工作的退休老人介绍，新仓小茄子因品相较一般市面上其他茄子品种个头小，故前头冠以“小”字。据地方志记载，新仓小茄子的栽培史可以追溯到元朝末年，至今已有600多年的种植历史。与普通的茄子不同，新仓小茄子色泽嫩绿，质构脆嫩，籽少皮薄，长成后只有小拇指般大小。既可用于凉拌，也可炒食，腌制的清香，热炒的色绿，鲜嫩糯滑。营养丰富，名声在外，先后获得浙江省国际农业博览会优质奖农产品、嘉兴市优质农产品等荣誉称号。

1. 新仓小茄子做腌菜一举成名

新仓小茄子果实短条形，表皮颜色青翠、极薄，烹煮食用以15 ~ 20cm中长果采收为宜，热炒后青皮绿肉、鲜嫩糯滑，风味独特。但新仓小茄子不易贮藏运输，即使一早采摘销售，表皮也会发黑，虽然口感没有多大变化，可卖相不好而备受冷落。于是，聪明的新仓人尝试借鉴腌菜技术，选用长6 ~ 8cm的幼果，加食盐拌匀，戴上胶皮手套把小茄子放在手心用劲揉捏至软化，之后再加酱油、味精、鸡精、白糖等调料腌渍1h即可装盘，上桌时淋上麻油等调料。结果腌出来的茄子色泽翠绿，鲜嫩欲滴，咸中带甜，成为平湖城乡各家饭店的一道必备冷菜。

据传，多年前，曾有位外地贵宾到嘉善后水土不服、食欲不振，服药也不见好转。当地朋友建议他吃点新仓小茄子。贵宾将信将疑，当他咬下表皮还有些翠绿的腌制小茄子时，顿时来了食欲，连吃两碗饭。得益于这位贵宾的宣传，有南京商人把茄子带到江苏去种植。可没想到同样的种苗、同样的培育种植，结出的小茄子竟然变得皮厚肉老，口味也很差。这也应了“一方水土养一方物”这句话。正因如此，新仓小茄子就有了稀缺性。

2. 科学栽培让小茄子“四季逢春”

一直以来，新仓镇所产的小茄子因其个头小、翠绿鲜嫩，腌制后口味独特，一直深受消费者喜爱。但以往这些小茄子到11月底就绝收了，不过现如今，新仓的一些农户采用大棚种植方式，实现了一年四季都可采摘。

“这小东西到底啥时候落户新仓没人知道，我小时候就在房前屋后种点自家吃。”说起小茄子，新仓镇红光村的陈红英阿婆如数家珍，“早在新中国成立前，我就用豆瓣酱腌制成传统的酱菜，蛮好吃的，但现在价格卖得好，都是从进大棚开始的。”据新仓镇石路村村委会主任胡卫卫介绍，新仓镇目前共种植了300多亩茄子，近年来，不少茄农根据不同季节的生长规律，抓好肥水、配花管理，每年小茄子经济效益都相当不错。

一般来说，4月种植的露天茄子，采用每天早上浇水，每月施一次尿素的办法，可以采摘到11月底。自从小茄子进了大棚，一年四季都可以和大家见面。通常，大棚里的小茄子种植从8月底就可以进苗，12月底开始上市，上市可以分两茬，中间割掉之后可以再生长，可以一直采到第二年清明前后。在春节前后，小茄子特别抢手，大棚茄子每千克大概能卖到40元，一亩地能盈利3万多元，因为稀有，总能吸引很多客户找上门来预定，根本不愁卖，宁波、苏州等地批发商都争着抢着收购小茄子。这种科学的栽培方法也让更多喜爱新仓小茄子的消费者基本上全年都可以吃到这道餐桌上的爽口“绿宝宝”。

3. “小落苏”变成“大产业”

如今的“小落苏”已经发展成为新仓镇的一项特色产业。镇里为小茄子组建了生产合作社，实行订单生产，形成了以红光和秦沙两个村为主的小茄子无公害种植基地，还漂洋过海摆上了日本消费者的餐桌。新仓人为它注册了“新仓小茄子”特色农产品，品牌越做越大，先后获得浙江省国际农业博览会优质奖农产品、嘉兴市优质农产品等荣誉称号，还在第八届中国浙江瓜菜种业博览会上精彩亮相。

“小落苏”这一古老的地方品种，壮大成一个“大产业”，也鼓起了新仓农民的钱袋子。

新仓小茄子果实（萧山）

新仓小茄子成熟期（西湖）

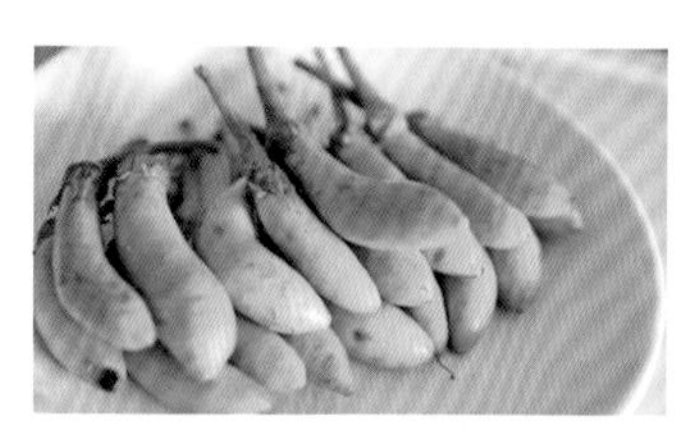

新仓小茄子

腌茄子

供稿人：浙江省平湖市农业农村局　王斌　过维平
浙江省种子管理总站　陈小央　蔡芸菲　童琦珏

（四）义乌野生种质资源硬毛地笋的保护与开发利用

在“第三次全国农作物种质资源普查与收集行动”中，在义乌一些江、渠、溪、沟及池塘边、田头地角生长着一种叫硬毛地笋（*Lycopus lucidus* Turcz. ex Benth var. *hirtus* Regel）的唇形科地笋属野生草本植物，义乌人习惯将其地下部根茎称为“虫草参”或“地参（地笋）”，在菜市场上直接叫卖“虫草”“冬虫夏草”。地参菜药兼用，有“状如虫草形如参，补虚活血稀世珍。清火败毒又瘦身，通窍养气赛山珍”之称。硬毛地笋全身都是宝，春夏可采摘嫩茎叶，凉拌、炒食、做汤均可，晚秋以后采挖食用洁白脆嫩的地下茎。地参根茎观之洁白如玉，食之清爽脆嫩，可油炸、炒食、蒸煮、做汤、腌渍、醋泡、糖浸、蜜饯、做酱菜，尤其是香酥油炸地参（地参用开水烫煮晒干后油炸），风味独特、脆香无比，堪称菜中一绝，食之口味清香。同时，地参也是一味名贵的中草药。味甘、辛性温，有活血、益气、消水等功能，且具有提神醒脑、开胃化食、补肝肾两虚、强腰膝筋骨之效。经现代医学研究表明，地参含有人体所需的20多种微量元素、18种氨基酸、酚类、糖类等多种营养成分，经常食用地参有减肥的特殊疗效，因此享有“蔬菜珍品”的美称。此外，硬毛地笋地上部茎叶作中药泽兰药用，味苦、辛性微温，有活血、化瘀、通经、止痛、益气、祛瘀、散痈、散结、利水消肿功效，用于月经不调、经闭、痛经、产后瘀血腹痛、水肿等症，临床常用于治疗绒毛膜癌、葡萄胎、肺癌等癌瘤中属淤血阻滞者。

1. 义乌野生硬毛地笋生存状况

义乌野生硬毛地笋的资源极为稀少，尤其是21世纪大规模园田化改造、农田水利工程沟渠三面光改造，对野生硬毛地笋（虫草参、地参）的生境造成了毁灭性的破坏，硬毛地笋这一优质野生种质资源一度濒临灭绝，保护这一优质种质资源迫在眉睫。当时我们思虑再三，认为保护种质资源的最有效途径是加以开发利用。近十几年来，我们一直通过各种途径对硬毛地笋进行宣传，尤其是2013年3月20日我们在义乌人气最旺的稠州论坛发表了“盘点义乌野生种质资源之二十六虫草参篇”，浏览量超14万，宣传效果极其明显，硬毛地笋的价值逐渐被更多的人所识，许多农户纷纷在田头地角、房前屋后引种，迅速改变了硬毛地笋濒临灭绝的局面。2016年4月29日我们又将“硬毛地笋”归入“义乌野生植物”集合贴，重新在稠州论坛发表再次进行宣传。随着人工种植面积的增多，分布日趋宽广，目前我们已不用担心硬毛地笋资源濒临灭绝了。

2. 开发前景

硬毛地笋药食两用，风味佳，极具开发价值。根据我们多年种植经验，人工种植硬毛地笋一般亩产菜用鲜硬毛地笋750 ~ 1 250kg，或亩产药用鲜硬毛地笋2 000 ~ 3 000kg（菜用硬毛地笋因为只截取顶端鲜嫩无筋的一小段，而药用硬毛地笋仅去掉细的根茎，其余粗长根茎全可用，所以药用硬毛地笋产量是菜用硬毛地笋产量的数倍）。硬毛地笋风味独特、口味佳，又有保健功能，已逐渐形成一个消费市场，且喜欢尝鲜的人日益增多，兼之义乌野生硬毛地笋的资源极其有限，人工种植开发利用前景非常广阔。近年来，义乌鲜硬毛地笋菜市场价格稳定在8 ~ 20元/kg，亩产值在1万元以上，综合效益相当可观。但由于硬毛地笋还没有被更多人所识，市场容量有限，大规模开发种植还不现实。目前，义乌硬毛地笋的利用仅限于地下茎顶端鲜嫩膨大部分的食用，其余地下茎及地上茎叶完全遗弃，若其余地下茎作中药硬毛地笋、地上茎叶作中药泽兰利用，效益将更加可观。硬毛地笋野生性强，人工种植简单，无须精心管理，病虫害少，也可用于幼疏果林套种，提高土地利用率，缩短投资回报周期。

硬毛地笋田间照

硬毛地笋匍匐茎

硬毛地笋的花

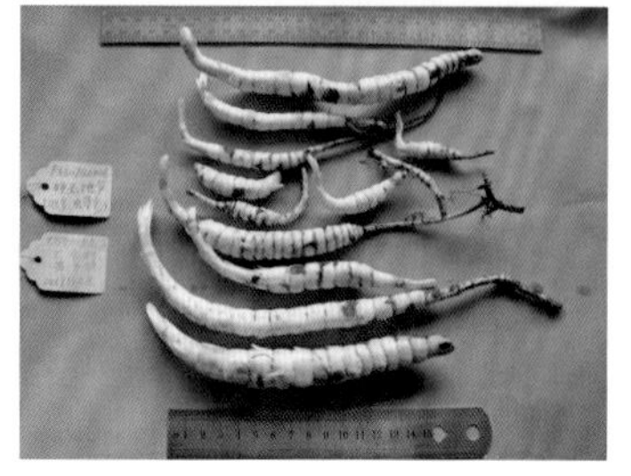

硬毛地笋

供稿人：浙江省义乌市种子管理站　黄子洪　王晶晶　陈豪安

（五）接天莲叶无穷碧　荷花莲子更诱人

——打造‘处州白莲’金名片，推动乡村振兴发展之路

2018年7月28日，丽水市莲都区老竹畲族镇沙溪村的莲花池边，人头攒动，一年一度的处州白莲节正在这里举行。微风吹过，清香阵阵，朵朵莲花姿态各异，煞是好看，来自杭州的夏懿一家踏上游步道在荷花丛中拍照留念，还在朋友圈晒起莲花秀，邀请朋友一起去莲都感受白莲节的魅力。

‘处州白莲’是处州（丽水莲都）地方老品种资源，莲子粒大而圆、饱满、色白、肉绵、味甘，有补中之益气、安心养神、活络润肺、延年益寿等功效，是名贵的药材和高级营养补品，被专家认为是最典型的“夏日食品”。它除烦热、清心火并能养心安神，是八月厨房的必备。据《处州府志》记载：“自萧梁詹司马疏导水利，有濠河二处……，其壕阔处，半植荷芰，名荷塘……”。早在1 400多年前，处州已开始种植荷莲。南宋著名诗人范成大任处州郡守时，在府治内构筑“莲城堂”，公余闲暇赏荷品莲。

处州白莲作为丽水一大传统特色地方品种，曾经几乎濒临灭绝。由于城市东扩，处州白莲种植面积快速缩小，到2008年在莲都只剩300多亩。为重振处州白莲产业，莲都区农业农村局在加大种质资源保护力度的同时，更多的是通过农旅融合来谋划处州白莲产业发展。据了解，自2012年以来，莲都区已连续举办了七届处州白莲节，“处州白莲”品牌名声大振，俨然已经成为当地百姓致富的一把金钥匙。据相关部门统计数据显示，目前莲都区种植处州白莲4 600多亩，干莲子年产量约338t，销售额达2 369万元。

“现在，大家种莲的积极性可高啦！有的农户将土地流转给企业种植白莲，然后又到自家地里打工，相当于拿到双份收入。”莲产业是劳动密集型产业，采摘期一般为3个月，采摘和加工期间，以每亩白莲平均产量60kg计，每加工500kg需15个工计算，4 600多亩处州白莲种植、采摘、加工等环节共需约82 500个工，以每个工100元计算，可为周边农户增加收入约825万元。此外，莲都区还积极鼓励农业企业、合作社等采取技术引进、合作加工等方式，开展处州白莲根、茎、叶、花、芯等加工，延伸处州白莲产业链，提高产品附加值和综合效益。以处州白莲为原料的系列产品不断得到开发，如莲子酒、莲子脆片、藕脆片、荷叶茶、莲子醋等系列产品。

处州白莲

荷花

莲子

莲都区政府在振兴处州白莲产业，打造“处州白莲”品牌的同时，还将其作为全域旅游的一个链条来谋划。每年莲都区莲花盛开时都能吸引大量的游客和摄影爱好者前来赏荷，据统计，莲花盛开期间工作日人流量为300多人次，周末人流量高达1 200人次，旅游人数的增加直接带动了周边农家乐发展。“夏季天气炎热，原本是我们餐饮民宿业的淡季，但是在白莲节期间，很多游客过来体验荷花摄影、莲子采摘、抓田鱼等活动。现在我们这里的15个房间基本上每天都是满的，我们也特意为游客准备了一些特色佳肴，比如莲子、莲花、莲叶、莲茎等，非常受游客的欢迎。”丽水舍歌嘹亮精品民宿业主黄露慧说。

据不完全统计，每年处州白莲节期间接待游客数达5万～7万人次，带来旅游收入约600万元，莲都走出了一条以“处州白莲”知名地方老品种振兴乡村发展之路，有效地推动了老竹镇旅游、美丽乡村、民宿经济、摄影以及白莲产业自身的发展，结合互联网的渠道让莲都农旅深度融合，进一步推进养生莲都建设，打造“处州白莲”金名片，打响“花园老竹”区域品牌，提升“秀山丽水、养生莲都”的知名度、美誉度。

供稿人：浙江省种子管理总站　陈小央

浙江省丽水市莲都区农业农村局　周攀

三、人物事迹篇

（一）地方品种守护者——徐祝松

2018年4月12日，浙江省农业科学院种质资源第二调查队赴开化县芹阳办事处宋村进行种质资源调查。村干部得知调查队来意后，毫不犹豫地带领调查队前往徐祝松老先生家。当老先生听说国家需要收集传统老品种时，夫妻俩二话没说，热情地配合工作。他们搬出多年精心种植保存的农作物种子，田玉米、地玉米、山玉米、黑六月豆、蚕豆、赤豆、丝瓜、辣椒、茄子等20多个传统老品种，令在场工作人员惊讶不已。

徐祝松生于1940年，小学毕业后就跟着父亲和爷爷在家务农。1970年，宋村来了一位农业大学毕业的农技员宋义富，通过农业培训和指导，徐祝松学到了许多农业科技知识，在长期的工作中两人结下深厚友谊。这位农技员曾经说过一句话，老先生至今记忆犹新："干农业，一就是一，不能有半点虚花"。

在进行调查与收集工作中，队员们多次与徐祝松老先生进行交谈。每次谈及老先生家保存的品种，老先生便如同打开了话匣子，滔滔不绝地给队员们讲述他和这些老品种的故事。

徐祝松告诉队员们，地玉米和山玉米是祖辈留下来的老品种，田玉米是在1958年早晚稻套种改早晚稻连作时调运来的。地玉米白籽，在旱地种植，主要与小麦、蚕豆等轮作，或与六月豆套种；山玉米黄籽，在山地或旱地种植，主要是开山垦地轮歇种植；田玉米引进时是花籽，后来发现其中有黑籽品种，包产到户后，经过多年连续选择黑籽种植，形成了稳定的黑籽品种。然而，现在种这些玉米的人已经很少了，绝大多数农户都在种杂交玉米。

徐祝松老先生感到十分惋惜的是当初没有好好保存的一个品种——黄六月豆。黄六月豆和黑六月豆同属六月豆品种，一般旱地种植。老先生本来也想将黄六月豆保存到自己家中，10多年前村里还有人种，他便觉得没有关系，以后想种的时候可以到人家那里换种子。意想不到的是，没过多久，就没有人种六月豆了，绝大多数农户都种九月豆。就连以前六月豆种得相对较多的邻村，现在也都找不到种子了。对于老先生来说，仅存的黑六月豆是祖辈传下来的，无论如何都要好好保存。老先生的爷爷讲过，黑六月豆是食用药用兼备的品种，也是一道好菜，过去黑六月豆用来招待客人，煮出来放在碗里看上去像是猪肝，吃起来味道鲜美。

徐祝松老先生曾经种植的粟米是祖传老品种，过去曾经大面积种植，后来老先生也在家中种植了一些以作保存。但是前几年，老先生需要种植和保存的品种越来越多，再加上夫妻俩精力渐渐没有以前充沛，便放弃了对粟米的种植，只保留了一些种子。如果留下的粟米种子不能出苗，这个老品种也就要消失了。

为了收集这些传统老品种，夫妻俩付出了许多心血。起初，各家各户都种植这些老品种，后来大多数农户选择去外面买种子，老品种种植者越来越少，尤其是近20年，几乎很难找到几户人家还在种植老品种，因为新品种出苗率、产量及经济收益均比老品种有优势，而且在耕作与栽培技术上，老品种还要讲究生态种植，多施有机肥，少用化肥、农药以保证种出来的作物原汁原味，难免带来操作上的困难和邻居的不理解。

每到播种季节，是否种植老品种、如何种植老品种经常使夫妻俩犹豫。夫妻俩有一个儿子，浙江大学计算机系毕业后在外地工作。有一次夫妻俩正在商讨是否要继续种植老品种时，儿子刚好休假回家，他们便想听听儿子的看法。儿子对他们说："现在科技发展快，这些老品种不种牢，就会被新品种取代，以后想要也没地方找，坚持这么多年，放弃很可惜，应该继续种下去，保存下去"。儿子的一番话坚定了徐祝松种植老品种的决心，之后夫妻俩达成一致，再也没有在这件事情上有过半点犹豫。然而，事后调查队才从村里其他人口中了解到，老先生的儿子已经去世了，大家都不忍心当着他的面提起这件事情，怕伤了他老人家的心。也许老先生这么多年一直坚持收集和种植老品种，想必也是对儿子的一种怀念。

徐祝松老人（前排右三）及相关工作人员与调查队合影

调查队随徐祝松老先生去采样的时候，发现他的老品种并不是集中种植在自家周围或者附近的某一块地里，而是分散地种植在山上山下不同地点。调查队员们进行调查收集的那几天，老先生带着大家来来回回地上下山进行调查采样。有的调查队员在经过这番折腾以后，觉得身体不适，吃不消，而老先生却几十年如一日地去种植这些老品种。老先生枯瘦、黝黑，满是泥巴的鞋子、满是老茧的手代表了他种地的辛苦。没有人要求他这样做，也没有人会因为他这样做了而去赞扬他。

如今，徐祝松夫妻年事已高，但对于坚持种植老品种没有放弃，甚至将其视为余生的事业，两人依旧每天下地干活，风雨无阻。

徐祝松老人（中）参加交流会

供稿人：浙江省开化县农业农村局　丰智慧　汪成法　徐义华

（二）十七年的坚守，只为那最原始的味道

——张枝碧的古磜柚

古磜柚，苍南县地方品种，单个重约1.5kg，果型扁圆形，肉质脆嫩，果肉鲜红色，具有较强的保健功能。民间流传，唐朝时“古磜村”有一个秀才，从四川带回一株柚子小苗，这棵小柚苗数年之后结果，果肉鲜红，口味独特，深受大家喜爱，后来成了当地的名果，并被取名为“古磜柚”。古磜柚内所含的类胡萝卜素和番茄红素均高于省内其他柚类资源，后因种植规模小、病虫害严重、自然灾害破坏等因素，导致古磜柚原有的优良性状出现退化。1998年全县经济林普查的时候古磜柚仅存二十几株，主要分布在灵溪、浦亭、凤池乡一带，种质资源面临濒危，国家将其纳入物种保护品种。

2001年，苍南林业局委托一位技术员挽救古磜柚这一濒危柚种。十几年来，他躬耕于山林、甘于清贫，直面台风、干旱、霜冻等自然灾害，在他的努力下，通过母树保护、嫁接等方式，终将仅存的20多株濒危古磜柚重新培植成林，有效地保存了苍南古磜柚这一珍贵的果树资源。他就是苍南县灵溪镇浦亭村人张枝碧，一位执着于古磜柚栽培繁育的老农。

已届古稀之年的张枝碧，对于古磜柚有着儿时的情怀。张家有一株祖传的古磜柚，传到张枝碧爷爷这里，那个年代，恰巧是物质匮乏的时期，这果实便成了稀罕物。爷爷舍不得别人碰它，总是把采下来的古磜柚藏在大缸里。几经讨要，爷爷才拿出来给张枝碧吃，那独特的味道让他一生难忘。后来，张枝碧成为一名林业技术员。他勤恳负责、专业技术过硬，深得单位领导器重。2001年，曾任县林业局副局长的潘瑞道找到张枝碧，提议让他参与挽救濒危古磜柚。张枝碧临危受命，在灵溪镇摸排走访了一个多月，把古磜柚的生长地点和果树生长情况逐一登记，终于搜罗到28株古磜柚母树，其中就有自家爷爷留下的百年老树。然而，历经天灾人祸的古磉柚，生长情况已大不如前。张枝碧等人决定，把古磉柚母树集中移植到一处，统一进行培育，考虑到海拔、土壤、光照、水源、交通等多种因素，最终选定在原浦亭燕头村进行种植，并于2002年成立了苍南县玉泉古磉柚种植场。

张枝碧

古磉柚

最初的种植场只有4亩，位于水边的果园，地理位置较低，每到台风季节，张枝碧就担心得睡不好觉。尤其是2006年台风“桑美”来袭期间，当时200余株果树被暴涨的河水冲走，30多株果树被掀翻在地，青涩的小柚子落得满地狼藉，损失惨重。除了自然灾害，果树的培育环节也碰到很多困难，古磉柚移植过来没几天，就死了4株。几位合伙人好不容易分工合作，嫁接了308个芽头，又被突如其来的病虫害侵袭，最后剩下104株。后来，有股东买肥不慎，将“氯化钾”误为“硫化钾”施用，导致104株幼苗根系萎缩而逐渐死亡。种植场的各项开支以及接二连三的天灾人祸，让几位股东打起了“退堂鼓”。为了减少果园的日常支出，他和几位出资人亲自下田干活，在这十年中，他利用每天中午和下午下班后的时间，到果园里除草、施肥、打药，基本每天都是忙到暮色四合才回家。此外，张枝碧还利用果园里植株间隔四五米的空地，套种一些花木和脐橙出售，用这些收入来养古磉柚。

在张枝碧摸索和努力下，古磉柚树的繁殖方式从传统嫁接到如今的无性繁殖，成活率也更高了，10株可成活3株，结果量也越来越多，从最初的年产几百个增长到几千个。然而，当张枝碧把丰收后的古磉柚，派送给苍南各地的亲戚朋友品尝时，得到的却是口感又酸又硬的评价。加上部分股东年长退休、家远不便，参与培植的热情也逐渐退却。而这一切并未扑灭张枝碧的热情，他把其他股东退出的股份承接过来，把全部积蓄都投入古磉柚的培育中，在外人看来，张枝碧的这一举动“傻”到家了。

为了改良古磉柚培植，年过花甲的张枝碧仍在东奔西走拜师学艺。回到温州后，他在原有的自然农法基础上，巧用新学的共生理念，分别利用中药下脚料、油菜饼、芙蓉渣等作有机肥，用果皮、红糖等发酵的酵素给果树增加营养，提升果实甜度；还用标签给果树按顺序编码，将古磉柚的生物特性及种源历史，施用肥、药的来龙去脉等具体细则，全部输入数据库中。2015年，300多棵古磉柚产果近万颗，老张再次送果实供人品尝。50多岁的村民陈其影第二天就来报喜：“老张，你的古磉柚味道回来了。是小时候吃的那个味道！”这一句评价，张枝碧足足等了15年。如今，果园面积也从最早的4亩发展到了100多亩，产果过万颗，而且经科研单位测定，这些古磉柚内所含的类胡萝卜素和番茄红素，均高于省内其他柚类资源。十几年来没有经济产出，总算开始有了回报，来自北京、上海、海南等地的客人也慕名而来。受儿子张书雁启发，张枝碧很新潮地提出“认养古磉柚”的方式，众筹参与濒危物种培植。每人只需出资1 000多元，即可认养一棵古磉柚，并获得部分果实。在张枝碧的目标规划中，除了众筹认养，他还想要打造一个体验式农庄，深加工开发柚子糖、柚子茶、柚子花茶、柚子叶保健产品等系列产品。

一位普通的老人可以坚持17年来做一件事情，只为一个朴实的梦想。希望更多的人与张枝碧一起挽救更多濒危的种质资源，让他的坚守不再孤独，让梦想传递下去！

供稿人：浙江省种子管理总站　陈小央　蔡芸菲

（三）农作物种质资源守护者——马志进

浙江省东阳市位于浙江省中部，历史上是一个典型农业大县，随着改革开放的大潮，农业生产发生了翻天覆地的变化，古老的农作物种质资源日渐消失，“第三次全国农作物种质资源普查与收集行动”的布置适逢其时。

为了做好东阳市的农作物普查与收集行动工作，2017年5月24日，东阳市农业农村局印发了《东阳市农作物种质资源普查与收集行动实施方案》的通知，由东阳市种子管理站牵头负责具体工作，5月27日东阳市种子管理站组织召开了农作物种质资源普查与收集行动实施方案的培训会，全市乡镇农技站站长、农业农村局下属有关单位和部分人员参加了培训，会上分发了东阳市征集农作物种质资源的文件4 000余份，聘请部分老农技干部和老农民参加本次行动，对提供有价值的农作物种质资源信息和种子实物人员，视情况而给予奖励。

东阳市种子管理站工作人员马志进同志具体负责此项工作，为了把1956年、1981年、2014年3个时间节点的普查表填写完成，他不辞辛劳，在2017年6—10月奔走于东阳市档案局和图书馆之间查阅相关资料，并走访了东阳市委统战部、东阳市行政服务中心、东阳市国土局、东阳市水利局、东阳市统计局、东阳市教育局等部门，在浙江省种子管理总站产业科陈小央科长的指导和浦江、磐安、义乌等县市同行人员的帮助下，圆满完成了3个时间节点普查表的填写工作，10月底及时上交到浙江省种子管理总站。

在此次行动中，他特别注重通过走访老农技干部、老农民以及到实地调查收集，及时地提供种质资源人沟通拍摄季节，安排合适路线下乡拍摄。为了完整地拍摄好每个品种生育周期有明显特征、特性的图片，在作物苗期、花期、结果期、采收期等关键生育期，随时下乡拍摄。拍摄的图片将近1 000余张，路程数近千千米，到目前为止，已经定位和收集了31份农作物种质资源。包括6份野生资源、6份濒危资源、19份地方特色品种（含果树1份），其中濒危的东阳红粟米种质资源还引起了中国农业科学院“第三次全国农作物种质资源普查与收集行动”工作办公室的关注。2017年10月29日，中国农业科学院普查办高爱农、陆平老师与中央电视台第七频道摄制组一行人来到了东阳市，对白云街道里坞门小区吴广仁种植的红粟米实地考察，询问种植户和田间性状调查后，确认为种植面积日益减少的老品种红粟米，并为红粟米珍稀种质资源摄制了专题片。另外，“第三次全国农作物种质资源普查与收集行动”普查办胡小荣博士陪同“舌尖上的种质资源”摄制组也来到了东阳，分别采访拍摄了红粟米种植户吴广仁和东阳市非物质文化遗产“切年糖”传承人蔡香花，为传统手工制作冻米糖的加工流程摄制了专题片。为东阳的“切年糖”系列产品的知名度和红粟米的传承与保护，起到了一个很好的推广和传播作用。

马志进收集上交到浙江省农业科学院的果树老品种黄心麦李，也引起了浙江省农业科学院谢小波老师的关注。黄心麦李与红心麦李的最大区别在于上市时间早、耐运输和贮藏，果皮紫红色，果肉淡黄色，味甜，适口性好，是一种老少皆宜的夏季水果，深受广大的消费者喜爱，谢老师觉得这么好的产品更应该发扬光大。2018年6月中旬，肖塘村举办了东阳市第一届“黄心麦李”采摘节，采摘节的举办不仅仅推动了当地美丽乡村建设，更是对地方老品种黄心麦李优良品质的积极肯定。

马志进始终牢记农作物种质资源是国家关键性战略资源，对其开展普查与收集行动是对珍稀、濒危作物种质资源进行抢救性保护的重要举措。

有一次，马志进听说马宅镇西宅里村有一位年近90岁的老农民手中有一个20世纪50年代的蔬菜老品种——黑菘菜，便从单位驱车2个多小时到乡下寻找。在当地热心人士的帮助下，终于见到了这位名叫泮荣贵的老人。老人住在一个很偏僻的山区里，据老人回忆，黑菘菜是他父辈在1953年种植的蔬菜品种，距今60多年了。当老人拿出装种子的小瓶子时，马志进的心里就暗暗发誓，一定要把这个品种种植保护起来，不让它在自己的手中灭绝。后来他就把收集来的黑菘菜种子和其他品种的种子，种植在东阳市农作物种质资源基地进行保护。

在“第三次全国农作物种质资源普查与收集行动”中，他积极投稿宣传种质资源行动，先后在“行动”简报、金华日报、浙江农村信息报上，报道了“废墟”上淘出珍稀土品种、“废墟”上的红粟米，吸引了中央电视台来拍摄。为了使马料豆这个珍稀、濒危种质资源能够保存下去，特此提出一份保护地方老品种的可行性措施方案，《马料豆的性状特征调查收集与保护措施建议》发表在期刊《中国种业》上。

正是有了像马志进这样的守护者，我们的农作物种质资源才会得到更好的保护与传承、创新与利用，在保护和传承中必将焕发新的生机。

马志进与东阳红粟米

马志进（右一）在红粟米地里

供稿人：浙江省东阳市种子管理站　程立巧

（四）苍南县‘桥墩野菜’挖掘人——许新淡

野生蔬菜具有重要的食用、药用及观赏价值，是普通蔬菜的重要补充。大多数的野生蔬菜自然生长，抗逆性强，是老百姓喜闻乐见的健康食品。苍南县位于浙江省的南端，属亚热带海洋性季风气候，冬暖夏凉，非常适合野生蔬菜的生长。该县以汉族居民为主，分属闽海民系和江浙民系，苍南民风淳厚，居民素有食用野菜的习惯。

许新淡，男，1950年生，大学文化，苍南县桥墩镇官南村人，退休教师。许新淡酷爱园艺，对苍南县的园艺产业，特别是蔬菜、果树等非常熟悉。他精心种植和收集了40余种苍南县的野生蔬菜，统称为“桥墩野菜”，并将这些野生蔬菜介绍给浙江省农业科学院的种质资源调查队，希望能将苍南的野菜资源充分保存和利用起来，造福广大百姓。所收集的特色野菜有以下几种。

白鸡冠花主要食用嫩叶，味道鲜美，并有清热、明目、利湿的功效。凤菜的叶面绿色、叶背紫红色，叶片鲜食或晒干食用；凤菜营养丰富，具有清热、消肿、止血、生血的功效，是得天独厚的绿色食品和营养保健品。野秋葵的花、果实和地下根等部位均可食用。白马兰是一种可食用的优良野菜，对治疗咽喉肿痛有特别好的效果。

白鸡冠花

凤菜

野秋葵

白马兰

供稿人：浙江省农业科学院蔬菜研究所　李志邈

四、经验总结篇

（一）富阳全面开展农作物种质资源普查与征集，推动资源保护利用

浙江省富阳区四季分明，地形地貌多样，有“八山半水分半田”之称，生态类型多样，农作物种类繁多，地方种质资源丰富。但近年来，受气候、耕作制度和农业经营方式变化，特别是城镇化、工业化快速发展的影响，导致大量地方品种迅速消失，作物野生近缘植物资源也因其赖以生存繁衍的栖息地遭受破坏而急剧减少。摸清本地农作物地方种质资源家底、加强资源保护利用迫在眉睫，“第三次全国农作物种质资源普查与收集行动”为富阳区全面开展地方农作物种质资源普查与收集提供了契机。

经过一年多的努力，富阳区第三次全国农作物种质资源普查与收集任务超计划全面完成。基本摸清地方农作物种质资源家底，查清各类作物的种植历史、栽培制度、品种更替、社会经济和环境变化、种质资源种类、分布特点、多样性等基本信息。普查并收集佛手山药、夏南瓜、龙羊细籽花生、柿花、霉棠梨、野大豆等古老、珍稀、特色、名优作物地方品种和野生近缘植物种质资源59份。完成种质信息数据填报、种质征集保存和交付。开展龙羊细籽花生、辣芥菜、迟毛豆等优质地方种质资源林下套种等栽培试验，探索地方种质原生境保护利用高效生态模式。

1. 领导重视，建立切实有效的组织保障

2017年4月，富阳区被列入第三次全国农作物种质资源普查县（区），单位领导十分重视，根据《浙江省农作物种质资源普查与收集行动实施方案》与技术规范等要求，制订《富阳区农作物种质资源普查与收集行动实施方案》，成立富阳区“第三次全国农作物种质资源普查与收集行动”普查领导小组，全面负责本次普查与收集行动的政策协调、方案制定、经费保障和检查督导。由富阳区农业农村局分管副局长担任组长，农作、经作等相关业务科室主要负责人为小组成员，局种子、粮油、蔬菜、水果、蚕桑等业务骨干及各乡镇农技人员实施普查。领导小组下设联络室，由种子管理站具体负责实

施普查工作的人员任联络员，牵头负责普查工作联系、具体实施、种质征集报送和信息等。同时制订计划，有条不紊地推进地方品种资源的普查与征集。

2. 多措并举，全面开展普查与收集

（1）查阅历史资料。走访区档案馆、统计局、史志办等单位，广泛收集、查阅富阳区（县）农业历史资料。2017年4月下旬起，普查人员认真查阅《富阳县农业志》《富阳市农业志》《富阳县志》《富阳县粮食志》《新登县志》及富阳区农林局档案室、农作、经作等科室保存的农业业务历史文献，摘录并形成富阳区（县）各乡镇农家品种历来种植情况、富阳区（县）农业生产情况等文稿。前期文献资料收集整理，普查小组获得全区农作物种植历史和品种演变情况等第一手资料。

（2）召开座谈会。邀请局粮油、蔬菜、水果、蚕桑等业务骨干及各乡镇在职农业技术骨干参加，对前期已收集到的当地农作物品种情况、农业生产历史资料等加以分析讨论。与会人员结合自身工作实践各抒己见，在全面分析的基础上，明确农作物地方品种和野生植物普查方向，确定重点普查乡镇和重点普查村。明确普查行动的实施期为2017年4—12月，将各个阶段的进度和任务要求进行细化。

（3）制订计划，克服困难全面实施。根据了解到的种质资源分布信息、农作物或野生植物生育进程，制定好切实可行的年度普查与收集实施计划。现存农作物地方特色、珍稀、优质种质资源大多仅在山高路远的偏远山村有零星分布，为保质保量完成普查与收集工作，由种子、蔬菜、水果等农技专家组成的普查实施小组平均每月有8～9d在野外跋山涉水，不畏烈日酷暑，甘冒秋雨冷风，早出晚归行走在山间地头，考察、采集种质信息。种质采集后，加班加点将其精选、整理、打包寄往浙江省农业科学院，确保种质的质量。

（4）广泛动员社会力量参与种质资源普查与征集。拜访农业老前辈、乡镇老农技员、老农民，请他们讲述曾经听到或看到的特色作物或野生植物情况。利用下乡、走亲访友等机会，或在普查中，有意识地去村里田间地头走走，与乡镇干部、村民聊当地作物或野生植物情况，看看瓜果蔬菜、旱杂粮，问问农事、地方饮食，请他们帮忙了解相关情况，并做好回访。一年多来，普查人员走访了全区13个乡镇（街道）24个行政村50余农户，采取先收集后调查、先调查后收集方式征集资源，做到特有资源不缺项，重要资源不遗漏。多次实地考察种质生育进程，做到信息采集详尽、数据填报真实、样本征集具有典型性和代表性。

（5）加强学习，及时向农业农村部、浙江省种子管理站、浙江省农业科学院等单位领导专家请教。普查实施前熟读“第三次全国农作物种质资源普查与收集行动”技术操作规程和专家们精心制作的课件，熟记种质普查要求和具体方法。关注“第三次普查浙江QQ群”，普查中遇到问题，及时向专家和同行请教，专家的答疑解惑有力地促进富阳区种质资源普查与征集工作。

3. 探索种质资源保护利用有效途径

（1）深入挖掘地方种质传承历史。通过媒体、微信公众号等做好地方农作物种质

资源保护宣传工作。富阳区农作物种类繁多，地方种质资源丰富，但受耕作制度、经济效益、新品种冲击等因素影响，火柿、柿花、霉棠梨、夏南瓜等许多优异地方老品种已处于边缘化境地，仅靠偏僻山村少数老农零星种植和自发留种保存，其中柿花、霉棠梨等种质仅发现零星老树，已濒危。“常绿南瓜籽身价一路飚升”“富阳发现数百岁果树—茶树套种园”“来瞧瞧，富阳的宝贵资源”等文章经《富阳日报》刊登、微信公众号发布宣传种质保护，得到了公众保护当地种质资源的共鸣。

（2）利用当地山地桃园、香榧林等林下土地资源，开展辣芥菜—桃树套种。龙羊细籽花生、红黄细赤豆、迟毛豆等旱杂粮香榧林下套种等试验，探索本地农作物特色种质资源原生境保护开发利用高效生态模式，促进地方种质资源的保护开发利用延续。

茶—柿百年套种园

普查小组采集果树接穗

普查小组采集夏南瓜种质信息

普查小组考察柿花种质信息

供稿人：浙江省杭州市富阳区农推中心农作站　孙军华　章忠梅

浙江省杭州市富阳区种子管理站　张权芳　胡敏骏　章浩忠　陈健根

（二）不让农作物地方品种在我们这一代消失

——浙江省淳安县普查工作纪实

鸠坑种茶、中华蜜蜂……这些都是淳安县享誉市场的好品种，这些优良品种其实是从千千万万种质资源中发现的优异基因，通过长期选育而来的。对农作物种质资源开展普查与收集是对珍稀、濒危作物野生种质资源进行抢救性保护的重要举措。

2017年，浙江省启动了第三次全国农作物种质资源普查与征集行动。淳安县是全省63个普查市县之一，也是2017年5个系统调查县（市）之一。为进一步摸清淳安县农作物种质资源的家底，抢救性收集和保护珍稀、濒危作物野生种质资源和特色地方品种，丰富国家种质遗传资源的多样性，为国家农作物育种产业发展提供新资源、新基因和新种质，维护农业可持续发展的生态资源环境，按照国家农业农村部的统一部署，淳安县农作物种质资源的普查与收集行动已全面展开，已经定位了115个种质资源，取得了较好的成效。

1. 资源保护工作启动早，基础好，保护队伍力量强

作为传统农业大县，淳安县农业农村局早在2002年就启动普查、收集本县的优势、特色作物种质资源工作，挑选粮食、蔬菜、果树、茶叶等专业技术人员等6人组成普查小组，深入田间地头，调查种质资源的分布和濒危状况，收集种子，同时对具有开发利用或研究价值的种质资源进行保护。

近年来，淳安县在农作物种质资源收集、保护、开发等方面取得明显成效。据统计，目前王阜、枫树岭、临岐等9个乡镇，建立了近20个农作物原生境种植点，保护种植40余个地方品种，包括大粒赤、山玉米、六月豆、黑豆、红皮白心番薯、赤豆、荞麦、小米、芦稷、芝麻、土油菜、红辣椒、白黄瓜、四月节、船豆节、扁节、牛蒡、土姜等，并编写了《淳安农作物地方品种简介》。

2. 县财政每年800万元资金保护地方良种

淳安县根据各乡镇的农作物资源优势，每年拨出种质资源专项经费用于农作物种质资源原生境保护，主要保护的品种有山玉米、六月豆、黑豆、白番薯、荞麦、粟、芝麻等；2016年，淳安县出台《淳安县良种保护项目管理指南（试行）》，每年安排800万元专项资金用于鸠坑种茶、油茶等农作物的种质资源保护、品种鉴定，以及良种试验繁育基地建设。

3. 积极组织发动，深入挖掘五类农作物资源

为做好第三次全国农作物种质资源普查与收集工作，确保完成各项任务，淳安县成立了农作物种质资源普查与收集行动小组，成员由种子、农作、蔬菜、茶叶、果树等业务人员组成，在原有普查人员基础上，增加人手。并明确普查重点，协调分工，科学规划普查路线，严格按技术规范进行各项具体操作，组织工作人员深入田间地头，现场查看认定。

由于此次种质资源普查和收集行动涉及时间跨度大、地域范围广、任务繁重，为使普查工作有序进行，淳安县农业农村局对各乡镇农技人员进行培训，广泛发放关于种质资源保护与开发利用工作宣传资料，发动农户为农业农村部门提供有关地方品种、农家品种、野生资源等优势特色作物种质资源信息。

根据农作物种质资源普查与保护要求，淳安县重点普查当地地方品种、特色栽培作物、珍稀濒危作物的野生近缘种等，具体包括粮食、纤维、油料、蔬菜、果树、茶、桑、牧草、绿肥等农作物，主要分为五类：一是未入国家（省）库圃的；二是具有当地地方特色的；三是历史悠久、有厚重文化色彩的；四是具有综合开发利用前景的；五是稀有、濒危的种质资源。

4. 开展有奖征集种质资源信息，最高奖励2 000元

为摸清全县种质资源种类、分布、多样性及其消长状况等基本信息，也为保护和利用打好基础，淳安县农业农村局出台政策，从2017年7月至2018年6月在本县范围内有奖征集已保护资源外的农作物种质资源信息，并在《钱江晚报》《农村信息报》等媒体广泛发布。对提供有价值的种质资源信息的农户，经县农作物种质资源普查小组实地查看认可后，视情况给予200～2 000元的奖励。

供稿人：浙江省淳安县农业农村局　吴东林　王素彬　吴彩凤　姜路花

（三）像一粒山野种子那样耐得住寂寞

——江山市第三次全国农作物种质资源普查与收集行动背后的故事

按照农业农村部办公厅和浙江省农业农村厅的相关要求，江山市完成了第三次全国农作物种质资源普查与收集工作，历时7个多月，共征集定位农作物种质资源23份。

在整个衢州市，江山市是最早完成农作物种质资源普查与收集工作的，虽然任务已经完成，但收集工作并没有停止，目前在廿八都镇有一种名叫“五十工”的番薯，江山市的工作人员正在收集相关材料，收集完成之后将送到浙江省农业科学院进行保存。

对于这次江山市第三次农作物种质资源普查与征集行动，江山市种业技术老员工毛水根颇有感触：“不管是我还是其他种子技术的农技人员，都不希望我们江山已有的东西灭绝掉、消失掉，趁着这次全国普查的机会，查清我们的家底，把我们能找到的好的种质资源保存下来。”

在这次种质资源调查中，廿八都成为一块“福地”，普查人员在这里找到了8种种质资源。“他们当时找到我家来，在我家门前屋后的田地里面就发现了8种可收集的资源。除了薏米是种在水田里的，其他包括白豆蔻、观音豆、白扁豆、冷豇豆、廿八都大薯、廿八都山药、仙霞山稻，都是种在旱地里的，现在来也都能看到。”生活在廿八都兴墩村岭下自然村的陈岳聪，讲话时中气十足，“这里面有一种观音豆，最近这个豆子正在开花，估计到月底就能结果开吃了。这个观音豆的生长周期很长，一直到立冬之前都能开花结果，是非常好的品种。”说起为何廿八都镇种质资源那么丰富，陈岳聪觉得这与廿八都镇特定的地理位置和气候有关。“我们这里海拔高，昼夜温差比较明显，比如说白豆蔻，我们之前也试验过，只有在我家周围差不多30km的范围内能种植，拿到峡口去，苗可以长得很好，也能开花，但就是不能结果，我们判断就是那边太热了。”

按照陈岳聪的说法，除了这次被收集的8种资源，当地农民手上还有茄子、丝瓜等蔬菜品种，大约有15种，家家户户都是自己留种的。“正是农民自然留种，才能为此次普查提供那么多资源”。

2017年5月16日，经过前期的准备和培训，江山市“第三次全国农作物种质资源普

查与收集行动”全面启动。

该项工作主要分两步走，第一步是由种子管理站走访老专家、老农技员、老农民，以及查阅资料。他们先后走访了376人次，座谈16人次，共查阅800多万字的史志、统计资料、气象资料、经济发展史、人口变迁史等历史资料，填写好了1956年、1981年和2014年3个时间节点的普查表。

“通过这3个表，基本能了解江山从1956年到2014年的一个总体变化，包括人口、受教育水平、各种农作物等。”在毛水根的电脑上，关于此次种质资源普查和收集行动的相关电子材料超过了6个G。而在这些电子材料之外，还有很多没有规整到电脑里面的纸质材料，这些都是工作人员去农业农村局、档案馆等翻查当初的资料才得到的。

3个时间节点的普查表，主要有三大块内容：基本情况表、主要粮食作物种植情况和主要经济作物种植情况。对农作物的种植状况，要详细到什么品种、当年种植量多少、产量多少等很细致的内容。

“做这些事情，也能更好地摸底，知道我们江山曾经有什么、现在还有什么，也让下一阶段的定位和收集更有方向性。有的种质资源我们知道大概哪里有，但是具体的，就要询问一些当地的老农民、老农技员才能更好地定位到。”

一次次打听，一段段翻山越岭的旅程，只为找到最珍稀的“它”。

如果说，第一阶段还只是查资料和座谈，那第二阶段的实地作业则更加考验普查队员的体力：早出晚归、跋山涉水、日晒雨淋都是常态。通过前期的调研以及和老农民、老农技员的座谈后，普查小组以廿八都镇、双塔街道、凤林镇、塘源口乡、长台镇和新塘边镇等9个乡镇21个村30多个自然村为重点，上山下乡进行资源的普查、定位、照片拍摄与采样。

在普查过程中，由于大多数资源都长在山高林茂的深山峡谷中，海拔高，普查车辆常常无法行驶。在这种情况下，普查队员们就要扛着工具，走着崎岖山路，步行完成实地普查定位。定位之后，除了拍摄生长环境，还要收集茎、叶、枝条、果实、种子等。“等它发芽，等它开花，等它结果，要记录一个完整的生长过程。科研工作都这样，谈不上寂寞”。干了30多年农技工作的毛水根说。

“为什么要跟老农民、老农技员、老专家座谈？因为很多东西书上找不到，只有一些老人家知道。比如说这次征集到的两份珍稀资源之一的‘阳桃’（野生猕猴桃），就是在塘源口乡白石村一个很深的山里头找到的，我们也是通过前期跟当地农技员沟通，才知道这山里有这么一棵野生猕猴桃”。毛水根回忆起当初去定位这棵野生猕猴桃的情形，当时从江山开车去要两个小时，一路山高路险，有很多盘山公路。“下了车还得步行差不多半个小时，我们几个人背着尺子、定位器、照相机等设备，那真的是人影都没有也没有路的地方。当时还忘记穿雨鞋，路上一直担心会不会被蛇咬”。由于很多人相信野生猕猴桃根对治疗癌症有效果，这些年下来野生猕猴桃基本上被人挖光了，“这棵也就是因为长在深山老林的一个不容易攀爬的山涧上，才得以幸存”。

为了找到更多的种质资源，普查小组也广泛发动身边的亲朋好友，特别是老家在农村的工作人员还发动父母去寻找相关物种。种子管理站驾驶员陈昌新的父母就提供了有效信息，帮助普查人员定位了老虎荚豆、三花豆、紫苏和青叶苎麻。

“很多时候我们工作人员也是无意之中得知某个地方会有某个种子。比如说这次普查的另外一个珍稀资源仙霞山稻，实际上在2008年的时候，就由我们一个同事的朋友提供了。当时双溪口高滩村一名退休教师在山里种了这个山稻，我们当时赶过去向他买了25kg种子保种。这次普查的时候，我们又听说在廿八都兴墩村的岭下自然村往里一个多小时车程的几户人家还有种，就赶过去。不过可惜的是，两个地方找到的都是仙霞山稻的糯稻，另外一个品种籼稻现在已经找不到了。”

经过7个月200多天艰苦普查，江山市共收集了23份农作物地方品种和野生近缘植物种质资源样品，其中珍稀资源2份，分别是‘仙霞山稻’和‘阳桃’；濒危资源1份，为‘野大豆’；地方特色资源5份，分别是‘廿八都’山药、‘华塔早’蜜柑、‘廿八都’薏米、‘新塘边’荸荠和‘廿八都’白豆蔻；普通资源15份。

毛水根（站立者）和同事野外调查

仙霞山稻保种

供稿人：浙江省江山市种子管理站　毛慧娟　姜伟锋　毛小伟

（四）浦江县“第三次全国农作物种质资源普查”主要措施及成效

浦江县位于浙江省中部，金华市北部，东经119°42′~120°07′，北纬29°21′~29°41′，面积918km²，占浙江省陆域总面积的0.9%，山地占56.5%，耕地占14.21%，水域占4.25%。浦江县属亚热带季风气候区，是一个以低山丘陵为主，又有河谷、盆地，地形比较复杂的县份，兼有亚热带季风气候和山地、盆地气候特色，年平均气温16.8℃，年平均降水量1 470.4mm。

根据农业农村部的要求和浙江省农业农村厅统一部署，在2017年4月浙江省农业农村厅召开第三次全国农作物种质资源普查动员大会后，浦江县农业农村局成立了普查领导小组，领导小组下设业务小组，制定发布了普查行动方案。种子管理站负责日常普查工作。随即召开了有领导小组成员和乡镇农办主任参加的动员会，确定了各乡镇普查员共计36人，并对普查员进行了技术培训。

针对普查技术人员少，民众对农作物种质资源的含义及意义了解不足的情况，主要采取以下措施。

（1）建立奖励机制。每提供一个有效线索奖励150元，如果协助调查并且资源符合县级要求的再奖500元，如果符合省级要求的再奖500元。若收集到的资源具有重大价值另行奖励。

（2）采取点面结合工作方式，以多种方式在面上宣传发动。通过各乡镇农办分发有奖征集通告给村干部张贴；通过普查员到各村宣传调查；通过各种子经营户、种粮大户宣传调查；通过微信公众号、微信群等新媒体宣传，浦江电视台、《浦江发布》公众号记者跟拍宣传；通过农业农村局工作人员宣传；其他社会人士提供线索；业务小组随身携带通告，查到哪里贴到哪里。共计有700多人参与调查，印发张贴有奖征集告示、技术资料等2 000多张。

（3）初步鉴定评价。在浦阳街道竹�头村租用了3亩土地，对早期收集到的部分种质资源进行初步种植鉴定，以便进一步观察记载。

（4）做好后勤保障。针对普查工作常下乡、地点多且分散、路途远的情况，与汽车租赁公司签订合同，做到随叫随到。

业务小组确定12个重点村进村调查、征集。对每个资源进行GPS定位，对特征特性进行拍照，填写种质资源征集表，并适时采取资源实物上报。

工作成效：截至2017年12月，完成了1956年、1981年、2014年3个时间节点普查表的填写。已上报68个资源，其中粮食类37个、蔬菜类18个、果树类7个、甜瓜品种1个、烟叶品种1个、特殊类4个，大大超过规定的征集20～30个种质资源的任务。

典型品种如下。①模糊枣。地点：岩头镇桐店村，有20多株，鼠李科，枣属，早熟鲜食型枣，甜中微酸，口感独特，浙江省农业科学院任海英老师带队到实地考察过，认为很有研究价值，研究出矮化配套栽培技术后，可在乡村振兴工作中推广。②梅梨。蔷薇科，梨属，梨种，采摘后需后熟过程，压扁后食用，养胃护胃，一般亩产3 000kg左右，也可酿酒。地点：浦江县郑家坞镇金宅村，已由浦江县童叟喜梅梨专业合作社开发并多次获奖，目前面积有120亩左右。③小方柿。柿科，柿属，柿种，甜柿类，可即采即食，早熟品种。地点：浦江县花桥乡马宅村，已由马明起生态农场开发并多次获奖，现有面积100亩左右。

考察浦江梅梨

浙江省农业科学院任海英老师考察模糊枣

浦江县现场发放第一个有奖征集奖金

奖金发放办法：列好清单，经接收单位浙江省农业科学院经办人核对，由浙江省种子管理站加盖公章以作证明。根据农业农村局制定的《浦江县农作物种质资源普查与收集行动实施方案》关于种质资源有奖征集的规定，发放了奖金，除了一个是在培训会上以现金形式发放，其余全部通过银行账户发放，普查员或农户已于2017年12月8日收到。

存在的问题和建议：由于工业化和城镇化快速推进，种质资源快速消失，从1981年普查至此次普查间隔36年，时间太长，在调查工作中常听到一句话“你们早来几年就好了，前几年还有人种”，建议普查、征集常态化。

供稿人：浙江省浦江县种子管理站　刘宏友

（五）寻找“仙人”留下的物种

——仙居县“第三次全国农作物种质资源普查与收集行动”回顾

浙江省仙居县是一个“八山一水一分田”的山区县，县域面积2 000km²，境内山峦叠嶂，空气清新，景色秀美，森林覆盖率达79%。贯穿全境的永安溪川流不息，清澈见底，风光旖旎，曾被评为全国十大“最美家乡河”，水质特优，基本达Ⅰ类水标准，是国家级生态县。据考证，李白的“梦游天姥吟留别”的天姥山就是仙居的韦羌山，也就是现在的神仙居。公元1007年，宋真宗赵恒以“其洞天名山，屏蔽周围，而多神仙之宅”，下诏赐名“仙居”。1984年发现的横溪镇下汤农耕文化遗址是目前在浙南地区发现的规模最大、保存最完整、时代最早、文化内涵最丰富的一处人类居住遗址，距今8 000多年，相当于母系氏族社会早中期，在其出土的文物中，石磨盘和石磨棒是世界上发现的最完整、最原始的稻谷脱壳工具，被誉为“万年台州”。历史悠久的农耕文化，让仙居拥有丰富的农作物种质资源。如史书记载宋开宝年间就有仙居杨梅的踪迹，距今已有1 000多年历史。福应街道桐桥村的一株明朝古杨梅历经风霜，至今依然英姿飒爽，果实累累。由于地处海洋性气候与内陆性气候交汇处，仙居日照充足，雨量充沛，自然生态条件优越，农耕文化历史底蕴深厚。横溪、白塔和下各平原辽阔，是史上较为有名的“仙居粮仓”。

为了抢救和保护祖先留传下来的珍贵种质资源，2017年4月，“第三次全国农作物种质资源普查与收集行动”在浙江省正式启动，作为全省19个系统调查县之一，我们有机会搭上了全面普查仙居县农作物种质资源的班车。

1. 措施有力保普查

自浙江省种子管理总站召开“第三次全国农作物种质资源普查与收集行动”动员会后，仙居县农业农村局十分重视，马上成立了以仙居县农业农村局分管局长为组长的普查小组（仙农〔2017〕49号文），种子站、粮油站、蔬菜办、特产站等部门共同参与，及时部署，全面推进该项工作。作为全省19个系统调查县之一，大家一致表示将全力以赴打好本次普查攻坚战。

根据普查方案，我们确定了五类征集对象：一是未入国家（省级）种质资源库（圃）的；二是具有地方特色的；三是有悠久历史和农耕文化的；四是具有推广、开发利用前景的；五是稀有、濒危的种质资源。

征集对象确定后，普查人员随即投入工作，首先对全县各乡镇的地方老品种和野生近缘种进行调查摸底，了解全县农作物种质资源的基本情况，为后续全方位的普查工作打好基础。其次，根据调查情况，在全县范围内确定朱溪镇、官路镇、上张乡、淡竹乡和安岭乡为重点普查乡镇。这几个乡镇均地处山区，物种资源丰富。

为了调动农户的积极性，更加全面地普查农作物种质资源，仙居县农业农村局还出台政策：新发现一个未备案的种质资源，给予发现户200元奖励；能留种的，马上委托农户小面积自繁，并根据留种面积和留种难度，给予500～800元补助。同时在朱溪镇朱家岸、埠头镇小屋基等村建立了种质资源留繁种基地，选择有一定种植经验并熟悉田间记载工作的农民技术员担任种植户，把收集到的部分种质资源通过自繁方式及时保存下来，做好留种工作，确保普查任务顺利完成。

用车有保障也是普查工作能够顺利开展的有力措施之一。仙居县农业农村局对普查工作十分重视，“科技直通车”我们可以随时调用，下乡进山比较方便。

2. 跋山涉水找物种

“养在深闺人未识”的种质资源，寻找不易，需要多看、多跑、多打听。由于目标明确，措施得当，仙居县的农作物种质资源普查工作有序开展，普查人员上山下乡找物种，取得了明显成效。

2017年5月16日，在查阅档案、走访老农、调查摸底的基础上，普查小组即奔赴重点乡镇开展野外调查。首个调查点是位于海拔520m、由9个自然村组成的朱溪镇丰田村，该村距县城有50多km，属典型的山区落后村，交通十分不便。然而越是僻远的山区村，老品种资源越丰富。果然不出大家所料，当日共采集到的种质资源样本13份，都是仙居传统的地方品种，在当地种植历史悠久，其中马铃薯3份（小黄皮、猪腰洋芋、红皮洋芋），甘薯1份（红皮白心）、杨梅3份（水梅、白杨梅、野生杨梅），其他果树5份（本地小柿、八月桃、胡颓子、本地小圆枣、青梅），野生食材1份（腐婢），收获颇丰。

2017年6月6日普查小组登上了海拔700m以上的仙居萍溪林场开展调查，重点是打轿田、石头坦两个自然村。由于山高路远，村里年轻人大都下山迁走，只有几个年长者还在坚守，耕耘着这方古老的土地。经上山下田仔细调查，结果发现了野生山药、生姜芋、本地丝瓜、本地蒲瓜、红小葱、西瓜番薯、3粒寸糯稻等14份种质资源。据村里老人介绍，这些品种都是老一辈人一直在种的仙居地方老品种，年代久远。他们虽然生活在深山村，交通不便，信息不畅，但他们仍然十分热爱这方水土，也为传承农耕文化作出了贡献。老人们种植经验丰富，还为普查人员介绍了当地的许多名贵中药材资源，如

“金钟细辛”“肺形草”“鹿含草”“七叶一枝花”“鸟不骑”“八角莲”等，并教给大家辨认方法。

2017年7—10月，普查人员重点走访了埠头镇小屋基村，上张乡苗辽村、奶吾坑村，朱溪镇朱家岸村等偏远山村，先后征集了12份老品种，分别是“百廿日玉米”“高粱”“矮脚金豆”“独自人芋”“八角天罗”“红筋圆角金豆”“乌杆早芋”“红萝卜”“粟米”“野生小葡萄”“野生藤梨”“野生魔芋”等。

考虑到仙居萍溪林场山高林密，地形多样，农作物种质资源丰富，2017年11月6日，普查小组再次来到扛轿田和石坦头自然村，重新进行普查，并扩大普查区域，又发现了“本地藠头”“生姜芋”“黄花菜”“野生柿”“南五味子”“山糖梨”等种质资源20份，加上先前普查到的14份种质资源，在该区域共发现了34份种质资源。

2018年，重点配合浙江省农业科学院开展普查工作，在陈合云主任、李春寿教授带领下，对全县农作物种质资源进行系统调查。至10月底，共收集到100多份粮食（水稻、玉米、甘薯、马铃薯等）、蔬菜、水果（杨梅、梨、柿、枣等）种质资源。

3. 众志成城见成效

种质资源普查工作量大、任务重，为了顺利完成普查任务，大家发扬特别能吃苦、特别能战斗的铁军精神，以强烈的责任意识，众志成城，取得了阶段性成果。截至2017年年底，全县新发现和确认59份具本地特色的农作物种质资源，共有70份种质资源入选国家种质库，另有2份入选省种质库；有20多份种质资源入选《台州市蔬菜种质资源普查与应用》一书，包括根菜类、叶菜类、豆类、葱蒜类、瓜类、薯芋类、多年生蔬菜类等作物品种。

以前仙居山高路远，交通不便，工业落后，但生态环境保护较好，因此种质资源相对丰富，与经济发达县市相比，优势明显。越是交通不便、山高路远的偏僻村，越是普查的重点。安岭乡麻山村是仙居县最远的村，海拔750m，开车走一趟需2.5h。海拔最高的村是埠头镇牛郎村，海拔900m。普查小组不辞辛苦，多次前往，并发现许多老品种。

2017年11月1—2日，在仙居县举办的“台州市种质资源普查收集工作推进暨培训会”上，浙江省种子管理总站陈小央科长对仙居县的种质资源普查工作给予了高度肯定，并为我们今后的工作指明了方向，浙江省农业科学院专家团队认为仙居县的种质资源普查基础工作做得非常好，感到非常满意。

截至目前，我们已向种业信息网、《农村信息报》报送了6篇种质资源普查专题信息。

4. 继往开来再努力

自开展“第三次全国农作物种质资源普查与收集行动”以来，我们共确认和登记了121份各类农作物种质资源样本，包括水稻、玉米、薯类、水果、蔬菜等，且都已定位，超额完成了省市下达的20～30份样本收集任务，完成了1956年、1981年和2014年3个时间节点上的《第三次全国农作物种质资源普查与收集行动普查表》的调查填报任务，并详细填写了《第三次全国农作物种质资源普查与收集行动征集表》。

本次普查工作，大家积极性高，责任心强，朱贵平站长深有感触，大家是用情怀在普查：一是有主动的责任感，作为本职工作，不怕辛苦；二是有强烈的成就感，当发现一个新的种质资源，大家会兴奋地跳起来；三是有淳朴的亲近感，跟大山深处的大伯大妈取经，了解山里人的历史传承，开阔了眼界，大家感觉很有收获；四是有开心的乐趣感，山里有野果吃，时不时给大家以惊喜；五是有品质的养生感，到山区可以呼吸新鲜空气，进入深山峡谷老林可以避暑，伙计配合好，一路有笑声，心情特好。

我们将积极配合浙江省农业科学院专家团队开展系统调查工作，发扬一鼓作气、连续作战的精神，争取足迹踏遍仙居山区的每一个村，挖掘尽可能多的农作物种质资源，为农作物种质资源的保护与征集再添新功。

收集种质资源工作照

供稿人：浙江省仙居县农业农村局　朱贵平　张群华　朱再荣　张惠琴　周奶弟　应卫军

（六）义乌种质资源普查与征集经验交流

根据农业农村部办公厅《第三次全国农作物种质资源普查与收集行动实施方案》要求，2015年10月，义乌市种子管理站作为参与单位进行了项目申报，开始着手准备农作物种质资源普查与收集工作。2017年根据浙江省农业农村厅的统一部署，正式启动第三次全国农作物种质资源普查与收集行动。通过精心组织、积极部署、大力宣传培训、广泛发动，对义乌市当地古老、珍稀、特有、名优作物地方品种以及其他珍稀、濒危野生植物种质资源进行了普查和收集，共收集种质资源31份，圆满完成了种质资源普查与收集工作。

1. 工作措施

（1）加强组织领导，健全组织网络。为确保第三次全国农作物种质资源普查与收集行动顺利实施，义乌市农业林业局成立了义乌农作物种质资源普查与收集行动小组，由农业林业局党委委员杨立中任组长（后因人事变动改由副局长贾云超接任），义乌市种子管理站站长任副组长，种子管理站干部、各镇街农办指定种子联络员为组员，具体负责农作物种质资源普查及信息传递工作。

（2）制订农作物种质资源普查与收集行动实施方案。为使农作物种质资源普查与收集工作更严谨、更具可操作性，2017年5月26日，义乌市种子管理站结合实际情况制订了《义乌市第三次全国农作物种质资源普查与收集行动实施方案》，明确了时间节点、人员分工、方法步骤，为普查收集工作的顺利开展打下了坚实基础。

（3）开展种质资源普查宣传培训。为了让更多的人认识到保持生物多样性、保护种质资源的重要性，义乌市种子管理站利用各种渠道、各种机会开展宣传。将第三次全国农作物种质资源普查与收集行动的信息在义乌市农业林业局网站转发，并利用普法宣传、科普宣传机会开展农作物种质资源普查保护知识宣传，同时利用农民信箱、微信群进行征集宣传，使保护种质资源深入人心，让更多的人参与到这项工作中来，群策群力来做好这项工作。为提高普查业务能力，种子管理站还组织各镇街普查专业骨干进行了简短的学习、培训。

（4）发挥老农民、老农技员的作用。家有一老，如有一宝。一些老农民、老农技员对过去一些老品种比较了解，为充分利用退休农技老前辈、农村老科技组长的作用，我们通过电话咨询或走访，向他们了解农作物种质资源尤其是过去一些优秀的地方品种的品质性状、来源及分布情况。在填写1956年、1981年普查表中种植作物品种情况时，这些退休老农技员提供了大量信息资料，为普查表的完整填报提供了很大帮助。

2. 工作亮点

（1）利用网络资源宣传普查成果。2015年10月《第三次全国农作物种质资源普查与收集行动》项目申报一结束，义乌市种子管理站黄子洪同志就开始将近20年来调查走访收集的七八百种野生植物资源（包括部分种植品种）资料逐步发布到义乌最大、人气最旺的论坛——稠州论坛，图文并茂、通俗易懂，迅速得到网民追捧，2017年12月中旬该贴浏览量超26万人次，截至2018年11月上旬该贴浏览量已超30万人次，目前还在持续更新中（图片已拍未上传的还有数百种）。在科普宣传植物种质资源的同时，几年来回复网上咨询数以千计，电话咨询数百次，甚至有十几次有群众直接拿着植物样本跑去咨询相关专家，对种质资源保护起到很好的宣传作用，使更多的人了解周边的一草一木，熟悉义乌当地特色资源，意识到保护植物种质资源和生物多样性的重要意义。在咨询宣传的同时，我们也收集到许多网友提供的植物种质资源分布信息，这次普查中征集的好几个珍贵资源就是由网友提供的。

（2）利用微信群宣传征集。种子经营户相对一般人来说，他们对农作物种质资源更熟悉、更内行，与农民接触多、了解多，知道的东西也多，义乌市种子管理站充分利用这一点，为了方便与种子经营户的联系、交流，义乌市种子管理站王晶晶副站长组建了义乌种子经营户微信群，在微信群中宣传第三次全国农作物种质资源普查与征集工作事项，通过他们征集种质资源信息，经营户积极提供信息，效果较好。

（3）地方优质种质资源的开发利用与休闲观光农业相结合。义乌在加强种质资源保护，建立地方优质种质资源保护基地的同时，也大力开发利用地方优质种质资源，把地方优质种质资源的开发利用与休闲观光农业相结合。采摘义乌大枣体验传统蜜枣南枣加工，采摘长圆柿体验田园生活，苦丁茶茶园观光品茶，义乌黑芝麻加工麻糖……这些本土优质种质资源的开发与利用，大大促进了义乌观光农业、体验农业、休闲农业的发展。地方优质种质资源与休闲观光相结合，既促进了特色农业、休闲观光农业的发展，也有利于地方优质种质资源的保护。地参、黄花菜、油茶、凉粉果、人参菜、蕉芋等优质资源的保护利用，也有利于保护地方特色小品种和土特产的开发，促进农民增收农业增效，对以优化供给、提质增效、农民增收为目标的农业供给侧改革有很好的促进作用。

普查工作培训

种质资源保护牌

供稿人：浙江省义乌市种子管理站　黄子洪　王晶晶　陈豪安

（七）玉环市第三次全国农作物种质资源普查主要做法及成效

玉环市位于浙江省东南沿海，东经121°05′~121°32′，北纬28°01′~28°19′，是我国12个海岛县（市）之一，陆地面积378km^2，地处亚热带季风气候区，温和湿润，四季分明，年平均气温17℃，因此，有着比较丰富而独特的农作物种质资源。2017年，玉环市被浙江省列入63个普查县（市）之一，按照《浙江省农作物种质资源普查与收集行动实施方案》的总体要求，玉环市积极开展农作物种质资源普查、征集、审核和数据录入上报工作，从2017年4月至2019年4月，历时2年，圆满完成普查各项工作任务，取得了预期的成效。

1. 主要做法

（1）加强组织，明确分工。针对此次普查工作，玉环市农业林业局高度重视，专门召开局班子会议研究此项工作，并成立了以局长为组长，分管局长为副组长，种子管理站、农技推广中心站、植保站、土肥站、蔬菜办及财务等相关科室负责人为成员的玉环市第三次全国种质资源普查领导小组，抽调种植业科室技术业务骨干8人专门组建办公室，种子管理站站长兼任办公室主任，具体工作由种子管理站负责牵头落实。

（2）积极开展宣传。为了使此次普查的目的和意义家喻户晓，充分挖掘该市的种质资源，玉环市加大宣传力度和广度，确保取得好的效果。一是充分利用广播、电视、黑板报、横幅、会议和手机微信等多种宣传工具，宣传此次普查的重要性和必要性，引起广大老百姓的关注重视，并使他们积极向农业部门提供宝贵信息；二是以“走下去”的形式进村入户，面对面向那些具有丰富农村经验的年长的农民请教，以获取更多久远且容易被遗忘的种质资源品种。

（3）制定实施方案，开展技术培训。为使此次普查工作做到有条不紊，根据农办种〔2015〕28号《农业部办公厅关于印发〈第三次全国农作物种质资源普查与收集行动2015年实施方案〉的通知》和浙农专发〔2017〕34号《浙江省农业厅关于印发〈浙江省农作物种质资源普查与收集行动实施方案〉的通知》的文件精神，结合玉环市的实际情况，制定出台了《玉环市第三次全国农作物种质资源普查与收集行动实施方案》。对普查对象、实施范围、期限与进度、任务分工及运行方式、重点工作、保障措施等做了明确规定。同时，对普查人员开展了在查阅资料、信息采集、数据填报、样本征集等方面的技术培训，使普查工作得以更加顺利地开展。

（4）认真组织开展普查。一是由市种子管理站负责，到市档案馆和农业农村局资料室查阅玉环市历年来有关涉农资料，包括《县志》《农业志》《统计年鉴》和《农业区域规划》等，填写好1956年、1981年和2014年3个时间段的《基本情况普查表》，使普查总表的数据更加翔实、准确；二是按照普查品种的生长时间要求，定期分组深入全市12个乡镇开展实地调查，在征集时，要带齐照相机、GPS仪、手机、电池、枝剪、钢卷尺、地图、矿泉水、食品、雨具等，做好采集样品的精准定位和农作物不同生长时期照片的拍摄工作；三是做好查漏补缺工作，普查人员专程上门去寻找有经验的特别是20世纪50—80年代在农村工作过的老同志，尽可能多地获取即将濒临灭绝的野生植物品种；四是将以上几种方式获取的信息带回办公室进行筛选，归类整理后，认真填写《征集表》，严格按照省站要求有序编号并上报普查资料，同时将精心采集到的农作物种子和枝条样品寄到浙江省农业科学院。

2. 取得成效

（1）基本掌握了本市种质资源品种的分布情况。通过1年多的实地走访、勘测和查阅资料等工作，基本摸清了全市境内各类农作物的种植历史、栽培制度、品种更替、社会经济和环境变化，以及重要作物的野生近缘植物种类、地理分布、生态环境和濒危状况等重要信息。

（2）征集到各类农作物种质资源品种22份。通过此次普查，找到了许多有价值的好品种。水果类品种11份，即本地长柿、青梅、本地广柑、杜梨、本地荸荠、本地毛桃、本地水蜜桃、本地蟠桃、本地红心李、本地小炭梅和志兴枇杷；蔬菜类6份，即甜豌豆、本地葱、本地冬瓜、本地丝瓜、本地蒲瓜和本地南瓜；红薯类品种1份，即玉环莫冬；瓜类品种4份，即干江白瓜、本地西瓜、青皮甜瓜和本地长白瓜。

普查发现的冬瓜资源

普查发现的青皮甜瓜资源

征集到的品种资源有些是即将濒临灭绝的野生种质资源品种，如杜梨，20世纪80年代时，杜梨在玉环市是比较常见的品质好的水果，到目前为止，全市只剩下4棵老树，分布在偏僻乡村；本地青梅具有一定的药用价值，但在全市种植也只剩了了无几；还有本地红薯莫冬是一个口感品质绝佳的甘薯品种，由于产量不高，种植面积也在逐年减少。能收集到这些稀有种质资源更能体现出此次普查的意义所在。

（3）提高了广大农民对优质农作物品种源的保护意识。农作物种质资源是农业科技原始创新、现代种业发展的物质基础，是保障食品安全、建设生态文明、支撑农业可持续发展的战略性资源。通过此次普查，使农民朋友们明白了保护农作物品种的重要性，与此同时也大大提高了农技干部们的业务水平。

供稿人：浙江省玉环市农业农村和水利局　屠昌鹏　颜曰红　董向阳

（八）浙江省温岭市第三次全国农作物种质资源普查与收集的实践与体会

温岭市是浙江省台州市所辖县级市，地处浙江东南沿海，三面临海，东濒东海，南连玉环市，西邻乐清市及乐清湾，北接台州市路桥区，地处浙江东南沿海台州湾以南，经纬度为121°09′50″~121°44′0″E、28°12′45″~28°32′02″N。温岭陆域地形呈东西长、南北狭，东西长55.5km、南北宽35.9km，陆地总面积925.82km^2，其中山区387.3km^2，平原490.62km^2，河、库、塘等水域47.9km^2，为“四山一水五分田”，素有鱼米之乡之称。温岭地处中亚热带季风气候，海洋性气候影响明显。总的特征是气候温和，四季分明，雨量充沛，光照适宜。境内年均气温18.4℃，最高气温39.7℃，最低气温-2.4℃。年总降水量为1 691.1mm，降水天数为171d。日照总时数1 830.0h。因此，自然环境十分适宜农作物生长，农作物种质资源丰富。

2017年，温岭市被浙江省列入63个普查县市之一。按照《浙江省农作物种质资源普查与收集行动实施方案》的总体要求，全市开展第三次全国农作物种质资源普查的发动、培训、调查、勘查、征集、审核、数据上报等工作。从2017年4月至2018年5月，历时13个月，圆满完成普查工作，取得了较好的成效。

1. 主要做法

（1）加强领导，成立机构。此次普查与收集工作，专业性强、涉及面广，任务重、时间紧，温岭市按照《浙江省第三次全国农作物种质资源普查与收集行动实施方案》的文件精神，成立了以局分管副局长任组长，市种子管理站为牵头单位，会同农技站、蔬菜办、特产站技术人员组建的温岭市农作物种质资源普查与征集工作领导小组，全面负责此次种质资源普查与征集工作。普查成员8人，其中种子站3人具体负责文献查阅和资料整理、现场调研和实地勘查、样本收集和定位、资源整理和样本送存、表格填写和汇总上报等工作。

（2）制定方案，开展培训。为使普查工作有条不紊地开展，温岭市根据《全国农作物种质资源保护与利用中长期发展规划（2015—2030年）》《农业部办公厅关于印发〈第三次全国农作物种质资源普查与收集行动2015年实施方案〉的通知》和《浙江省农业厅关于印发〈浙江省农作物种质资源普查与收集行动实施方案〉的通知》的文件精神，结合温岭市当地实际情况，于2017年5月制定并印发《温岭市农作物种质资源普查与收集行动实施方案》（温农林发〔2017〕85号），对普查对象、实施范围、期限与进度、任务分工及运行方式、重点工作、保障措施等做了明确规定。同时，普查领导小组还对普查工作人员开展了普查实施方案、资料查阅、样本采集、数据填报等方面的专项知识培训，提高普查人员的工作能力和业务水平，确保普查工作有效和顺利开展。

（3）发动宣传，动员力量。领导小组为营造声势，加大宣传力度，取得了较好的效果。一是利用字纸资料、媒体网络、横幅、农民信箱等形式和手段，广泛宣传农作物种质资源普查和收集行动的重要性。二是普查人员进村入户，宣传该行动的相关情况及行动的重要性，提升全社会共同参与保护农作物种质资源多样性的意识。三是在普查期间，召开镇街道部署会、普查人员培训会、经销商及种植户座谈会，动员更广泛的力量，参与普查和收集。普查小组还实地到村，面对面向那些具有丰富经验的农户请教，向老农打听相关信息，委托他们留意寻找相关种质资源，以获取更多的农作物种质资源品种。

（4）全面调查，认真收集。一是查阅历年来的有关涉农资料，包括县志、农业志、统计年鉴，农林局、种子站、农技站、蔬菜办及特产站的历年工作总结与报表数据，温岭市种子公司1981年、2014前后的温岭市主要品种种子调入调出情况表，以种子调入调出名称与数量推算当年品种布局。并对蔬菜种植龙头大户调查，了解品种布局与品种表现。结合资料、市场、调查3种渠道进行汇总，准确、翔实地填写好1956年、1981年、2014年3个时间节点的普查表。二是按照农作物品种生长不同时间，普查组定期到全市各地开展调查，在采集样本时，带齐照相机、背景布、GPS仪、电池、枝剪、钢卷尺、采样袋、放大镜、标签、纱网袋、铅笔、橡皮等采集工具，在采样处进行精准定位，并拍摄样本不同时期生长情况的照片，对样本进行有序编号，整理采样数据后，认真填写普查与征集行动表格，上报普查资料，同时将采集到的样本寄到浙江省农业科学院。

2. 行动成效

（1）掌握本市农作物种质资源情况。历时13个月的普查和收集工作，普查领导小组基本掌握全市境内各类农作物的种植历史、栽培制度、品种更替发展、品种消亡等情况。基本摸清重要特色种质资源的分布区域、种植特性和濒危流失等情况。

（2）征集农作物种质资源品种24份。通过全市普查8个镇（街道）18个村，共征集种质资源24份。其中蔬菜类20份，即马笼种大头菜、青皮笋菜、肖村黄瓜、粉皮冬瓜、温岭本地南瓜、本萝白丝瓜、八月蒲、凤仙花（花梗）、洋萝白皮丝瓜、太湖莳药、早黄芋头、夏蒜、温岭小洋薯、粗梗芥菜、象牙白大白菜、下梁菜（本地芥菜）、板叶白菜、猪血芥、三红萝卜、温岭软荚剪豆；水果类2份，即牛轭瓜（本地甜瓜）、青皮果蔗；其他类2份，即温岭苜蓿、温绿83（本地绿豆）。征集到的品种有些是温岭市珍稀和濒危的农作物种质资源，如八月蒲（火焰蒲），以前常见于农家屋顶，现珍稀少见。其全生长期不施药剂，藤蔓经酷暑夏日烤晒，仍能正常生长，采收期特长，极耐高温、抗病虫，是极佳的育种材料。如猪血芥，田间地头已极少见，属濒危品种。因叶脉呈紫红色，红色如猪血，故名猪血芥，是温岭唯一所见的彩色芥菜品种。其植株高大，叶片肥大，叶缘呈锯齿状，株高60～70cm。具有抗逆性强、适应性广、熟期适中、产量高的特点。能收集到这些有地方特色、珍稀濒危的品种更能体现出本次普查和收集的意义，为下一步保护、利用打下坚实的基础。

（3）提高了民众对优质种质资源的保护意识。通过此次普查的广泛宣传，增强了广大民众对优质农作物种质资源的保护意识，推动农作物种质资源开发利用的可持续发展；同时，也大大提高农技干部的业务水平。

普查人员工作照

供稿人：浙江省温岭市农业农村和水利局　王驰　林军波　郑智明
朱伟君　林怡　林燚

（九）浙江省"第三次全国农作物种质资源普查与收集行动"实践与体会

农作物种质资源是农业科学原始创新、育种及其生物技术产业的物质基础，是保障国家粮食安全、建设生态文明、支撑农业可持续发展的战略性资源。由于种质资源的形态多样、内容宽泛、材料类型丰富，且具有公益性、基础性和不可再生性等特征，所以拥有极为重要的战略地位。我国已完成了两次全国性农作物种质资源收集工作（1955—1956年、1979—1983年），但由于涉及作物种类较少，尚未查清我国家底。2015年我国启动了第三次全国农作物种质资源普查与收集行动，制订了《农作物种质资源保护与利用中长期发展规划（2015—2030）》。2017年浙江省被列为第三次全国农作物种质资源普查与收集行动省份之一。

浙江省位于中国东南沿海，北纬27°12′～31°31′，东经118°～123°，属亚热带季风气候，四季分明，光照充足；地貌多样，气候多样，是国内农作物种质资源较为丰富的省份之一。但近年来，随着工业化、城镇化进程的加快，农业种植结构调整以及气候环境的变化，野生近缘植物资源因其赖以生存繁衍的栖息地环境变化而急剧减少，地方品种大量消失，生物多样性受到破坏，迫切需要加大对濒临灭绝的野生种质资源进行抢救性调查和收集，对生产上不再大面积生产应用的地方品种以及一些特异资源进行普查和征集。两年来，浙江省坚持早启动、实培训、广征集、多宣传等多项举措全面开展浙江省农作物种质资源普查与收集，63个县1 100多名农技人员参加了本次行动，走访679个乡镇，访问了16 055个农户，总行程约18万km，拍摄资源照片6 827张，采集技术数据6 298条，普查征集地方老品种、特色农作物种质资源和野生近缘植物种质资源1 487份，圆满完成普查任务，同时也推动了县级种质资源保护、省级种质资源库和经济作物种质资源圃的建设。

1. 主要做法

（1）精心组织早启动。为了圆满完成普查任务，浙江省成立了由浙江省农业农村厅分管厅长为组长，浙江省农业科学院科研处处长、浙江省种子管理站站长为副组长，浙江省农业农村厅科教处、计财处、种植业管理局以及浙江省农业科学院相关职能部门参加的领导小组，同时成立了粮油、蔬菜、水果等相关领域专家组成的专家小组，加强普查工作的领导和技术指导。做好顶层设计，制定并印发了《浙江省农作物种质资源普查与收集行动实施方案》，起草并下发了《普查手册》。2017年4月19日在杭州举办了启动会。启动会后普查工作领导小组和专家组多次召开会商活动，汇报交流普查中出现的问题，提出解决方案。

（2）强化培训落实。浙江省启动会后，各普查县迅速行动，成立普查小组，制定实施方案，开展普查征集技术培训，层层培训落实到人，每个普查县要求培训2次以上，通过层层培训使参加普查人员熟练掌握普查与征集技术。一是进行省级培训，2017年4月19日组织召开“第三次全国农作物种质资源普查与收集行动”浙江省普查与征集培训会，举办启动仪式。中国工程院院士刘旭、中国农业科学院有关专家、浙江省农业农村厅副厅长、63个普查县以及浙江省农业科学院有关专家等305人参加了会议。二是发挥市种子管理站监督管理职能，以市为单位进行培训。督导各市种子管理站召开普查推进交流培训会，总结典型案例，交流前期工作成效，分析存在的问题。根据实际工作中出现的薄弱点，各市种子管理站针对性进行专题培训，对普查表查阅、枝条采集技术、照片拍摄等环节和难点，在衢州、湖州、嘉兴、金华等8个市分别举办了专题培训，共培训了361人次。另外，还进行了果树枝条采集技术现场实操培训，提高了操作技能和照片拍摄质量。这种培训方式范围广，包括乡镇农技人员，效果较好。三是督促各县进行小范围普查和征集技术培训。浙江省63个县分别进行了县级普查工作培训，参加普查工作人员603人，共培训2 296人次，开展座谈会210次。

（3）创新举措广征集。为能收集到古老、珍稀、特色、名优的作物地方品种，不留死角，淳安、浦江、东阳、上虞等32个普查县制定了有奖征集措施，对提供优异种质资源线索的农户给予150～500元的奖励，被省里认定的再给予一定奖励，这项奖励政策极大地调动了广大农户提供资源线索的积极性。开化、松阳、淳安等县以每个资源800～1 000元补助形式鼓励农户留种或委托农户小面积繁种，把数量不够或者纯度不好的种质资源进行扩繁提纯，再提交给相关部门，使资源质量明显提高。浙江省还开设了普查工作QQ群，为普查人员与技术专家之间牵线搭桥，搭建信息沟通平台；为普查县之间搭建参观学习交流平台，鼓励互相学习，取长补短。

（4）加强宣传促效果。为扩大普查行动的影响力，加强宣传是做好第三次普查与收集行动的重要环节。浙江省在《普查手册》中就明确各县承担第三次普查宣传任务。本次行动中各县在《浙江新闻—浙江在线》《农村信息报》《浙江农业信息网》等媒体积极投稿发布各地普查动态与进展情况，在《浙江农业信息网》共发布各类普查动态信息75条。浙江省还在《农村信息报》设立专版，要求有关普查县在《农村信息报》上单独刊登一个版面，介绍普查工作以及优异资源情况，刊发了《翻山越岭只为找到你》《康熙时期的稻种被发现了》《不让农作物地方品种在我们这一代消失》《为了留住“乡愁”的味道》《保护地方良种，留住乡愁味道——我省农作物种质资源保护成效显著》等17个专版。把好的素材及时推荐给中国农业科学院主办的《第三次全国农作物种质资源普查与收集行动简报》进行宣传。各普查县还积极通过当地电视、报纸、微信公众号进行广泛宣传，为普查行动摇旗呐喊。2017年10—12月中央电视台7套来建德拍摄《粟稷中国》纪录片，普查办摄制组来东阳、余姚等地拍摄小金钟萝卜等珍稀资源和典型案例。

2. 行动成效

（1）基本摸清了浙江省种质资源家底。到目前为止，已全部完成63个普查县189张普查表历史资料查找填写，审核并上交给国家普查办。基本查清了各类作物的种植历史、栽培制度、品种更替、社会经济和环境变化的影响，重要作物的野生近缘植物种类、地理分布、生态环境和濒危状况等重要信息；基本查清了粮经饲等作物地方品种的分布、特性等基本情况，初步掌握了作物野生近缘植物的种类、分布、生态环境和濒危状况等信息。

（2）征集了一批新资源，筛选了一批优异或特色资源。征集种质资源1 487份，其中蔬菜作物占41.0%，粮油作物占31.1%，果树占20.2%，经济作物占7.4%，牧草绿肥占0.3%。经初步查对，87%的资源是以前未曾收集过的新资源，主要为蔬菜、果树、经济作物、粮油作物等地方老品种，以及野生近缘植物种质资源。例如，安吉茗荷、舟山海萝卜、松阳弯豇豆、临海虎爪葱、温岭猪血芥、遂昌鸭掌粟、黄岩凤仙花、龙泉仙草、天台紫凝牛腿菖、德清麻皮南瓜、文成酒糟糯、文成火炭桃、东阳红壳粟、宁海胭脂米、苍南古桑柚、松阳弯豇豆、苍南矾山红米、天台黑壳紫红米、新仓小落苏、平湖老太婆瓜、云和雪梨等。同时经初步鉴定，在优质、抗病、抗逆、特殊营养价值等方面筛选出一批优异种质资源。例如，建德土油菜高抗油菜菌核病，对培育抗病新品种具有利用价值；遂昌金竹镇的地方品种‘金竹石榴’品质优，是较珍贵的育种材料，可解决南方石榴因湿度大、阳光不充足等原因造成的普遍品质不好的问题；余姚小金钟萝卜，口感好抗性强，可作为培育水果萝卜的材料；宁海御田胭脂米、苍南矾山红米和天台黑壳紫红米，富含天然可溶性红色素、蛋白质、氨基酸及硒、铁、钙、锌等多种矿物质元素，米饭软糯，营养价值极高；宁海‘岔路早豆’香气足，是制作“前童三宝”豆制品的上等原料；诸暨野生刺葡萄果实较大，适应高温多湿，可作耐湿性砧木，也是宝贵的育种材料；温岭八月蒲（火焰蒲）抗病虫，可全生长期不施药剂。

（3）加快了县级种质资源保护的步伐。通过本次行动，不少县（市）深深体会到种质资源保护的迫切性与紧迫性，纷纷争取县级资金进行地方特色种质资源的保护和利用。例如，宁波市财政专门列支3 000多万元资金在奉化建设种质资源圃专项保护宁波藤茄、夜开花、小白西瓜、邱隘黄叶雪里蕻、余姚缩头种榨菜、奉化芋艿、慈溪大白蚕豆等地方特色蔬菜种质资源。淳安、开化和温岭等县（市）开展了当地特色资源的提纯繁殖以及保护利用工作。

（4）推动了省级种质资源库（圃）的建设。借第三次普查与收集行动东风，浙江省启动了省级种质资源库的建设项目，省财政出资3 000多万元在浙江省农业科学院建立省级种质资源库一座。同时，省财政每年列支450万元，启动建设茶树、中药材、柑橘、云和雪梨、玉环文旦、舟山海岛特色种质资源圃，将种质资源的收集保存、开发利用与休闲观光有机结合。

3. 存在问题

（1）部分普查县组织力度不够。部分普查县由于思想上不够重视，认识不到位，措施落实不够；另外，由于普查技术人员从各部门抽调，普查人员身兼数职，精力投入少，导致组织松散，错过季节，进展较慢。

（2）普查质量不够理想。由于普查人员专业技术水平不一，对资源分类不清晰，性状描述不够详细准确，数据整理不规范。另外，部分县存在普查照片质量不高、照片少或者模糊等问题。

（3）普查工作系统性较差。由于普查时间紧，部分普查县没有系统地开展普查摸底工作，只是着眼于完成20～30个资源的目标，导致部分特色资源有遗漏，没有征集上来。

4. 体会与建议

（1）种质资源正加速消失，建立种质资源保护利用常态化工作机制刻不容缓。随着农作物新品种的推广应用，工业化城镇化推进，加速了古老、传统地方常规品种的消失。另外，农业投入品（如农药、化肥），特别是除草剂的大量使用，导致田边地头的野生近缘植物消失。因此各省建立资源保护常态化机制，随时随地征集作物资源，把第三次普查的胜利成果延续下去是十分必要的。

（2）建立组织保障，是做好普查工作的最有效手段。实践证明，领导重视且组织得力的普查县普查工作进度快，质量也高，因此将第三次普查列入县级年度绩效考核，使各县从思想上重视该项工作，进而从各个方面保证项目实施，大大地促进普查的进度和效率。

（3）做好技术保障，是提高普查质量的法宝。普查人员的素质提升直接关系到了普查质量，要从各方面进行细致的技术培训，事先培训能起到事半功倍的效果。培训内容应细致、实用。例如，枝条采集操作技术、照片拍摄采集技术、征集资源描述规范、植物分类学知识等。植物（作物）分类检索表应作为作物普查必备工具下发各县，否则因资源复杂，无从查找填表。

（4）建立农作物普查奖惩机制。农业农村部应设立“作物普查”奖惩机制，提高普查技术人员积极性。如对普查中发现的作物重大资源设立“发现奖”，对优秀普查技术人员设立“先进个人奖”，对普查优秀团体设立“先进集体奖”，对普查中发现的无私奉献的老农户设立“奉献奖”；对工作失误者进行批评教育、责任追责。

启动会指导

宁波奉化区开展普查行动

供稿人：浙江省种子管理总站　陈小央

福建卷

一、优异资源篇

（一）南靖柴蕉

种质名称：南靖柴蕉。

学名：香蕉（*Musa nana* Lour.）。

来源地（采集地）：福建省南靖县。

主要特征特性：该品种植株高大，株高3～4m，比天宝香蕉高1～2m。果实瘦长，棱角明显，果皮较厚。果肉甜中带酸，果实中含有丰富的人体需要的氨基酸，具有消食通便的功效，特别适宜病患者、病愈后人群食用。

利用价值：柴蕉适应性强，较耐低温，抗枯萎病，可作为抗病材料用于育种。

该资源入选2018年十大优异农作物种质资源。

柴蕉生境

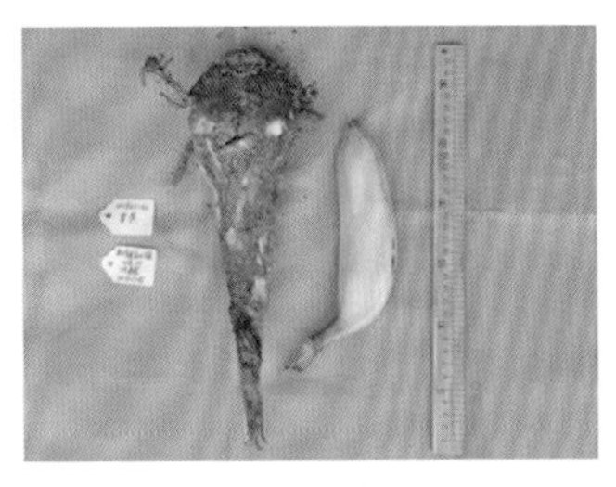

柴蕉

供稿人：福建省南靖县农业农村局种子站　王景生

福建省农业科学院农业生物资源研究所　张海峰　林霜霜　葛慈斌

福建省农业科学院亚热带农业研究所　洪健基　张树河　练冬梅　邓朝军

（二）棒桩薯

种质名称：棒桩薯。

学名：薯蓣（*Dioscorea opposite* Thunb.）。

来源地（采集地）：福建省屏南县。

主要特征特性：属于当地特色山药品种，缠绕草质藤本，块茎为长条形，垂直生长，穗长50～80cm，茎宽3～6cm。每年农历4—5月播种，春节前后收获。该品种适应性强，抗逆性强，耐热耐寒，抗病虫害，将薯块截成小段后即可播种定植，生存力强。

棒桩薯藤蔓

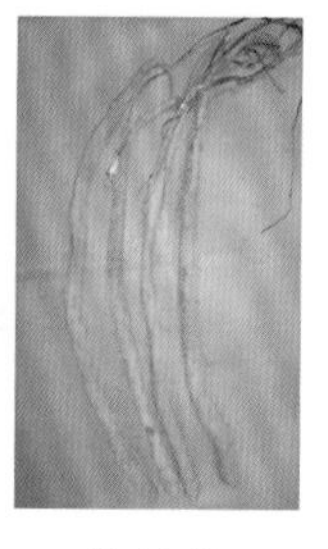
棒桩薯

利用价值：营养价值极高，被称为当地的“土人参”，煮熟后味道香美，可作主食或配菜，补血补气，深受当地人的喜爱。

该资源入选2019年十大优异农作物种质资源。

供稿人：福建省屏南县农业农村局种子站　张回灿　韦忠耿
福建省农业科学院农业生物资源研究所　吴宇芬　张海峰　林霜霜　林楠　葛慈斌
林永胜　潘世明　许奇志　陈秀萍

（三）闽侯苦桃

种质名称：闽侯苦桃。

学名：桃（*Amygdalus persica* L.）。

来源地（采集地）：福建省闽侯县。

主要特征特性：该资源是首次发现的种植上百年的当地古老桃品种。该资源零星分布，基本在野生环境下生长，抗病抗虫性强。当地3月初开花，需冷量低，属于短低温性能比较好的品种，和本地其他桃品种相比开花早，但是成熟期较晚，本地一般短低温早开花品种在6月就陆续成熟，该资源8月底成熟，较丰产，果实大小中等，单果重在70g左右，果实卵圆形，白肉、有香味、皮薄，口感酸甜适口，肉质较为细腻，汁液较多。

利用价值：利用其晚熟的特点，可填补桃果市场空缺，该资源对福建气候适应性极强，对福建省的桃育种事业有重要意义，可以利用该资源抗逆性强、短低温、晚熟的性状进行有针对性的杂交育种。

苦桃植株

苦桃

供稿人：福建省闽侯县农业农村局种子站　金标　江萍
福建省农业科学院果树研究所　郭瑞　金光　张文锦　江川　李瑞美　蓝新隆
福建省农业科学院农业生物资源研究所　张海峰　林霜霜　葛慈斌

（四）水果黄瓜

种质名称：水果黄瓜。

学名：黄瓜（*Cucumis sativus* L.）。

来源地（采集地）：福建省屏南县。

主要特征特性：白皮水果黄瓜资源，该资源属于华南型黄瓜，在当地栽培历史悠久，农户多作水果鲜食。该资源耐热、耐湿，植株较矮小，分枝性较强，叶色浅绿，茎、叶柄均呈黄白色，果实较短小，瘤稀，嫩果白色，老熟果黄色。鲜瓜食之肉质脆嫩，汁多味甘，生津解渴，清甜可口，具有特殊芬香味，品尝之后令人难忘，是优良地方品种资源。

利用价值：营养丰富，富含蛋白质、糖类、维生素B_2、维生素C、维生素E、胡萝卜素、尼克酸、钙、磷、铁等营养成分。同时黄瓜还有药用价值，其茎藤药用，能消炎、祛痰、镇痉。有清热、解渴、利水、消肿之功效。可治小儿热痢、四肢水肿、咽喉痛等病症。

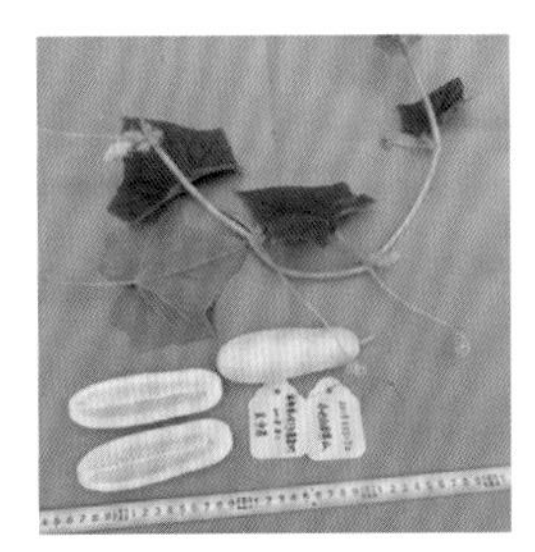
水果黄瓜

嫩瓜

老熟瓜

供稿人：福建省屏南县农业农村局种子站　张回灿

福建省农业科学院农业生物资源研究所　吴宇芬　林霜霜　张海峰

林楠　李和平　葛慈斌　刘爱华

（五）明溪淮山

种质名称：明溪淮山。

学名：薯蓣（*Dioscorea opposite* Thunb.）

来源地（采集地）：福建省明溪县。

主要特征特性：明溪淮山是明溪县主要种植的作物，具有100年的种植历史，品质优口感好，深受广大消费者的青睐。2009年9月获得国家绿色食品标志使用权，2010年4月获农业部“国家农产品地理标志登记保护产品”。据不完全统计，全县淮山种植面积最高峰达8 000多亩，现稳定在3 000～4 000亩，平均单产1 500～2 000kg/亩，最高单产2 500kg/亩。

该品种肉色雪白，肉质细嫩，滋味鲜美，富含人体必需的10多种氨基酸和糖蛋白、甘露聚糖、胆碱，还具有高能量、低脂肪、多纤维的特点，是一种营养较为全面的蔬、粮、药兼用的保健食品。

利用价值：淮山馅饼、淮山酒深加工产品的研发与推广，提高了淮山声誉，促进了淮山产业的发展。

明溪淮山生境

明溪淮山做成的食物

供稿人：福建省明溪县农业农村局种子站　揭锦隆　吴冬梅
福建省农业科学院亚热带农业研究所　张树河　赖正峰　洪健基　练冬梅　吴松海
福建省农业科学院农业生物资源研究所　林霜霜　葛慈斌　张海峰

（六）枫溪魔芋

种质名称：枫溪魔芋。

学名：魔芋（*Amorphophallus konjac* K. Koch）。

来源地（采集地）：福建省明溪县。

主要特征特性：枫溪魔芋是天南星科魔芋属的多年生草本植物。地下块茎扁圆形，宛如大个荸荠，直径可达25cm以上，营养十分丰富，含淀粉35%、蛋白质3%及多种维生素和钾、磷、硒等矿物质元素，葡萄甘露聚糖达45%，具有低热量、低脂肪和高纤维素的特点，经常食用对人体好处很多，具有清洁肠胃、利于消化、降低胆固醇、防治高血压糖尿病的功效。

魔芋植株

魔芋豆腐

利用价值：魔芋地下块茎有微毒，加工成魔芋粉后可供食用，可制作成魔芋豆腐、魔芋挂面、魔芋面包、魔芋肉片、果汁魔芋丝等多种食品。魔芋食品不仅味道鲜美，口感宜人，而且有减肥健身、治病抗癌的功效，被人们誉为“魔力食品”“神奇食品”和“保健食品”。

供稿人：福建省明溪县农业农村局种子站　揭锦隆　张加明
福建省农业科学院亚热带农业研究所　张树河　赖正峰　洪健基　练冬梅　朱业宝
福建省农业科学院农业生物资源研究所　林霜霜　葛慈斌　张海峰

（七）红壳糯

种质名称：红壳糯。
学名：稻（*Oryza sativa* L.）。
来源地（采集地）：福建省明溪县。
主要特征特性：该品种已种植了大约50年。高秆，单季种植，成熟之初谷壳红色，米质好，糯性强，补益中气，健脾养胃，敛汗。
利用价值：主要用于酿酒、打糍粑，出酒率高。

红壳糯秧苗

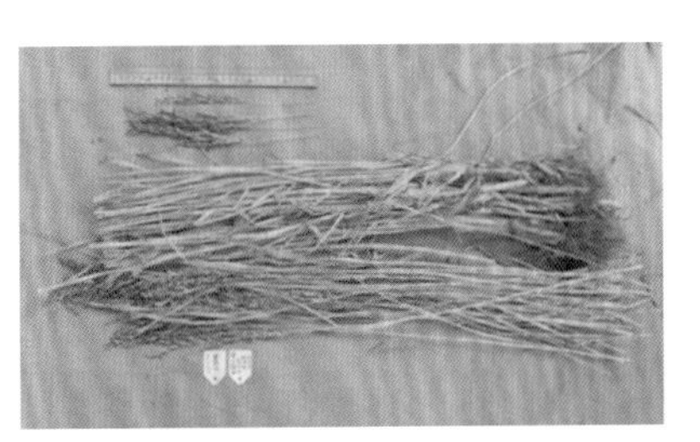
红壳糯植株及稻穗

供稿人：福建省明溪县农业农村局种子站　揭锦隆　姜祖福
福建省农业科学院亚热带农业研究所　张树河　赖正峰　洪健基　练冬梅　朱业宝
福建省农业科学院农业生物资源研究所　林霜霜　葛慈斌　张海峰

（八）武平绿茶

种质名称：武平绿茶。
学名：茶［*Camellia sinensis*（L.）O. Ktze.］。
来源地（采集地）：福建省武平县。
主要特征特性：其基本成分除茶单宁、咖啡因外，富含钾、钙、镁、锰等11种矿物质元素。优越的原生态自然条件和传统制作工艺形成了其“香气高锐，滋味清爽，色绿形美”的品质特征。
利用价值：2017年全县茶树面积5.8万余亩，总产4 000余t，总产值达5亿元。利用该资源制成的“武平绿茶”，连年获得省级以上茶事活动第一名或名茶、优质茶、金奖、银奖等奖项，2007年被福建省政府列为福建名茶之一，2009年“武平绿茶”成为龙岩市首个茶叶类地理标志产品；2013年被认定为中国驰名商标。

武平绿茶生境

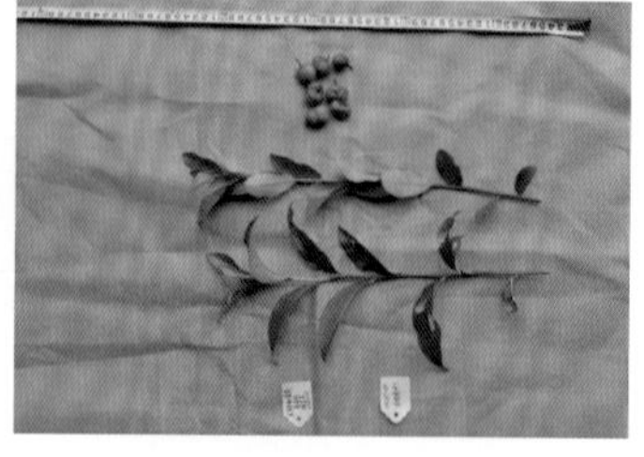

武平绿茶枝条及果实

供稿人：福建省武平县农业农村局种子站　梁桂华　刘文亮
福建省农业科学院农业生物资源研究所　林霜霜　葛慈斌　张海峰
福建省农业科学院亚热带农业研究所　张树河　赖正峰　洪健基　练冬梅　陈芝芝

（九）‘沙坂春分’茶树

种质名称：‘沙坂春分’茶树。

学名：茶［*Camellia sinensis*（L.）O. Ktze.］。

来源地（采集地）：福建省罗源县。

主要特征特性：该茶树资源属于特早生芽密型茶树新品系，为当地品种，主要分布在罗源县域范围内，具有芽期特早、品质优、适制扁形茶等特点。据当地茶农介绍，‘沙坂春分’做成的茶叶名字叫“榕春早”，由于它是榕城春天里最早抽芽的，因而得名，属于特早芽种。“榕春早”大多在3月初就面市，比一般春茶提早20d以上，从而抢占市场先机。而正因为这个品种上市早，采摘时节气温低，所以无病虫害。

利用价值：具有高茶多酚和高氨基酸，适用于制成高档红茶、绿茶，尤其适合制扁形绿茶，品质可与龙井媲美。

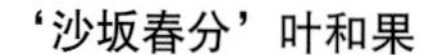

‘沙坂春分’叶和果

‘沙坂春分’成品茶

供稿人：福建省罗源县农业农村局种子站　叶爱金
福建省农业科学院农业生态研究所　陈志彤　孙君　陈恩　韦晓霞　邓素芳
福建省农业科学院农业生物资源研究所　张海峰　林霜霜　葛慈斌　李燕丽

（十）黄皮佛手瓜

种质名称：黄皮佛手瓜。

学名：佛手瓜［*Sechium edule*（Jacq.）Swartz］。

来源地（采集地）：福建省永泰县。

主要特征特性：佛手瓜，属葫芦科佛手瓜属。常见的佛手瓜皮呈绿色至乳白色；2017年11月，福建省农业科学院系统调查队在永泰县大洋镇康乐村收集到瓜皮为黄色的佛手瓜，纵径8～10cm，横径6～7cm，单瓜重约250g。

利用价值：主要作蔬菜食用。

黄皮佛手瓜

供稿人：福建省永泰县农业农村局种子站　刘书华　黄宝珠
福建省农业科学院作物研究所　温庆放　李大忠
福建省农业科学院农业生物资源研究所　林霜霜　葛慈斌　张海峰

（十一）云霄十月荔枝

种质名称：云霄十月荔枝。

学名：荔枝（*Litchi chinensis* Sonn.）。

来源地（采集地）：福建省云霄县。

主要特征特性：本县仅剩一株，东厦镇船场村民已将该树视为本村风水树，成立荔枝岭理事会加强保护管理，目前荔枝树长势很好。据了解，这株荔枝果实成熟于十月，是晚熟品种，可作为培育晚熟品种的种质资源加以保护利用。于成化年间（1465—1487年）种植，距今已有500多年，尚能开花结果，因其果实成熟期在十月，所以当地人称“十月荔枝”，比一般荔枝品种迟熟3～4个月。株高7.8m、茎围2.4m、离地1.8m处有三分枝，冠幅14.6m×10.4m。成熟时果实外皮呈红绿色，果肉包核不完全，口感偏酸。

利用价值：荔枝为大众喜爱的水果，一般品种成熟期在5—7月，且果实不易保鲜，上市时期非常短暂。十月荔枝资源的出现将大大改变现有格局，是一个极具经济价值潜力的优异资源。

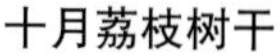
十月荔枝树干

十月荔枝枝叶

供稿人：福建省云霄县农业农村局　张民生　林炳洪

（十二）泰宁朱口梅林辣椒

种质名称：泰宁朱口梅林辣椒。

学名：辣椒（*Capsicum annuum* L.）。

来源地（采集地）：福建省泰宁县。

主要特征特性：梅林辣椒果实弯曲细长，形若羊角，尖上带钩，果皮多皱褶，未成熟时呈绿色，成熟后变成鲜红色，晒干后深红色。皮薄、肉厚、色鲜、味香、辣度适中。鲜绿辣椒适宜炒制，口感好，中等稍辣，回味香甜。红熟晾晒后碾碎成粉末，制成辣椒粉，较其他品种细腻度高，商品性好。

利用价值：属泰宁县本地特色品种，该品种加工性极好，可作为加工型辣椒品种推广种植，在精准扶贫和乡村振兴方面具有潜在利用价值。

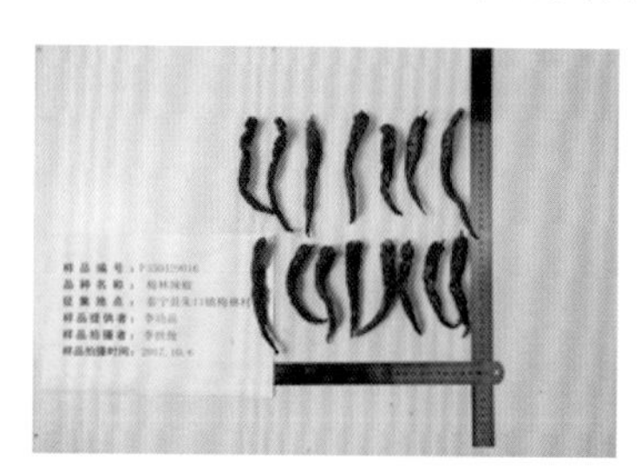

泰宁朱口梅林辣椒

供稿人：福建省泰宁县农业农村局　李世俊　曹敏嘉

（十三）白皮花生

种质名称：白皮花生。

学名：花生（*Arachis hypogaea* L.）。

来源地（采集地）：福建省武夷山市。

主要特征特性：种皮白色，食用口感好，果粒饱满，炒食香味更浓。

利用价值： 通常炒食花生多为红皮花生，白皮花生可丰富炒食花生品种结构。

白皮花生植株

白皮花生结果状、果实及叶片

供稿人：武夷山市农业农村局种子站　李顺和
福建省农业科学院农业生态研究所　陈志彤　应朝阳　陈恩　刘晖　詹杰
福建省农业科学院农业生物资源研究所　林霜霜　葛慈斌　张海峰

（十四）清流薏苡

种质名称： 清流薏苡。
学名： 薏苡（*Coix lacryma-jobi* Linn.）。
来源地（采集地）： 福建省清流县。
主要特征特性： 清流薏苡收集自福建省三明市清流县，属禾本科薏苡，是一种源自当地的野生资源，为一年生植物，有性繁殖，果实成熟期为10月；具有抗病、抗虫、耐热、耐涝、耐贫瘠的特点，该资源在当地的分布较少，散生。
利用价值： 可食用，具有保健功效。

清流薏苡生境

清流薏苡植株

供稿人：福建省清流县农业农村局种子站　林贵发

（十五）福安竹姜

种质名称： 福安竹姜。
学名： 姜（*Zingiber officinale* Rosc.）。
来源地（采集地）： 福建省福安市。

主要特征特性：福安竹姜是福安市的一个地方品种，姜科姜属，一年生，无性繁殖，播种期为每年3月、收获期为7月；具有高产（亩产2 300～3 000kg）、优质、抗虫、耐寒、耐贫瘠的特点；姜芽大小适中，纤维少，质脆嫩，分枝如指，其尖微紫，具有芳香和辛辣气味。

利用价值：可食用或作为加工原料，具有保健功效。

福安竹姜

供稿人：福建省福安市农业农村局　陈祖枝

（十六）上杭江南黍

种质名称：上杭江南黍。

学名：高粱［*Sorghum bicolor*（L.）Moench］

来源地（采集地）：福建省上杭县。

主要特征特性：上杭江南黍是收集自福建省龙岩市上杭县的地方品种，属禾本科粟属，一年生，有性繁殖，播种期为每年4月上旬、收获期为8月上旬；具有抗病、抗虫、抗旱、广适、耐贫瘠的特点。

利用价值：可食用或作为加工原料。

上杭江南黍

供稿人：福建省上杭县农业农村局　邱凤秀

（十七）糯米薯

种质名称：糯米薯。

学名：薯蓣（*Dioscorea* sp.）

来源地（采集地）：福建省罗源县。

主要特征特性：糯米薯是罗源县霍口畲族乡的传统农作物品种，一直以松软黏滑、糯而不腻的口感以及丰富的营养价值而深得畲家人喜爱。糯米薯看起来像山药，但比山药大，煮熟后可直接食用，无毒性，吃起来像糯米一样绵软、腻滑，所以被人称为“糯米薯”。糯米薯还富含黏液质、维生素、淀粉酶等多种营养物质。

利用价值：糯米薯具有滋补细胞、强化内分泌、补益强壮、增强机体造血功能等作用，可诱生干扰素，改善机体免疫功能，提高抗病能力等，对延缓衰老进程有着重要作用。糯米薯富含对人体有益的微量元素，具有养血、补脑、益肾、抗衰老等功能。糯米薯中的黏液多糖物质与无机盐结合后，可以形成骨质，使软骨具有一定的弹性，所以对软骨病有一定的疗效。

糯米薯

供稿人：福建省罗源县农业农村局种子站　叶爱金
福建省农业科学院农业生态研究所　陈志彤　应朝阳　陈恩
福建省农业科学院农业生物资源研究所　张海峰　林霜霜　葛慈斌

（十八）平和钢白矮水稻

种质名称：平和钢白矮水稻。

学名：稻（*Oryza sativa* L.）。

来源地（采集地）：福建省平和县。

主要特征特性：平和钢白矮水稻属晚季品种，株高1m左右，穗粒数115粒，结实率90%以上，后期转色好，叶片比较直立，6月中旬下种，成熟期在11月中旬，全生育期146d左右，有些年份穗茎瘟比较严重，亩产460kg左右。

平和钢白矮水稻田间生长状况

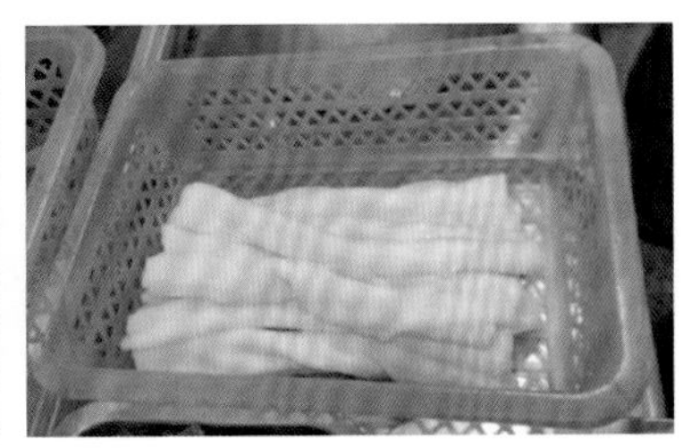

卷仔粿

利用价值：当地主要用于做卷仔粿，客家地区叫“牛肠板”，除了可以蘸酱凉食，也可配上佐料，大锅烩炒，味道香美。

供稿人：福建省平和县农业农村局种子站　吴文革　赖妙玲
福建省农业科学院亚热带农业研究所　张树河　赖正峰　洪健基　练冬梅　张扬
福建省农业科学院农业生物资源研究所　张海峰　林霜霜　葛慈斌

（十九）平和芦溪芥菜

种质名称：平和芦溪芥菜。

学名：芥菜［*Brassica juncea*（L.）Czern. et Coss.］。

来源地（采集地）：福建省平和县。

主要特征特性：此芥菜茎长、叶大、质柔软。主要适合冬季种植，生长需要2个月左右。亩种3 000株左右，亩产量超过5 000kg，栽培主要施用有机肥，肥水合理就可保证芥菜的丰产与稳产。

利用价值：利用其制成的芦溪咸菜是平和传统名菜，香味浓郁，既可清蒸、干炒，亦可泡汤，味道鲜美可口，有增食欲、助消化、减肥胖之功效。

供稿人：福建省平和县农业农村局种子站　吴文革
福建省农业科学院亚热带农业研究所　张树河　赖正峰　洪健基　练冬梅　林碧珍
福建省农业科学院农业生物资源研究所　张海峰　林霜霜　葛慈斌

（二十）龙海寸糯水稻

种质名称：龙海寸糯水稻。

学名：稻（*Oryza sativa* L.）。

来源地（采集地）：福建省龙海市。

主要特征特性：寸糯水稻糯性强，分蘖力一般，株叶形态好，叶绿色，株高115cm，颖壳有芒，穗长25cm，穗大穗多，穗粒数200粒左右，千粒重25g，一般亩产225kg左右。生育期适中，早季稻3月初播种，7月上中旬收获；晚季稻7月中旬播种，10月下旬至11月上旬收获。

利用价值：质地软、弹性强，是做年糕的好原料。

龙海寸糯水稻

供稿人：福建省龙海市农业农村局种子站　黄水龙
福建省农业科学院亚热带农业研究所　张树河　赖正峰　洪健基　练冬梅　林忠宁
福建省农业科学院农业生物资源研究所　张海峰　林霜霜　葛慈斌

（二十一）龙海本地木薯

种质名称：龙海本地木薯。

学名：木薯（*Manihot esculenta* Crantz.）。

来源地（采集地）：福建省龙海市。

主要特征特性：直立灌木，中大茎，植株高1.5～3m，本地一般于清明左右种植，生育期8个月左右，鲜薯产量约1.5t/亩，块根淀粉含量约15%；本地木薯资源在收集地已经有40多年的种植历史，由于生境为岩石缓坡地，一直处于无管理状态，长势良好，植株未见严重倒伏与风折现象。

利用价值：该资源具有较强的抗风性、抗旱性和抗盐性，可作为抗性育种材料加以研究。鲜薯去皮蒸、煮、炒熟食用，或加工成木薯粉，木薯淀粉辅佐面粉、地瓜粉等加工成粿条，也可替代其他淀粉混肉蒸煮。

龙海本地木薯

供稿人：福建省龙海市农业农村局种子站　黄水龙
福建省农业科学院农业生物资源研究所　张海峰　林霜霜　葛慈斌
福建省农业科学院亚热带农业研究所　张树河　赖正峰　洪健基　练冬梅

（二十二）周宁纯池四棱豆

种质名称：周宁纯池四棱豆。

学名：四棱豆［*Psophocarpus tetragonolobus*（L.）DC.］。

来源地（采集地）：福建省周宁县。

主要特征特性：一年生或多年生攀援草本。茎长2～3m或更长，具块根。叶为具3小叶的羽状复叶；叶柄长，上有深槽，基部有叶枕；小叶卵状三角形，长4～15cm，宽3.5～12cm，全缘，先端急尖或渐尖，基部截平或圆形；托叶卵形至披针形，着生点以下延长成形状相似的距，长0.8～1.2cm。荚果四棱状，黄绿色或绿色，有时具红色斑点，翅宽0.3～1.0cm，边缘具锯齿；种子8～17颗，有白色、黄色、棕色、黑色或杂以各种颜色，近球形，直径0.6～1.0cm，光亮，边缘具假种皮。果期10—11月。抗病虫性和抗逆性较强。

利用价值：食用，农民自种自用。

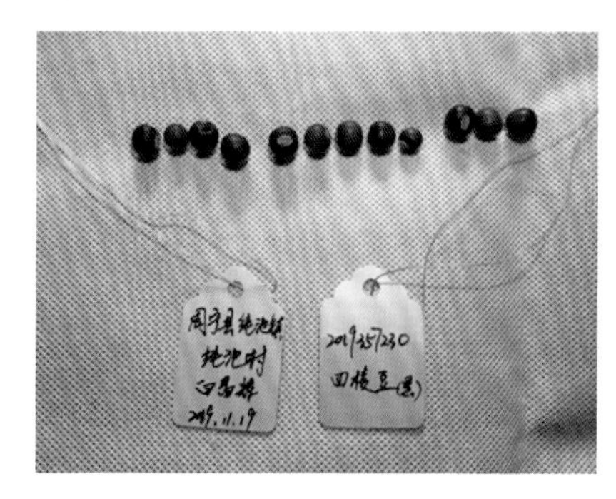

周宁四棱豆（黑色）

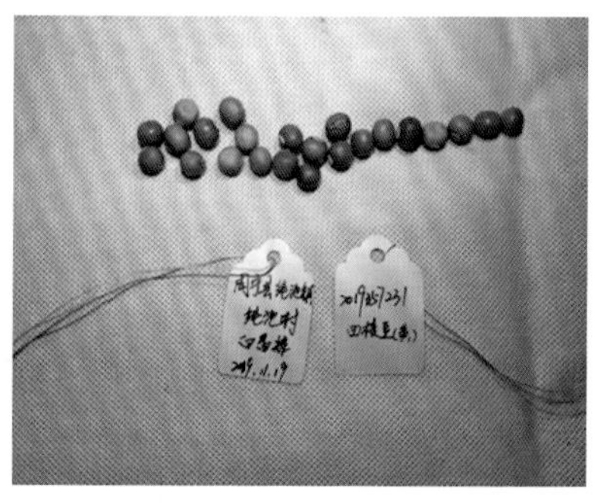

周宁四棱豆（黄色）

供稿人：福建省周宁县农业农村局种子站　汤陈财

福建省农业科学院茶叶研究所　杨如兴　苏明星　钟秋生　郭林榕　周兴

福建省农业科学院农业生物资源研究所　林霜霜　葛慈斌　张海峰

二、资源利用篇

（一）冬瓜中的“巨无霸”——松溪水南冬瓜

松溪河沿古城墙蜿蜒而过，在两岸积淀下平坦、肥沃而松软的土壤。自古以来，松溪的先民就在这里广种蔬菜，并积累了丰富的生产经验。这些瓜果蔬菜中就包括冬瓜中的“巨无霸”——松溪水南冬瓜。

1. 种植历史与分布现状

据说很久以前，松溪县松源街道水南村闹过水灾，整个村子赖以生存的田地被淹没了，没有了粮食的来源，村民的生活过得苦不堪言，人们纷纷跑到没有被淹没的山上寻找食物。有几个村民乘着自制的竹筏顺着水流寻找两岸的蔬果，在一处人迹罕至的山坳里，村民发现了一些从来没见过的大瓜，表面是一层白白的，大的如成年人一般大小，小的犹如婴儿大小，且在一根藤蔓上可以结好多个这种瓜。村民试着摘了一个下来，两三个人合着抬才能抬得动，到村里面通过尝试着吃，这种瓜可以清炒也可以煮汤，而且味道鲜美，这一发现让村里面的人很兴奋，三五成群地把山坳里面的瓜都摘回村子里，一个大点的瓜一家人可以吃好几天，就这样，到洪水退了，这些瓜都还没吃完，村民们认为是这些瓜拯救了他们村，就以村名来命名它为水南瓜，后又因瓜身覆盖一层白色的霜一样的物质，故重命名为“松溪冬瓜”，又因产于松源街道水南村，因此又命名为“松溪水南冬瓜”，被洪水淹没的田地也被广泛地种植了冬瓜，世代流传。

2011年南平市地方志编撰委员会编撰的《南平名产》第十一章第三节“松溪冬瓜”载：“松溪栽培冬瓜有数百年历史，素以上市早、质量好著称，故松溪水南冬瓜种植至今。”

松溪水南冬瓜种植主要分布在松溪县城附近的水南、西门、北门、河东等村，现在渭田、旧县等乡镇也有零星种植。其中尤以县城水南村最为著名。

2. 种植地概况

水南村地处松溪县县城南部，东与河东乡河东村接壤，南临湛卢山，西、北则临松溪河、松建高速公路，302省道穿村而过。全村共有水南、南场、巫坑3个自然村，地域总面积11.8km^2，地势平坦，土壤肥沃，水源充足，交通便利。拥有林地面积15 993亩，耕地面积780亩，是一个以林、菜为主，粮、茶、果多业发展的城郊型村子。松溪县水南村属中亚热带湿润季风气候，冬无严寒，夏无酷暑；夏冬长，春秋较短；四季分明，季风明显。年平均气温18℃，日照1 900h以上，无霜期270d，最高气温为37℃，最低气温-6℃。年平均降水量1 780mm，且雨热同期，光、温、水地域差异明显。这些地质气候条件非常适合冬瓜的生长，并形成独特的品质。因此，水南村素有“冬瓜村”的美誉。

3. 特征特性

松溪水南冬瓜植株生长旺盛，坐果能力较强，果实炮弹形，皮青绿色，有白霜，开花到成熟约为60d。其具有如下3个优异特性。

（1）果实硕大、产量高。该品种瓜长100～130cm，横径50～55cm，瓜肉厚度7.0～8.0cm，单瓜重50～70kg。1984年，水南村老菜农叶光钟种出一个长1.5m，围1.72m，重70kg的大冬瓜，比早年送北京全国农业展览会展览的64.5kg的大冬瓜还重5.5kg；近年来，100多千克的冬瓜屡见不鲜，2015年水南村村民种出了长1.65m、围1.82m、重118.5kg的特大冬瓜，打破了历史种植记录。产量表现上，平均亩产5 000kg左右，最高可达10 000kg以上。

（2）品质优良，口感上佳。水南冬瓜肉质致密，可溶性固形物含量高，口感明显优于一般冬瓜品种，广受当地人喜爱。

（3）耐贮藏、供应期长。一般冬瓜摘果后，常温下可贮藏15d左右，而水南冬瓜可保存1个月左右；供应期也比一般品种长15～25d。

松溪水南冬瓜

4. 推广应用

为了推广种植松溪水南冬瓜，水南村成立了水南村蔬菜协会，协会于2011年被财政部、中国科协联合授予“全国科普惠农兴村计划”先进集体。该村又先后成立了松溪县庆有农产品专业合作社和松溪县福毅农业专业合作社，主要负责水南冬瓜的产、供、销一条龙经营服务。2017年11月松溪县庆有农产品专业合作社获得南平市人民政府颁发的“南平市龙头企业”荣誉称号。

福建省电影制片厂曾到水南村实地拍成《松溪水南冬瓜》的新闻影片，向全国推广，从此松溪水南冬瓜驰誉全国。2017年“松溪水南冬瓜”成功注册为国家地理标志产品。2018年全县种植540亩，平均亩产6 000kg，产值达648万元，户均收入3万元。下一步，松溪县人民政府将把松溪水南冬瓜作为地方名特优农产品进行扶持与推广。

供稿人：福建省松溪县农业农村局　陈代顺　乐飒　范颖洁

（二）蓬勃发展中的福安穆阳水蜜桃产业

穆阳水蜜桃是福安市最具地方特色的传统名优水果，是在长期的风土适应过程中选育出的地方优良品种，素有“桃中珍果”的美称，具有果大、皮薄、色艳、香浓、味甜等综合性状极佳的品质特性。2009年获得无公害产地认定和无公害农产品认证；2010年被评为“福建省名牌农产品”，至今每次年检都顺利通过；同年，在江苏南京举办的全国桃产业学术研讨交流会议上，进行了全国桃果评鉴，穆阳水蜜桃名列前三；历经4年的收集工作，2011年完成《穆阳水蜜桃地方标准规范》；2011年3月通过福建省农作物品种认定（认定号：闽认果2011005）。2012年获得中国农产品地理标志，受到地理标志保护；2013年被农业农村部评为“中国名特优农产品”，纳入中国名特优农产品“名录”；穆阳水蜜桃2016年品牌价值达到1.83亿元；2017年被评为“2017最受消费者喜爱的中国农产品区域公用品牌”。

1. 基本情况

福安市位于福建省东北部，地处闽东地理中心。全市总面积1 880km^2，其中耕地面积215.2km^2，山地面积1 077km^2。总人口67万人，其中畲族人口7.2万人，是全国畲族人口最多的县（市）。福安市环山面海，属中亚热带海洋性季风气候，年均气温13.6～19.8℃，年降水量1 350～2 050mm，无霜期平均为287d。森林植被类型多样，山地资源丰富，适宜多种果树生长。

2. 穆阳水蜜桃特征特性

穆阳水蜜桃生长势中庸，树势开张，枝条紧凑，萌芽率高，成枝力强，花芽易形成。在福安市穆阳镇种植，现蕾期2月下旬，始花期3月上旬，盛花期3月中下旬，终花期4月上旬。果实转淡黄色期6月中旬，果实转红色期6月下旬，果实成熟期7月上旬至7月中旬，果实发育生长期125d，落叶期10月中旬至12月上旬。幼年结果树以长果枝为主要结果母枝，成年结果树以中果枝为主要结果母枝。果形端正，近圆形、略不对称，果形指数1.05～1.1，整齐，色泽鲜艳，红晕达80%，香气浓郁，肉质细腻，汁多，黏核，浓甜。

3. 产业发展现状

全市种植穆阳水蜜桃面积2万多亩，种植区域主要分布在福安市西北部地区的穆阳溪流域两岸的穆阳、穆云、溪潭、康厝、坂中5个乡镇。该流域处于鹫峰山脉、太姥山脉和洞宫山脉的交接处，受三大山脉影响，区域小气候特殊，夏季白天温度高，黄昏后高山上冷凉空气迅速沉降，气温降幅大，昼夜温差达到16℃。农田多是冲积性沙壤土，土质疏松深厚，透气性好，有机质丰富。灌溉水源引自白云山冰臼世界地质公园，富含矿质元素。所以品质优，始终畅销不衰，近5年来，平均批发价30元/kg，2012年最高达到90元/kg。亩产值达到2万元以上，最高的达到8万元，是福安市西部农民脱贫致富的主要收入来源。

4. 产业发展对策

（1）推广标准栽培。为了穆阳水蜜桃产业可持续发展，福安市在总结穆阳水蜜桃生产、科研、经验、新技术的基础上，开展穆阳水蜜桃综合标准编制，制定《穆阳水蜜桃栽培技术规范》，通过标准化应用，提高穆阳水蜜桃鲜果品质，降低生产成本，生产无公害产品，深受市场青睐。

（2）注重技术创新。开展优良单株筛选，进行提纯复壮，提高种性，保存良种资源；推广集成技术应用，推行果实套袋、避雨栽培、地膜增糖、矫形修剪等新技术，以及树干刷白、日光源杀虫灯等绿色防控技术，水蜜桃产量和品质得到明显提高。

（3）加强品牌建设。鼓励支持协会、农民专业合作社、农业公司培育和申报各类品牌。穆阳水蜜桃现已获得“无公害产地认定和无公害农产品认证”“福建省名牌农产品”“中国农产品地理标志保持产品”“中国名特优农产品”“福建省著名商标”等品牌称号。提升穆阳水蜜桃在国内外市场的竞争力。

（4）加大宣传力度。每年举办3月桃花节和7月采摘节，并进行优质果评选，邀请各界人士和果农选送样果参评。开展产业交流、产品展示、果品评比、获奖表彰、先进表彰、专家授课、典型介绍等，达到了政府搭台、果农唱戏、文化为媒、产业发展的目的。多次选送水蜜桃样品参加各级组织的优质果评比活动，曾参加福建省优质果评比，囊括了金、银、铜3个奖项，扩大了品牌知名度和影响力。

（5）发挥协会作用。2006年成立福安市水蜜桃协会，通过协会为桃农提供技术指导、技术培训、资金扶持、物资供应、供求信息、生产标准等服务。协会常组织果农与专家教授进行现场互动交流，邀请了国家桃产业技术体系首席科学家姜全、岗位科学家江苏园艺研究所所长中国园艺学会桃分会会长俞明亮、中国农业科学院郑州果树研究所党委书记王志强、中国农业科学院植物保护研究所李世访等专家到福安市授课指导，不断促进福安市水蜜桃栽培管理技术水平的提高。

5. 助推脱贫致富

穆阳水蜜桃产业发展为福安市农村脱贫致富奔小康起到了重要作用，特别是福安市西北部地区5个乡镇，以穆云畲族乡虎头村最为典型。

虎头村地处白云山旅游大道沿线，系纯畲族行政村，全村217户825人，村民收入以种植穆阳水蜜桃、刺葡萄、茶叶为主，拥有1 200多亩桃园。这里气候宜人，山清水秀，物产丰饶、旅游资源丰富，自然景观优美，沿线秀溪两岸河谷及缓坡地带形成的千亩桃园，每年3月桃花盛开，美景如画，春夏秋时，游客可参与观景、赏花、采摘、品尝、认知等参与体验式活动，充分享受桃花源美景，每年接待游客约20多万人次。虎头村农民人均年纯收入2013年12 944元、2015年18 099元、2017年达到21 951元，群众的生活水平明显提高，2017年全村已无贫困户。

近年来，虎头村在各方面的建设都取得了一定成效。主要表现在以下几个方面：一是村容村貌有了很大改善。围绕“生态美”的要求开展建设，在保护桃园生态环境的基础上，开展环境整治，文明健康的生活方式被群众接受，保护环境、讲究卫生、文明向上的村风得到明显提升，乡村面貌焕然一新。2014年被评为省级生态文化村。二是群众生活水平明显提高。围绕“百姓富”目标，通过发展特色水蜜桃产业，在特色乡村旅游的带动下，群众普遍增收，群众的生活水平明显提高。三是乡村旅游发展成效显著。2015年溪塔联合虎头村打造穆云畲乡生态旅游景区，成功通过专家组验收，被评为国家AAA级风景区。2016年被评为“华东十大（桃花、油菜花）观赏地”，阳春三月赏“醉美桃花”，虎头村已成为游客休闲、观光、踏春的热土。

穆阳桃花

采摘水密桃

供稿人：福建省福安市农业农村局　陈祖枝

（三）百年优异资源焕发生机——福鼎槟榔芋的开发利用

福鼎槟榔芋属于天南星科芋属魁芋类的地方栽培品种，是福建省优异的农作物种质资源，也是福建省名特优农产品。种植槟榔芋是当地农民脱贫致富奔小康的重要途径。

1. 基本情况、特征特性与种性保护

（1）名称由来。早在清嘉庆十一年（1806年）福鼎县知县潭抡总撰的第一部《福鼎县志》物产中就有“状若野鸱，谓之芋魁”的记载，最早在城关山前一带种植，称为“山前芋”；20世纪80年代远销我国香港，香港人称为“福鼎芋”；2003年申报国家地理标志证明商标，定名为“福鼎槟榔芋”，一直沿用至今。

（2）特征特性。福鼎槟榔芋植株高大，一般180～190cm，开展度180cm左右，最大叶片长110cm、宽90cm，深绿色，叶背蜡粉较多，叶脉紫红色，叶柄肥厚，长150～160cm，基部绿色，上部紫红色。球茎由1个母芋和多个子芋、孙芋、曾孙芋组成。母芋形状呈近圆柱形，形似炮弹，长度30～40cm、横径12～15cm，表皮褐黄色，鳞片深褐色，中间节痕间距较宽、两头较密。肉质灰白，带紫红色槟榔花纹。鲜母芋一级品单个重1.5kg以上，最重超过6kg，子芋10多个，主要产品母芋一般亩产1t，占球茎

总产的55%左右。芋根为肉质根，较脆易折断，分布在母芋或子芋下部节上。福鼎槟榔芋易煮熟，熟食肉质细、松、酥，浓香可口，营养丰富，以其特有的外形、独特的风味、优异的品质而备受消费者青睐。

（3）种性保护。长期以来，福鼎槟榔芋生产用种都是芋农自产自留自用，不注重选种，致使福鼎槟榔芋品种混杂、种性退化，表现为大田生长不一致，抗性下降，品质和产量降低。2010年以来，福鼎市实施福建省地方特色蔬菜品种及配套技术研究与开发、福鼎槟榔芋品种保护与扩繁、国家槟榔芋种植综合标准化示范区等项目，开展福鼎槟榔芋品种提纯，建立良种扩繁基地，制定了《福鼎槟榔芋种芋》《福鼎槟榔芋栽培技术规范》《福鼎槟榔芋鲜母芋》等3项地方标准，示范推广水旱轮作、适宜密度、配方施肥、病虫害统防统治与绿色防控等良种良法良制配套技术，有效保护了福鼎槟榔芋的种性。

2. 种植规模与效益

福鼎槟榔芋对种植环境要求较严格，主要适宜在排灌方便、土层深厚、土壤疏松、肥力中上的田地种植。2018年全市种植面积发展到3万亩，鲜母芋单产超过1 000kg，总产超过3万t。福鼎槟榔芋种植效益较高，近3年，鲜母芋一级产品市场零售价稳定在10元/kg左右，亩产值6 000元，农户小规模种植平均亩效益4 000元，种植大户、家庭农场规模种植平均亩效益2 500～3 000元。福鼎市种植福鼎槟榔芋的农户近1万户，平均每户增加收入1万元，是农民脱贫奔小康的重要途径。

3. 产业开发

福鼎槟榔芋传统的烹调可以用蒸、煮、炸、炒、炖等方法，烹调产品花式多样，作粮作菜皆宜。用福鼎槟榔芋鲜芋为原料烹调的芋泥、挂霜芋、香芋饭等菜品，是节假日餐桌上的佳肴，与面粉、淀粉等加工成的“福鼎芋糕”“福鼎芋饼”“福鼎芋丸”“福鼎芋心卷”“芋虾包”“香芋饺”等食品，深受广大市民喜爱。鲜母芋蒸熟磨成的芋泥可以制作成形态各异的花式菜肴，蒸熟后色、香、味、形俱佳，如“太极芋泥”“红鲤藏泥”“太姥唐塔”“芋虾包”“香芋饺”等系列名菜，成为人民大会堂和钓鱼台国宾馆的国宴佳肴。但鲜芋供应期最多只有半年时间。

为延长福鼎槟榔芋的供应时间，满足市场周年需要，20世纪80年代初开始，福鼎槟榔芋经去皮、切丝、蒸煮、晒干（烘干）、粉碎，加工成芋粉，用于制作“福鼎芋泥”，或作为制作糕点、冰淇淋、饮料的配料；经去皮、切条（切块）、油炸、冷冻，加工成芋条、芋块、芋丁，是火锅的重要食材。福鼎槟榔芋最初的加工产品，虽然设备和工艺简单，但为福鼎槟榔芋精深加工奠定了基础，也实现了福鼎槟榔芋市场的周年供应。

进入21世纪，随着福鼎槟榔芋产品知名度的进一步提高，槟榔芋加工企业快速发展，现有加工企业8家，注册资本1.2亿元人民币。企业注重科技创新，与多家省内外科研院校合作开发新产品，加工能力得到有效提升，产品档次不断提高。如福建好口福食品有限公司先后与中国农业科学院、福建农林大学等科研机构建立了长期的技术协作，研发的“真空低温油炸槟榔芋条”“梯度烘干槟榔芋果糕”“低糖无硫槟榔芋果脯”等3个新产品，加工技术达到国内领先水平，6项技术获得了国家专利；福建圣王食品有限公司与集美大学合作，共同实施“薯芋类全粉精深加工技术与产业化开发”科技项目，引进全粉干燥生产线及微电脑控制混合设备，获得了全国工商联授予的“烘焙百强企业”称号；芋魁食品（福建）股份有限公司与福建农林大学、暨南大学建立了产学研合作关系，开发了3条薯类食品生产线，槟榔芋全粉经鉴定达到国内领先水平。当前，加工企业已成功开发了芋条、芋卷、芋酥等休闲食品，芋泥、芋块、芋饼、芋丸等冷冻系列食品，芋粉等烘焙食品，槟榔芋奶茶等饮料，产品达100多个，2017年8家企业产值6亿元，实现税利1亿多元，有力促进了福鼎槟榔芋产业的发展。

4. 品牌建设与推介

福鼎市委、市政府重视福鼎槟榔芋产业的发展，把福鼎槟榔芋列为农业主导产业之一。农业部门和槟榔芋协会积极开展了品牌创建工作，福鼎槟榔芋先后获得国家质量监督检验检疫总局颁发的“原产地标记注册证”、农业农村部颁发的“农产品地理标志登记证书”，“福鼎槟榔芋及图案”被福建省工商行政管理局评为“福建省著名商标”，被国家工商行政管理总局评为“中国驰名商标”。加工企业加强标准化和品牌建设，获得“无公害农产品标志证书”“福建省著名商标”“标准化行为良好证书”等品牌荣誉10项，2011年在中国农产品区域公用品牌价值评估中，“福鼎槟榔芋”品牌价值为3.36亿元人民币。

中央电视台、《人民日报》、《福建日报》等十多家海内外媒体报道了福鼎槟榔芋产业发展，以及“国宴佳肴——福鼎槟榔芋”“闽菜珍品——太极芋泥”等烹调食品和加工产品。2009年开始每年举办福鼎槟榔芋芋王赛，全市种植基地、专业合作社和种植大户踊跃选送各自的槟榔芋参赛，邀请省、市专家当评委，根据槟榔芋的大小、外观和品质评出当年的“芋王”，促进福鼎槟榔芋品牌的宣传，带动了福鼎槟榔芋规范化技术的推广。

福鼎槟榔芋

福鼎槟榔芋切开图

供稿人：福建省福鼎市种子管理站　陈年镛　高璐　夏品蒲

（四）飞桥莴苣助一方兴业

飞桥莴苣是地方资源蔬菜品种，因原产于福建省永安市燕北街道飞桥村而得名的。

永安市地处闽中，莴苣地方品种资源丰富，有茎用莴苣和叶用莴苣两类。飞桥莴苣是茎用莴苣。与其他自然资源品种相比，具有口感好、易栽培、产量高的优势。近年来，在当地地方政府的推动下，该资源得到大力开发，2007年，“飞桥莴苣”获得国家地理标志产品保护。2017年秋至2018年年初，飞桥莴苣在永安市及周边地区一年种植面积已达12万亩，实现产值5.4亿元。成为“农民增收、一方兴业”的特色产业。

1. 特优性状表现

（1）形态特征。飞桥莴苣是菊科莴苣属作物。一年生或二年生草本植物，高65～85cm。根纵生；茎直立，棍棒状，茎基部带粉色，茎粗5～7cm，单株重量0.75～2kg（其他品种茎多为纺锤形，单株重量约0.6kg）。叶单生，互生，披针形，长20～30cm，宽3～5cm，顶端渐尖，边缘波状。

（2）生长习性。营养生长的适宜温度为10～25℃，高于25℃易抽薹开花，低于0℃滞长，连续3d最低温低于-3℃易引起冻害。营养生长期75～120d。生殖生长适宜温度30℃左右。永安及周边地区可在深秋、冬、春季作一季或二季栽培。

（3）栽培季节。飞桥莴苣栽培主要利用冬闲季节，不与其他作物争地。同时通过提高复种指数而提高单位面积收益。并利用休闲劳力，解决秋、冬季农民就业。

（4）优质特征。飞桥莴苣肉质细嫩，颜色鲜绿。肉质茎可凉拌、炒食、腌制成脆莴笋等。皮薄，可食率高（整株可食率达70%，其他品种食用率约55%），且纤维素含量较低，受到广大消费者的喜爱和青睐。

2. 资源开发与利用

飞桥莴苣是从永安市当地莴苣变异品种选育而成的，为开发和利用质优、高产、高效的优势，依靠地方技术力量和自然条件，做大做强相关产业。抓好以下工作。

（1）基础性状的开发与利用。

探讨飞桥莴苣生物学特性：飞桥莴苣是20世纪90年代选育成的品种。为做大产业，飞桥人利用永安市海拔高差变化大（160～1 200m），秋、冬、春季气候差异明显，以及我国纬度跨度广（北至内蒙古自治区呼伦贝尔草原）的气候条件，开展不同季节种植，以探索其生物学特性，为高产栽培提供依据。

探索高产栽培技术：在不同季节、不同土壤肥力、不同施肥水平、不同施肥类型、不同栽培密度开展试验探索栽培技术；并对顶腐病（一种新病害）等开展综合防治研究。当前，飞桥莴苣已有一套完整的食用茎、育种高产栽培技术，也培养出一批飞桥莴苣种植能手。

（2）产业开发。

组成合力：为加快产业化经营，永安市政府加大对飞桥莴苣产业扶持力度，指导成立了永安市兴龙飞桥莴苣农民专业合作社，永安市飞桥莴苣产销协会等农业专业合作社和协会50余个。通过“公司+基地+农户”的模式，做好订单农业，实现产、供、销一条龙，使栽培面积得到较快发展，形成永安市及周边地区的支柱产业。

合理安排耕作制度：根据永安市不同的海拔和不同的作物茬口安排，制定合适的耕作制度。在海拔300m以上地区采用“飞桥莴苣—中稻—飞桥莴苣”“飞桥莴苣—鲜食玉米—飞桥莴苣”的耕作模式，在低海拔实行“双季稻—飞桥莴苣”“其他蔬菜—中（晚）稻—飞桥莴苣”的耕作模式，延长莴苣上市时间，保证市场供应和维持较高的市场价格。

合理外种：为保证鲜食莴苣的新鲜性，减少交通运输费用，并利用当地较低的劳力资源，永安及时组织种植能手和专业合作社通过“公司+农户”的模式在浙江、江西、广东、广西部分地区种植，就近生产和供应莴苣，带动了当地农户增收致富。

3. 资源开发效益

在当地政府的帮扶下，近年来飞桥莴苣已成为永安地区及周边种植区域农业增效、农民增收的重要产业或支柱产业，带来了显著的经济及社会效益。据统计，永安市1995年飞桥莴苣种植面积就已经突破1 000亩，2000年突破1万亩，2005年突破5万亩，2010年突破10万亩。种植区域也从最早的飞桥村不断扩大外延，2001年辐射到永安市周边地区，2008年在福建省外开始种植；到2017年种植总面积已达到35万亩左右，在我国南方各省市均有栽培。

飞桥莴苣种植带来的效益极大地鼓舞着农民种植的积极性和热情。农民的种植技术不断提高，种植规模也不断扩大，莴苣平均亩产值4 000 ~ 5 000元，扣除农资成本外，亩纯收入约3 500元，已成为农业增效、农民增收的重要产业，也是当地农民脱贫致富的重要途径。

飞桥莴苣单株

飞桥莴苣横切面

供稿人：福建省永安市种子管理站　罗奕聘　吴桂亭

福建省永安市燕北街道新农村建设服务中心　冯大兴

（五）福州橄榄——全国农产品地理标志产品

福州橄榄的产地主要分布在闽江下游两岸，以闽侯、闽清的产量最多。福州橄榄酥脆可口，初吃时微涩，细嚼后生津，可溶性固形物含量高，肉质鲜嫩、松脆，回甘明显、持久，风味浓。

2011年9月13日，中华人民共和国农业农村部批准对“福州橄榄”实施农产品地理标志登记保护。

1. 种植历史与分布现状

“福州橄榄”以福州橄榄青果为原料，加以糖、盐、香料等辅料经泡腌制等不同加工工艺及配方加工而成。风味更为独特、更为优良，为消费者所喜爱，成为福州传统的出口食品。

福州橄榄地域保护范围包括仓山区、马尾区、晋安区、长乐区、福清市、闽侯县、闽清县、罗源县、连江县、永泰县等10个县（区），即福建省中部偏东，闽江下游，位于东经118°08′~120°31′、北纬25°15′~26°29′，海拔250m以下，土质属红壤、壤土、潮土。总保护面积37.5万亩。

2016年，福州橄榄面积12.3万亩，占福建省的69%，产量7.5万t，占福建省总产量的83%。闽江沿岸已建成10万亩橄榄产业带，成为中国最大的橄榄集中种植区。其中，檀香橄榄发源地闽清县种植橄榄面积达4.48万亩，全县橄榄产量2万t，产值4.39亿元。

2. 橄榄种质资源保护与创新利用

福建省农业科学院果树研究所为“橄榄种质资源保护与创新利用研究”项目承担单位。该项目建立的首个农业农村部橄榄种质资源圃，收集保存橄榄科橄榄属4个种共190份资源，是目前国内外收集保存橄榄种质资源数量最多、遗传多样性最丰富的资源圃，将为深入开展橄榄研究提供丰富的物质基础；选育的橄榄鲜食新品种“福榄1号”打破了我国橄榄鲜食品种零认定的局面。参与建立的橄榄种质资源数据库，实现了橄榄种质资源信息网络共享。项目组率先开展了橄榄辐射诱变、杂交育种以及其他基础性研究工作，部分研究成果填补了橄榄相关领域的空白。

3. 福州橄榄种质资源圃

福建橄榄种质资源圃始建于2002年，依托福建省农业科学院果树研究所建立，2010年起橄榄种质资源圃建设被列入农业部热带作物种质资源保护项目。现有面积15亩，建有塑料大棚1 000多m^2。橄榄种质资源圃交通便捷，安全防护设施、田间设施和辅助设施等较为完善。资源圃所在的福州市年平均气温16~20℃，极端最低气温-2~-1℃，大于10℃的年积温6 450℃·d以上，年均日照时数1 700~1 980h，年降水量900~2 100mm，终年无霜或仅有短霜期，气候条件非常适宜橄榄生长。

目前，已收集保存来自福建、广东、浙江、广西、云南、四川等省（区）橄榄种质资源200份左右，涵盖了我国绝大部分橄榄地方品种和重要遗传材料，是我国目前保存品种最多、最齐全、规模最大的橄榄种质资源圃。福建橄榄种质资源圃制订了《橄榄种质资源描述规范和数据标准（试行）》，并开展了资源抗寒性测定、叶片解剖结构观察、叶片性状多样性分析等基础性研究工作，初步选育出甜榄1号、池1号、光甜等橄榄优良单株，这些橄榄优良株系的果实肉质脆、化渣、风味微涩、回甘浓、品质上等，应用前景广阔。

福州橄榄种质资源圃

供稿人：福建省农业科学院农业生物资源研究所　林霜霜　葛慈斌　张海峰

三、人物事迹篇

（一）武夷山下的守茶人

武夷山地理气候条件独特，产生了丰富的茶树种质资源。然而，销售火爆的武夷岩茶背后，却有一种隐忧，那就是诸多原产的武夷名丛逐渐从人们的视野中消失。

怎样守护农作物种质资源，为茶农们留下生生不息的本地品种，让它们造福子孙后代，成为武夷山茶人们的头等大事。

在“第三次全国农作物种质资源普查与收集行动”中，福建省农业科学院第四系统调查工作队的工作人员在武夷山开展种质资源实地调查过程中认识了75岁的罗盛财老人。他在武夷山龟岩种植园茶树资源圃收集了106种武夷山名丛单丛优异茶树资源。

罗盛财，1964年毕业于南平农校，曾先后担任武夷山市综合农场场长、武夷山市农业农村局局长等，从事农业科技推广和管理工作50余年，他最初在崇安县综合农场工作时，专攻的并不是茶叶，那是什么原因让他与武夷山岩茶结下不解之缘呢？

一份责任感，激发了罗盛财的名丛“情怀”。作为一名武夷山人，罗盛财对武夷茶等资源有着浓厚的兴趣和深厚的感情。当时崇安县综合农场管理着武夷山大红袍等核心区域的茶叶名丛品种资源，在长期的工作调研中，罗盛财发现武夷茶在当地虽有着丰富、珍贵的名丛资源，但在传播繁衍过程中产生变异分离的类型不少，致使名丛在岩茶区内产生同名异物和同物异名者不乏其例。为了厘清这种易混淆状况，罗盛财立即成立课题组，深入综合农场管辖的各个区域调查名丛、走访茶农、搜集资料。经过多年的辛苦收集，从1 178份名丛单丛的无性系后代群体中，经性状或品质鉴定，筛选出百余份主要名丛，并自筹经费建设茶园保护种质资源。

罗盛财在九龙窠建立了名丛圃2.1亩，开展武夷岩茶名丛和单丛茶树资源的保护整理工作，共收集珍贵名丛112个。搜集完综合农场范围内的名丛资源后，罗盛财以为可以松口气了，然而，1990年武夷山市开始大面积种植发展肉桂和水仙品种茶叶，对原本的茶山进行大面积改种，结果将保存其中的名丛和面积大且历史悠久的单丛都大面积铲除，罗盛财看了很心疼，他们当时就决定重新组建课题组，再建立一个单丛资源保护基地，扩大武夷山名丛搜集、保护范围。

历时3年，罗盛财和同事们又建立了10.5亩的霞宾岩茶树种质资源圃，收集保护了1 066份单丛茶树资源，2次共收集保护了名丛、单丛1 178份。为了长期坚持开展相关课题研究，罗盛财与兄弟合伙自筹资金，建立龟岩种植园，完成第3个名丛资源保护基地的建设。

2010年10月，龟岩种植园名丛基地被福建省农业农村厅编入福建省茶树优异种质资源保护基地——“闽茶圃004”，作为福建省、武夷山市开展长期的相关课题研究和常态下的观察、考察、实验、繁殖、推广等工作基地。时至今日，年逾古稀的罗盛财老人依然在为武夷山的茶树资源忙碌奔波着，他的心愿就是希望有关部门能将这些茶树资源妥善保护并扩大繁殖，为子孙后代留下这笔宝贵的财富。

一份使命感，让罗盛财将种质资源的薪火传承给了福建省农业科学院系统调查工作队。在当年福建省农业科学院第四系统调查工作队深入武夷山市开展以茶叶为主要收集方向的资源调查中，75岁的罗盛财老先生带领调查队辗转包括海拔1 000余米的黄龙岩自然保护区等多处种植生长百年以上、长期自然繁衍的茶树生长地。而系统调查工作队也从罗老的单丛、名丛中收集了25份国家圃尚未收集的珍贵茶树资源。

“第三次全国农作物种质资源普查与收集行动”有幸与罗盛财老人结缘，不仅收集到武夷山茶树的珍贵资源，更是收获了罗老一颗热爱茶业的心。正是因为有更多的人像罗老这样深刻明白种质资源的重要性，我国丰富的农作物种质资源才被很好地保护和利用着。

罗盛财老先生讲解茶树资源圃

供稿人：福建省农业科学院　应朝阳　张艳芳　陈志彤
福建省武夷山市农业农村局种子站　黄世勇　李顺和
福建省农业科学院农业生物资源研究所　张海峰　林霜霜　葛慈斌

（二）平潭的“农作物收藏家”——施修建

2017年10月，平潭综合实验区农业技术服务中心农作物种质资源普查队员，在进行第三次全国农作物种质资源普查摸底工作时，在白青乡东占村意外发现了农户施修建数十年来传承、逐年繁育、留种的“丰厚成果”，经普查队员多次落实，施修建保存有农作物种质数量高达146个，堪称农作物藏种“达人”，《平潭时报》于2017年10月25日对他进行专门报道，称其为平潭的“农作物收藏家”。

1. 丰富的种源收藏

在这些作物中，粮食作物种质资源50份（其中甘薯22份）、蔬菜种质资源70份、果树种质资源17份、经济作物种质资源9份（其中花生6份）。这些资源中包含野生农作物品种15份和外地引进品种33份。

收集的种质资源中，最具特色的有2014年在平原镇酒店村农田里发现的野生茭白，鲜嫩口感好；种植40余年的野生近缘葱“山蛋”；野生移栽30余年的马齿苋；13年前田地自行长出的野生桑树等品种。在甘薯品种中有红肉、紫肉、白肉、黄肉等多种类型，有多个口感好，还有1994年畦底自长的外形金山状的野生品种。另外，有自种30余年的本地红豌豆、本地软结豌豆，较为特殊且口感上佳；自种40余年的本地黄花菜、自种20余年的本地大头菜，品质优良；13年前福州农田捡拾的四粒红荚花生；另有3种不同类型的本地南瓜品种，其中秤砣型瓜已种植40余年；3种本地无花果树，其中1株已有80余年的历史。

这些农作物种子有其祖父、父亲、岳父老一辈人留传下来的，也有他从平潭县城及周边地区带回试种的，有的是在田间地头发现的，也有从四川、贵州、山东、浙江、长乐、福清等地购种带回试种的，甚至也有从阿根廷购种带回的，多年的积累获得这么多农作物品种。随着时代的变迁以及农作物品种的不断更新，本地许多传统物种早已销声匿迹。例如20世纪50年代引进的甘薯品种康栽，是地瓜片加工制作的优良品种，寻找多年，终于在施修建家中找到。花生品种勾鼻生，蔬菜品种本地香葱、蒜、黄花菜、生姜、小白菜、萝卜、高粱等作物老品种在平潭失传已久，不过在他家中，这些品种一应俱全。

2. 独特的家庭信念

施修建一家从他祖父这辈起，就开始收藏农作物种子，再到其父亲和他，已经是第三代人了。今年60多岁的施修建，从小就跟父母下地干农活，16岁开始参加生产队“出工”做“牛头”（人当牛拉犁）；包产到户政策出台后，他一边种地，一边捕捞海产，还时常外出打工。2000年，在外出务工多年后，身患疾病，他决定放弃务工，回乡当一个地道农民，从事自己喜爱的事业。

（1）“痴迷”种地，缘于朴素的种质资源保护意识。刚返乡时，施修建家中仅有2亩山地，随着农村劳动力大量输出，他把村里所有抛荒耕地全都包揽，再加上用锄头硬刨出来的山间“格子地”，现有耕地面积15亩。他常常清晨扛起锄头，带上治病的茶水，忙到天黑才回家，午饭都由他老伴送去。不论刮风下雨，只要有农活，他都坚持下地。由于田地大多是山坡荒地，干旱且贫瘠，需要经常挑水、挑肥、田间打理，他就在地块旁边挖下一个个地坑，抹了水泥做成简易水窖，以储雨水备用，干旱的山地靠挑水浇，以保证植株不被旱死。

过度劳累让他添了不少疾病，家里的晚辈和邻居一直劝他放弃种植，但他说："现在种地的人越来越少，以前我们都没地种，现在有了地，不种多可惜，家里还有这么多品种，如果不种，这些品种就要消失了。"就是这些朴素的资源保护意识，支撑着他克服疾病，坚持种植，使得如此之多的种质资源得以保存下来。

（2）乐于收藏，源于品种品比试验中感受的乐趣。施修建喜欢对同种作物的不同品种进行比对试验，研究各品种在品质、产量等方面的差别。甘薯就是他最喜欢的试验作物，为其设有专用的试验地，22个甘薯品种分行种在一块30m^{2}的田块上。他说："凡是看到卖地瓜苗的我都要去买一些回来种，有的时候去外地，我也会带一些甘薯苗回来种，时常还会在地里发现一两株从未见过的甘薯品种。我会把这种新苗单独培育起来，反复研究琢磨，有的苗种出的地瓜长得像芋头一样，很有意思。"

其他物种也是这样，田头地尾、荒坡上偶尔长出一两株叫不出名的果树、蔬菜等植物，他如获至宝，天天蹲守，自己观察研究，进行种植试验。所有收藏的物种年年种植，有些只能种几株收种子。在他的田地里，这边一点豆，那边一些菜，多种多样，琳琅满目，所珍藏物种没经过几年筛选不会轻易淘汰。

野生资源的收集却有令人心酸的故事，施修建因患多种慢性疾病，导致生活拮据，他舍不得花钱看病，遍山搜寻野生草药。在这个过程中也发现了许多野生果树、野菜等资源，发现一种，珍藏一种，慢慢积累下来，现收藏野生农作物品种如野生无花果、野生葡萄、野生番石榴、野生茶、蓝花野菜等有15个之多。

（3）家人支持，成就种质收藏的梦想。施修建能收藏种植如此之多的作物品种，与家人的支持密不可分。妻子吴云华非常能干，平时不仅料理家务，帮丈夫干农活，饲养兔、家禽，还是碑紫菜种植高手，堪称是个多面能手，是施修建的最大支柱。两个儿子也了解父亲的爱好，外出喜欢带一些农作物优良品种回来，让老父亲做试验。一家人的支持，也是施修建能收藏百余种资源的重要原因之一。

3. 政府和农业部门给予鼓励与表彰

2017年10月，经普查人员发现汇报后，当时《平潭时报》的记者特地前往采访，作题为"平潭有位农作物收藏家"报道后，许多人认识了施修建，无不佩服称奇，同时也认识到种质资源保护的重要意义。

2017年12月，平潭综合实验区农技中心对施修建在种质资源保护上取得的成就给予了鼓励和表彰，为其送去一台价值3 300元的微耕机，替代往年用人、用牛拖犁耕田的方式，大大提升了耕地的效率；平潭综合实验区农村发展局水利处为其耕地建造了浇灌设施，现已打了120m管井，水管正在铺设中；当地的乡政府、村委会协商执法局为他批建了6m^{2}的生产用房，用于存放水泵、农具等，也可供他耕作劳累时小憩片刻，遮风挡雨。

得到了政府部门的认可和表彰，施修建一家人都十分高兴，觉得所有的辛劳都很有意义。特别是这次种质资源普查与征集行动，他珍藏的资源为国家农业科研部门所收集，从而能长久保留下来，令他倍感欣慰。

部分收藏资源

多种甘薯品种

供稿人：福建省平潭综合实验区农业技术服务中心　林友国　陈丽云　林辉

（三）茶树种质资源保护与创新典型代表——福建省农业科学院茶叶研究所

福建省农业科学院茶叶研究所茶树种质资源圃历史悠久，早在1957年，茶叶所就建立了我国最早、福建最大的茶树品种资源圃，收集了189份地方茶种原始材料，截至1959年年底基本完成地方茶树品种资源普查、鉴定与征集工作。1978年编著出版了我国第一部《茶树品种志》。2007年茶叶研究所建成农业农村部福安茶树资源重点野外科学观测试验站，2010年建成福建茶树种质资源共享平台（含茶树品种杂交一代初选种质资源圃、福建省乌龙茶种质资源圃和福建原生茶树种质资源圃）总面积38亩，共征集、保存国内外茶树品种资源2 500多份，其中乌龙茶种质（含杂交创新种质）材料1 000多份，日本、印度、斯里兰卡、缅甸、越南等国外种质30多份，被誉为“中国乌龙茶种质资源保存中心”。

1957年以来，经过品种比较试验与区域鉴定，筛选并推广了福鼎大白茶、政和大白茶、梅占、毛蟹、水仙、黄旦、大叶乌龙、铁观音、云南大叶种等10多个地方品种，解决了各地生产用种的需要，并为国家级良种审（认）定提供科学依据。

在“第三次全国农作物种质资源普查与收集行动”中，福建省农业科学院除了完成农作物种质资源的征集和收集任务，还承担着农作物繁种、鉴定和评价工作，挖掘具有特殊利用价值的农作物种质资源进行创新应用研究。

2017年10—11月正值茶树开花的旺盛期，在福建省农业科学院茶叶研究所茶树品种资源圃里，各类茶花争奇斗艳。茶叶研究所的工作人员与茶农们正在采集茶花并进行扫粉，用精选的花粉对优质的茶树品种进行授粉、套袋。

生长在福建省农业科学院茶树种质资源圃中的茶树，一般没有经过修剪，最大程度上保存了茶树品种的自然特性。除了武夷山的大红袍这些耳熟能详的品种，茶树种质资源圃中还收集了一些奇特的乌龙茶种质资源。

福建省茶叶研究所利用福安大白茶、铁观音等种质资源进行杂交创新，选育出福云6号、福云7号、福云10号、黄观音、茗科1号（金观音）、黄奇、丹桂、春兰、黄玫瑰、金牡丹、瑞香等13个国家级良种和福云595、朝阳、九龙袍、早春毫、福云20号、紫玫瑰、春闺等8个省级良种，为福建无性系茶树品种种植比例超过95%作出了贡献。筛选出金牡丹、黄玫瑰等2份“九五”科技攻关国家优异种质一级乌龙茶资源，紫玫瑰、金桂观音等6份国家优质种质乌龙茶资源也被筛选出来。

福建省农业科学院茶叶研究所积极参与“第三次全国农作物种质资源普查与收集行动”，深入蕉城、永泰、罗源、武夷山、安溪、武平等18个调查县市开展资源普查工作，征集茶树种质150多份，首次收集利用蕉城县具苦味的特异野生茶树种质资源5份，这些种质资源将为福建省茶树育种提供新的宝贵的基础材料。

茶叶种质资源圃

供稿人：福建省农业科学院茶叶研究所　杨如兴　周　兴

福建省农业科学院农业生物资源研究所　张海峰　林霜霜　葛慈斌

四、经验总结篇

（一）特区的普查行动

厦门市地处福建省南部沿海，是我国最早的经济特区之一，一直以来都是改革开放的前沿阵地，开发建设早，城镇化水平高，耕地、山林面积逐年减少，农作物种质资源流失严重。在这种不利形势下，同安区农业与林业局承担“第三次全国种质资源普查与收集行动”项目工作面临诸多困难。同安区农业与林业局在福建省农业农村厅的统一部署及科学指导下，克服了种种困难，经过不懈努力和辛勤劳作，超额完成了项目任务，得到福建省农业农村厅领导的肯定和表彰。

1. 主要成效与亮点

本次资源普查与收集行动的主要成效与亮点体现在以下2个方面。

（1）征集种质资源多，且大部分为古老、濒危、野生及近缘物种。总共收集了44份种质资源信息，其中抢救性采集42份资源样品。其中古老、濒危、野生、野生近缘果树资源9份，种植历史悠久的地方品种17份，其他野生及野生近缘作物6份，其他种植多年的地方品种及育成品种12份。

在莲花镇抢救性采集了9个古老、濒危、野生或近缘果树资源是此次行动最大的成效。包括上陵村三株百年树龄野生同安粗皮梨、一株近50年野生柿子；安柄村一株超百年树龄的野生古杨桃；淡溪村一株超百年树龄野生板栗、一株超百年树龄野生柚；溪东村一株80年树龄野生近缘古柿树；水洋村一株百年野生杨梅；后埔村一株百年历史野生近缘古荔枝、一株150年的野生杧果古树。这些资源中有多个由于年久失管，枝叶稀疏、树势极弱，树干满目疮痍，有些古树的枝干部分干枯，并有蕨类寄生，植株周边杂树、杂草丛生，资源随时有丧失的危险。莲花镇淡溪村的野生柚，是在村庄东南面的悬崖边上发现的，仅此一株，由于淡溪村所处山区海拔落差大，极端气候频现导致地质灾害频发，当地村民已被列入厦门地质灾害移民对象，该资源也濒临灭绝。

此外，同安区种植历史悠久的地方农作物品种也很丰富，包括种植100余年的茭白、沉芋、枕头南瓜、褒美进士芋；近百年种植历史的白交祠金鼓南瓜、白交祠白芥菜、土香薯、乌番甘薯、五叶小南瓜；至少80年种植历史的淡溪高丽菜；已有60年历史的白交祠佛手瓜、内田砂仁、蕉芋；近60年历史的厦门种地瓜、香芋薯；50年历史的后埔村土姜、米缸丝瓜。

另外，还有多个野生及野生近缘作物，包括近50年树龄的野生近缘茶树小粒种油茶、野生近缘茶树大粒种油茶、汀溪镇汪前村野生柑橘山金豆、莲花镇上陵村野生黎檬、莲花镇军营村的野生近缘品种军营岩葱（韭菜品种）、野生近缘作物菜用枸杞。

（2）系统完整地收集资源信息，并汇编成册。行动中，我们扩大了资源信息的收集范围，除了征集表中的项目，尽一切可能挖掘资源信息，包括资源的产量、资源优缺点、种植技术规范、产品特征等内容。将这些信息与资源照片一起形成较为完整的资源简介，并连同3个时间节点的普查表、各资源征集表，汇编成册，印制了《同安区第三次全国种质资源普查与收集》一书，是福建省首个把种质资源普查与征集信息汇编成书的普查县。同时，为使同安区龙眼品种品系材料不致丢失，保护种质资源材料的完整性，将原农业农村局经作站站长黄振良执笔的2000年版《同安县龙眼品种资源调查》（48个龙眼品种）一并收录。

2. 主要做法和经验

（1）做好组织建设。项目开始之初，同安区农业与林业局领导高度重视，成立了以农林局局长吴良泉为组长，分管副局长王建愿为副组长的“同安区第三次全国农作物种质资源普查收集行动工作领导小组”，以同安区农业技术推广中心全体人员构建项目组，中心主任为项目组负责人，同时聘请两名经验丰富的老农业技术人员，进一步充实项目组技术骨干力量，实现普查队伍的老、中、青相结合。项目组还特别邀请了市、区相关单位的技术骨干与专家，组成专家组，为项目组提供各方面领域的支持与协助。

（2）突出重点区域。同安区按行政区划为6个镇2个街道3个国有农场，其中莲花、汀溪两镇地处山区半山区，属同安区仅有的2个山区镇，其余9个镇（街、场）均相对处于较平原的地理位置。项目组在普查的过程中，经走访、摸底调查、信息反馈汇总分析，总体的情况是：平原地区历年来随着国家建设的需要被征用等，耕地面积逐年减少，多数地方品种因其产量低，加之平原地区品种更替频繁，逐步被淘汰，导致大多数古老的地方品种资源濒临灭绝，而处于交通不便的山区村落，地形复杂，国家征用的土地相对少，加之风土人情独特，野生、野生近缘、古老地方品种资源丰富，特别是野生及野生近缘的果树资源相对繁多。鉴于此，项目组确定把普查与征集种质资源工作的重点围绕在这两个镇展开，辐射至全区各镇（街、场）。

（3）广泛宣传，积极组织培训。种质资源普查工作是一项需要广大民众支持、配合与帮助的工作，能否得到民众，特别是农技人员、农民的理解与支持关系到项目成果质量的高低。因此项目组从多渠道进行广泛宣传：①利用区政府的互联网信息平台，增进广大民众对种质资源普查收集工作的了解，提高他们对项目重大意义的认识。②建立起全区各镇（街、场）农业技术员微信群，通过微信互联及时、方便的形式，扩大普及面，同时实现资源信息的互通与及时共享。③在同安区农业与林业局主办的《同安农技》上，刊登种质资源普查收集工作的相关内容，让广大农民群众认识到种质资源保护工作的重大意义，号召他们积极踊跃地提供各种信息。同时，还刊登项目各阶段的进展情况，让公众加深认识，引起了广大民众的共鸣。④积极组织培训。项目组先后就实施项目相关内容、目的、意义及专业业务知识进行专业技术培训，培训范围涵盖全区11个镇、街、场的农民技术员、相关企业、种植大户、老农，培训达630人次。

发动干群，挖掘信息。3个时间节点普查表要反映不同历史时期涉及的历史、地理、气候、土地、人口、经济、教育以及农作物种植等方面的情况，年代久远且项目繁杂。项目组认真地理顺思路，制定了相应的技术路线，具体分工，不厌其烦，先后走访了同安区区志办、气象局、水利局、民政局、统计局、教育局、土地局、区供销联社等相关单位，查阅了大量的相关资料，许多数据都要历经几番核对、查证，才能保证准确、真实性，考验着项目组人员的耐心。为了了解农作物的历史种植情况，项目组专门召集老干部、老农技员、老农民来座谈，并走访农户，在多方了解、全面调查的前提下，集中归纳相关信息，认真研判，使表格项目内容的填制更加准确、完整。

为了普查当前全区资源的种类和分布情况，我们除了发动全局干部、各镇（街、场）农业技术员外，还进村入户，召开农户座谈会，走访年龄较大的老种植户，回忆、交流自己所知的古老、稀有、特色的农作物种质资源信息，包括地理位置、原始程度、生长习性、商品价值等相关信息。由于我们在这个环节投入了很多的时间和精力，使我们对辖区内的资源种类与分布情况有了全面的了解，对后续取得良好的资源采集及信息收集成果打下了坚实的基础。

在资源采集过程中，因先前项目的宣传较为到位，广大民众认知度较高，在普查组深入各村开展采集工作时，受到当地村级领导、农民技术员、农民等鼎力支持与协助，除了为我们提供日常生活的便利外，还亲自为我们带路，提供了大量的资源信息。

（4）发挥吃苦精神。开展采集种质资源样品的工作过程中，普查组成员不辞辛劳，任劳任怨，翻山越岭，跋山涉水，深入田野山涧，有时一天要徒步行走十几千米的山路，真所谓是：晴天一身汗，雨天一身泥；几天下来，大家累得手酸腿软，腰酸背痛。特别是在莲花镇的淡溪村，村庄建在海拔869m的半山腰，经省地质部门测量该村庄坡度37.5°，该村海拔落差700多米，车辆缓慢行驶在蜿蜒山路上，路的外侧是万丈深渊，有恐高症的普查队员遇此路况不禁胆战心惊。在该村普查到一株百年野生果树，生长位置在陡坡上又极近悬崖旁，树高十几米，又加之是斜插着长在半山腰间，项目组为了采摘其果实，想尽办法，爬又爬不上去，用竹竿敲也打不着，最后只能用向上抛石头的办法砸，不知重复抛了多少次石头，花了多少力量，功夫不负有心人，最后总算砸下几个果实，但落下的果实又滚落到树下几十米深的山涧树林草丛中，项目组人员下山找却又找不着，只能重新再砸，历尽艰辛……

采集过程非常辛苦，但是若能把濒危资源采集到，再苦再累都值得。但实际情况却不能事事如愿，例如，项目组为寻找野生的种质资源品种“虎头柑”，顶着骄阳烈日，冒着高达37℃的高温，在同安西山之巅展开多次地毯式搜索，一路查寻下来，人人汗流浃背，还有人因此中暑晕倒，但却一无所获，此资源在同安已杳无踪迹了。普查还发现，2000年同安区普查的48个龙眼品种中的凤梨穗龙眼母株和冰糖味桂花味龙眼也将因建设征地而面临灭绝，令人惋惜。

（5）强化资源利用。在这些资源中，发现几个具有开发利用价值的优异资源：如堤内茭白，肉质茎肥大，外观清秀洁白，肉质细嫩，口感清脆甘甜，是同安区“一村一品”特色农产品；褒美进士芋淀粉含量高，质地细、松、酥，品质优良，风味独特，且兼具高产等优点，也是同安区“一村一品”品牌项目；淡溪黑金南瓜，表皮墨绿色，果肉橙黄色，除了色彩独特，口感细腻甘甜、质地疏松。这些品种应当进行招商引资，加大投入，进一步开发利用，将为促进同安区乡村振兴、增加农民收入提供动力。

另外，对于品质优良，但种植条件特殊的种质资源，可考虑有针对性地进行海拔对比试验、不同生长条件试验，把一些海拔高的优质资源引导在平原地区种植，适宜的再扩大繁育，如白交祠佛手瓜、军营岩葱。

对于种性退化的资源，可经大田种植筛选，通过规范性的科学技术栽培管理，进行提纯复壮，提高其种性的纯度，发挥其特有的优势。建立种性提纯试验示范田，选择外观形态佳、长势良好、抗病抗逆性强的植株进行收集、选育，再分发给农户种植。

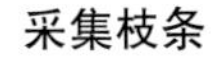
采集枝条

堤内茭白考种

供稿人：厦门市同安区农业技术推广中心　陈福治　洪世孟　洪桂芬

（二）福建省农业科学院种质资源调查的先进案例

福建省总耕地面积仅占土地面积的10%，人均耕地不及全国平均水平的一半，素有“八山一水一分田”之称。福建的耕地主要分布于南平、三明、漳州、福州、泉州、龙岩和宁德等地。由于福建省工业产业的快速发展，耕地地力的下降以及环境严重污染导致福建省有效耕地更加稀少。另随着气候、自然环境、种植业结构和土地经营方式等的变化，导致大量地方品种迅速消失，在此背景下，福建省农业科学院迅速开展了福建省农作物种质资源的系统调查与抢救性收集，并且负责接收各个普查县征集到的种质资源。在全院上下的共同努力下，福建省农业科学院较好地完成了各年度目标任务。

通过调查普查专项工作的实施，越来越多的地方政府认识到作物种质资源的重要性，并主动采取行动参与相关工作，大力宣传种质资源保护与可持续利用的重大意义。福建省农业科学院参与调查的各个调查队在扩大专项影响力方面都做了很多的努力，不论是积极地参与种质资源调查来支持种质资源普查与收集行动，还是投稿院网种质资源普查与收集专栏，承担种质资源鉴定评价工作，极大地扩大了专项实施的影响力。

案例1：为了更好地完成资源收集任务，福建省农业科学院第一调查队——亚热所洪健基队长顶着烈日高温强忍毒虫咬伤肿痛坚持带领队员收集资源、拍照片，平和县农业农村局张汇川副局长与调查队一同跋山涉水亲手采集一份份资源，龙海市种子服务站黄水龙站长春节后上班第一天便开始全身心投入种质资源的普查与收集工作……这些默默的奉献，是所有农业科技工作者学习的榜样，正是他们的无私奉献，换来了种质资源普查与收集工作的如期完成与地方古老品种及野生珍稀资源的挖掘、保存，也为“第三次全国农作物种质资源普查与收集行动”在福建省的工作打下坚实基础。

案例2：通过第七调查队在蕉城区和周宁县农作物种质资源调查与收集工作的实施，两地地方政府认识到作物种质资源的重要性，并主动采取行动参与相关工作，大力宣传种质资源保护与可持续利用的重大意义，极大地扩大了专项实施的影响力。如蕉城和周宁县农业农村局技术骨干人员在资源收集前均已积极地对县域乡镇的资源情况进行摸底、深入老农家调研，协助调查队开展资源收集，提高了收集效率和质量。

案例3：福建省农业科学院农业生物资源研究所普查办公室成员林霜霜平时负责种质资源接收和转交，协调各调查队工作、种质资源普查与收集后勤工作。作为一名坚定支持农作物种质资源普查与收集工作的科技人员，她也是农业生物资源研究所第三党小组组长，平时在开展党小组活动时，她积极地将“第三次全国农作物种质资源普查与收集行动”工作宣传给党小组成员。在党员进社区活动中，积极与社区工作人员协调，将“第三次全国农作物种质资源普查与收集行动”工作的宣传视频在社区播放，让更多人了解专项，该项活动获得了社区工作人员的认可，也收获了很多老一辈农业爱好者的支持。

案例4：2018年7月24—26日，按照“第三次全国农作物种质资源普查与收集行动”福建省项目的规划与要求，福建省第六调查队在水稻研究所领队张建福研究员的组织和带领下，由来自福建省农业科学院水稻研究所、茶叶研究所、果树研究所等6名科研人员组成的调查队首次赴福建省建瓯市进行农作物种质资源的普查与收集。

建瓯是福建省的农业大市，农业农村局十分重视农作物种质资源普查工作，包括各乡镇农技干部、村农技员以及多位退休老专家和当地许多农民参与了普查活动。调查活动涵盖了建瓯市4个乡镇/街道（通济街道、吉阳镇、房道镇、玉山镇）7个自然村，共调查收集资源56份，其中包括茶树28份、蔬菜13份、果树13份、水稻2份，包括具有鲜明特色的“吉阳四宝”（泽泻、空心菜、莲子、仙草）和4份珍贵的百年水仙茶树资源等。

案例5：2018年9月14—15日，由水稻研究所张建福副所长领队的农作物种质资源普查项目第六调查队赴尤溪进行种质资源的普查工作。尤溪县农业农村局农技站主任卓传营主动对接，并要求梅仙镇、管前镇、西城镇、联合镇和八字桥乡农技站相关技术人员支持和协助，首先对当地特色的农作物种质资源概况进行了初步的普查和筛选，再根据调查组专家和技术人员的建议，分别前往八字桥乡后曲村，管前镇建设村、鸭墓村，西城镇麻阳村，梅仙镇下保村，联合镇连云村、东边村、吉目村等8个村进行了农作物种质资源的普查和收集工作。在普查过程中，调查组通过与当地村民深入交流，询查问访，了解并记录当地品种的特征特性、特殊用途、持续种植时间和地理位置及环境等。调查组经过综合考量，按照资源普查项目的要求，采集了一批包括具有数十年甚至上百年种植历史的古老品种及有鲜明特色的种质资源，其中包括水稻、蔬菜、豆类、杂粮等32种农作物在内的共54个品种。

案例6：2018年11月6日，第六调查队赴邵武市进行种质资源普查，在邵武市农业农村局种子站陈梅香站长的陪同下，调查队赴和平镇、大竹镇、吴家塘镇等地，收集了水稻、茶叶、蔬菜等资源共计51份。尤其是入深山、进峡谷，徒步两个多小时，在海拔1 400多米的留仙峰对福建碎铜茶的原生境进行了全面调查和取样，根据碎铜茶的株叶形态，采集了野生的碎铜茶样品数十份，拟对留仙峰的碎铜茶资源进行分子标记鉴定和异位保护，这对极具福建特色的碎铜茶的研究和资源保护具有重要意义。碎铜茶位于福建省邵武市和平古镇西北部观星山的留仙峰上，该地远离工业，土质、气候无污染，为碎铜茶无公害和有机茶园建设提供了得天独厚的环境条件，是福建茶的骄傲，是世界两大“奇茶”之一。

案例7：2018年福建省农业科学院第七调查队（调查区：蕉城区）在种质资源系统调查与收集工作中，得知蕉城区有极富地方特色的野生或半野生苦茶，但由于资料较少，无法得知苦茶的具体地点，蕉城区茶业管理局郑康麟书记等技术人员积极帮助调查队，通过发动当地群众做向导，开山劈路，在大山中寻找并定位野生或半野生苦茶树，使得苦茶资源收集任务得以圆满完成。

案例8：诏安县是原中央苏区县和福建省23个扶贫开发工作重点县之一，也是2018年度福建省农业科学院系统调查县之一。当地以青梅产业作为脱贫攻坚的突破口，在广泛收集保育本地现有的青梅种质资源同时，积极引进青梅新品种，建立青梅观光园和新品种资源库。2018年5月31日，福建省农业科学院第五调查队赴诏安县进行种质资源调查收集，在诏安县农业农村局种子站沈顺清站长的陪同下，调查队赴红星乡西埔村和六洞村进行青梅资源收集，共收集了7份当地资源，分别是小乌叶、白粉梅、本地青梅（青竹梅）、梨子叶、土梅、水梅（大青梅）和白梅。随后寄往南京农业大学国家果梅种质资源圃，资源圃负责人高志红教授对调查队寄去的青梅资源非常重视，她表示国家资源圃中只有青竹梅和白粉梅2份资源，其他5份青梅资源没有收录，福建省调查队此次发现的青梅资源具有较高的研究价值。

同时，通过福建省农业科学院第五调查队队员的积极宣传和助力，2018年诏安县青梅协会与国家果梅种质资源圃的高志红教授及其团队达成合作协定，诏安县农业农村局从国家果梅资源圃引进种质资源10份，高教授也应邀参加了诏安县政府举办的中国海峡硒都诏安青梅产业推介会，与诏安县政府签订了合作协议。“第三次全国农作物种质资源普查与收集行动”作为诏安青梅资源引进和创新利用的重要桥梁，为诏安县的扶贫攻坚战提供了国家级的技术支持。

案例9：特色品种园和种质资源圃为农作物种质资源系统调查与收集提供很多有价值的资源。武平县民主乡罗六家庭农场养生野果种植基地，基地面积203亩，保存有黑老虎、木通、羊奶果、瓜馥木等口感鲜美、养生美颜、药食同用的乡土野生奇果20多份，并注册有“罗六野果”商标。漳州天意茶叶有限公司在平和县国强乡梅仔村建立了野生茶种质资源圃，保存了从不同地方天然林中收集的性状不一、年代不同、大小各异的野生茶400多份。调查队科技人员在武平县民主乡罗六家庭农场和漳州天意茶叶有限公司的大力配合下，收集有价值的野果资源20份和野生茶资源31份。

调查种质资源

第七调查队在蕉城区调查时合影

供稿人：福建省农业科学院农业生物资源研究所　林霜霜　张海峰　葛慈斌

江西卷

一、优异资源篇

（一）九山生姜

种质名称：九山生姜。

学名：生姜（*Zingiber officinale* Roscoe）

来源地（采集地）：江西省兴国县。

主要特征特性：九山生姜是江西名特蔬菜之一，是江西省兴国县特色种质资源，为兴国县留龙九山村古老农家品种。株高一般70～90cm，分枝较多，茎秆基部带紫色有特殊香味，叶披针形、绿色。根茎肥大，姜球呈双行排列，皮金黄色，色泽鲜艳，肉黄白色，嫩芽淡紫红色，粗壮无筋，纤维少，肉质肥嫩，辛辣适口，品质优，入菜不馊，耐贮耐运，易于存窖，故有"甜香辛辣九山姜，赛过远近十八乡，嫩如冬笋甜似藕，一家炒菜满村香"之美传。

利用价值：食用。九山生姜驰名古今，历史悠久。据《新唐书》中《元和郡县志》记载：九山生姜被唐朝列为虔州（今赣州市）贡品。而今，九山生姜仍享有盛名，远销东南亚国家和我国港澳地区。九山生姜在留龙、社富、杰村等兴国县18个乡广泛种植，同时辐射其周边乡镇，已成为兴国农村重要经济作物之一，平均年产量达20 000t。

该资源入选2018年十大优异农作物种质资源。

九山生姜

供稿人：江西省农业科学院　饶月亮　辛佳佳

（二）井冈山秤砣脚板薯

种质名称：井冈山秤砣脚板薯。

学名：薯蓣（*Dioscorea* sp.）。

来源地（采集地）：江西省井冈山市。

主要特征特性：薯形不同于传统脚板薯，而是圆球形，弥补了传统脚板薯薯形奇特难于挖收和食用时难去皮的问题，更适合机械化收获。秤砣薯表皮深褐色，肉白色，单株产量7.5kg左右，亩产可达1 900kg左右。

利用价值：具有潜在产业化、机械化开发利用价值。

该资源入选2019年十大优异农作物种质资源。

供稿人：江西省农业科学院　吴美华　汤洁
井冈山市种子局　张代红　张小花

（三）山背糯稻

种质名称：山背糯稻。

学名：稻（*Oryza sativa* L.）。

来源地（采集地）：江西省修水县。

主要特征特性：山背糯稻，又名山背糯谷。该品种资源为江西省修水县地方品种资源。该资源抗稻瘟病，品质优良，酿酒时出酒率高且香甜。

利用价值：当地主要用于酿酒或制作艾米果、糍粑等。

山背糯稻

供稿人：江西省农业科学院　余丽琴　兰孟焦　丁戈

（四）麻壳糯

种质名称：麻壳糯。

学名：稻（*Oryza sativa* L.）。

来源地（采集地）：江西省莲花县。

主要特征特性：麻壳糯为糯稻资源，濒危水稻资源。该资源为江西省莲花县地方品种资源，具有较强的抗稻飞虱、抗稻螟特性。单产350kg/亩左右。糯性好、出酒率高、口感风味好。

利用价值：当地主要用于酿造米酒和做年糕、糍粑等用途。

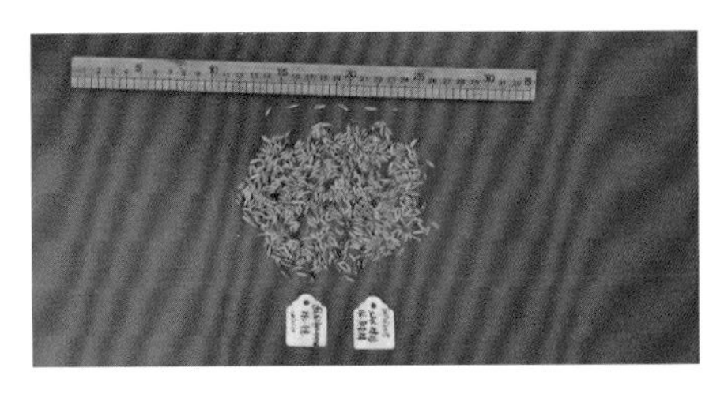

麻壳糯

供稿人：江西省农业科学院　吴美华　李慧

（五）粟米

种质名称：粟米。

学名：粟［*Setaria italica* var. *germanica*（Mill.）Schred.］。

来源地（采集地）：江西省都昌县。

主要特征特性：粟米，又称小米。该资源是在都昌县收集的地方品种。其穗外观棕红色，去壳后籽粒为淡黄色，且为糯性。本资源株高130～140cm，穗长18～22cm，一般穗重50g左右，单穗高达70g。此品种在当地有超过80年的种植历史，一般亩产200～250kg，最高可达350kg/亩。

利用价值：当地主要作为一年两熟制秋季作物，前茬口以早稻、大豆等春季作物为主。主要用于糍粑、稀饭等用途。

粟米资源

供稿人：江西省农业科学院　饶月亮　邹小云

（六）野生韭菜

种质名称：野生韭菜。

学名：野韭菜（*Allium japontcum* Regel）

来源地（采集地）：江西省莲花县。

主要特征特性：野生韭菜资源，当地俗称“百太”，为江西省莲花县特异野生资源，嫩叶（鲜嫩）炒菜，类似韭菜、葱食用，特异浓香味。具有较强的抗病、抗虫、抗寒、抗旱和耐贫瘠等特性。

利用价值：主要作为野生特种蔬菜食用。

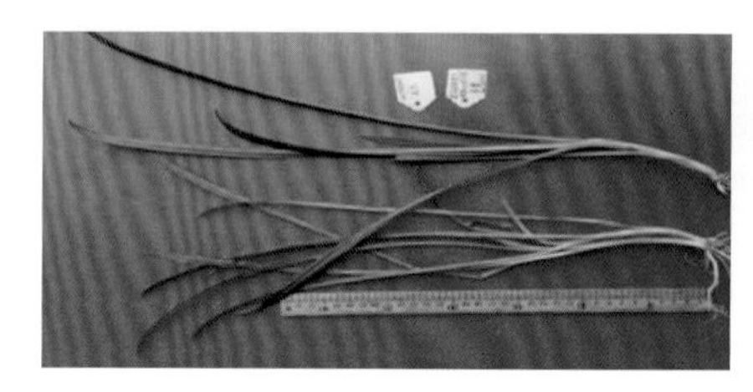

野生韭菜

供稿人：江西省农业科学院　陈志才　赵朝森

（七）红肉柚

种质名称：红肉柚。

学名：柚［*Citrus maxima*（Burm.）Merr.］

来源地（采集地）：江西省莲花县。

主要特征特性：红肉柚为江西省莲花县神泉乡永坊村一组一株特异野生柚子果树资源，俗名“红肉柚”，果肉粉红色，主要用于鲜食，抗寒性强，耐-9.3℃低温。

利用价值：主要用于鲜食及制作药用柚子皮等。

红肉柚

供稿人：江西省农业科学院　吴美华　何俊海

（八）大梨

种质名称：大梨。

学名：沙梨［*Pyrus pyrifolia*（Burm. f.）Nakai］。

来源地（采集地）：江西省莲花县。

主要特征特性：为江西省莲花县神泉乡棋盘山特异地方果树资源，俗名为“大梨”。该资源为本地野生品种嫁接衍生而来，生长于山区丘陵地区，伴生植物为水芋、毛蕨、芒草、枫香树等植物。根系耐涝性强，根颈部常年离水面50～60cm。抗病性强。鲜果产量高，平均单果重约500g。

利用价值：主要作为早春上市水果食用。

大梨

供稿人：江西省农业科学院　吴美华　汤洁

（九）‘八月爆’黑大豆

种质名称：‘八月爆’黑大豆。

学名：大豆［*Glycine max*（L.）Merr.］。

来源地（采集地）：江西省都昌县。

主要特征特性：‘八月爆’黑大豆属于夏大豆类型，其外观亮黑，豆瓣均为绿色。此品种在当地有超过40年的种植历史，亩产150kg以上，株高70～80cm，在本地主要作为田埂豆或夏大豆种植。

利用价值：用于食用豆腐、豆豉、炒货等用途，尤其把它与黑芝麻、大米炒熟磨粉混合开发出了一种健康营养食品，该食品具有很好的商业品质，气味香，口感和味道非常好，同时具有补血、黑发等滋补效果。

‘八月爆’黑大豆

供稿人：江西省农业科学院作物研究所　汤洁　饶月亮

（十）野生藜蒿

种质名称：野生藜蒿。

学名：蒌蒿（*Artemisia selengensis* Turcz. ex Bess.）。

来源地（采集地）：江西省都昌县。

主要特征特性：该资源属野生类型，是江西盛产的一种野生草本植物，主要分布和生长在鄱阳湖堤岸或河滩上，茎为绿色，叶片正面为绿色、背面为白色。该资源在鄱阳湖周边生存历史久远，生态适应性较强，喜潮湿。

利用价值：江西俗话讲“鄱阳湖的‘草’、南昌人的‘宝’”，南昌高档餐馆和平常百姓家最有特色的一道菜就是“藜蒿炒腊肉”。野生藜蒿作为蔬菜，主要食用嫩茎，野生状态鲜茎收获期在春节后至清明前后，茎叶香味独特而且浓郁，口感好，市场价格可达16元/kg。该资源已被当地作为大棚蔬菜开发利用，在促进当地经济发展和脱贫致富方面起着积极作用。

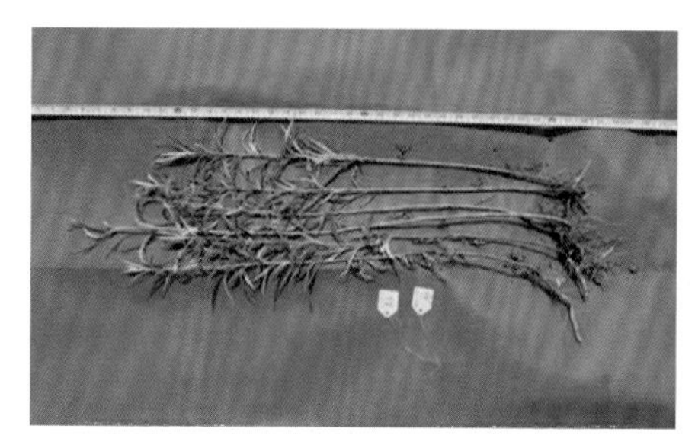

野生藜蒿资源

供稿人：江西省农业科学院作物研究所　汤洁　饶月亮

（十一）野生吴茱萸

种质名称：野生吴茱萸。

学名：吴茱萸［*Tetradium ruticarpum*（A. Jussieu）T. G. Hartley］

来源地（采集地）：江西省瑞昌市。

主要特征特性：该资源属野生类型，主要生长和分布在山区坡地。吴茱萸成龄株高2.5m左右，果实成熟后为紫红色（类似花椒），呈簇状果实，一个果实5瓣。有早、中、晚熟三个类型，早熟品种开花期6月上旬，成熟期7月中下旬，但三个类型熟期差异较大。

利用价值：该资源可用作调料、佐料和香料，具有很好的防湿驱寒功效。该资源目前鲜品市场销售价格24～40元/kg，干品价格400元/kg左右，市场价格高，发展前景较好。

野生"吴茱萸"资源及开发利用照片

供稿人：江西省农业科学院作物研究所　汤洁　饶月亮

（十二）黑老虎

种质名称：黑老虎。

学名：黑老虎［*Kadsura coccinea*（Lem.）A. C. Smith］。

来源地（采集地）：江西省寻乌县。

主要特征特性：该资源为赣州市寻乌县当地野生资源，木兰科南五味子属。该资源为蔓生型，5月开花，10月成熟。果实、种子、叶片均可食用。果实横径10～15cm，纵径10～15cm。果实香甜，果实籽粒像石榴，果肉有红、黄、绿、紫等多种颜色，单果重500～1 800g，较抗病虫害，亩产1 500kg左右。

利用价值：果实主要用于鲜食，叶、根、茎可作药用，可活血化瘀，也对妇科、风湿等疾病具有较好疗效。还可以作盆栽观赏用。

黑老虎

供稿人：江西省农业科学院　吴美华　吴问胜

（十三）'井冈1号'猕猴桃

种质名称：'井冈1号'猕猴桃。

学名：猕猴桃（*Actinidia* sp.）。

来源地（采集地）：江西省井冈山市。

主要特征特性：该资源为井冈山市当地野生品种资源驯化而来。该资源为蔓生型，4月下旬至5月初开花，9月下旬成熟。果实形状短圆柱形，果实长6cm左右，直径4cm左右，平均单果重70～100g，单株冠幅覆盖面积80m^2。果皮淡黄色，外披厚白色短绒毛。成熟果肉黄色，品质好、香甜。抗病虫，产量高，折合亩产可达3 000kg。

利用价值：主要用于鲜食、加工。

‘井冈1号’猕猴桃

供稿人：江西省农业科学院　吴美华　赵朝森

（十四）‘井冈2号’猕猴桃

种质名称：‘井冈2号’猕猴桃。

学名：猕猴桃（*Actinidia* sp.）。

来源地（采集地）：江西省井冈山市。

主要特征特性：该资源为井冈山市当地野生品种资源驯化而来。该资源为蔓生型，4月下旬至5月初开花，9月下旬成熟。果实形状为方圆柱形，果实长4cm左右，直径4cm左右，平均单果重90～100g，单株冠幅覆盖面积80m^2。果皮黄色，外披白色短绒毛。成熟果肉黄色，品质好、香甜。抗病虫，产量高，折合亩产可达3 000kg。

利用价值：主要用于鲜食、加工。

‘井冈2号’猕猴桃

供稿人：江西省农业科学院　吴美华　涂玉琴

（十五）梅田辣椒

种质名称：梅田辣椒。

学名：灯笼椒［*Capsicum annuum* var. *grossum*（L.）Sendt.］。

来源地（采集地）：江西省安福县。

主要特征特性：梅田辣椒，又称枫田灯笼辣椒，是产于枫田镇梅林村一带的地方品种资源。其属于灯笼椒类型，形体大，12～14个约1kg。色泽鲜艳，籽少肉厚，形似灯笼，辣中带甜，食味鲜美，营养丰富，适合生炒，具有开胃增进食欲的作用，抗病性一般。适合沙性土壤种植，一般亩产2 500kg，由于品质优，价格高于普通辣椒约1倍，深受消费者欢迎。

利用价值：食用。目前大部分农民只是少量种植留作自己食用，一些种植专业户进行了产业化开发。

梅田辣椒苗期照片

供稿人：江西省农业科学院　饶月亮　苏金平

（十六）毛花猕猴桃

种质名称：毛花猕猴桃。

学名：毛花猕猴桃（*Actinidia eriantha* Benth.）。

来源地（采集地）：江西省井冈山市。

主要特征特性：该资源为井冈山市当地珍稀野生资源。该资源为蔓生型，4月上旬开花，10月初成熟。果实形状长圆柱形，果实长6cm左右，直径2cm左右。单株产量3kg。果实白皮外披厚白色长绒毛。

毛花猕猴桃

利用价值：果实香甜，主要用作鲜食、加工。成熟果肉乳白，品质好、甜味浓，具有观赏和药用价值，还可作砧木。该资源作为品质良好的野生优异资源，其砧木已在猕猴桃育种实践和新品种开发中得到了很好的应用。

供稿人：江西省农业科学院　吴问胜　涂玉琴

（十七）小布岩茶

种质名称：小布岩茶。

学名：茶［*Camellia sinensis*（L.）O. Ktze.］。

来源地（采集地）：江西省宁都县。

主要特征特性：小布岩茶为产于江西省宁都县西北边陲小布镇境内的地方品种茶叶资源，茶区位于武夷山脉支系钩刀嘴峰的半山腰海拔600m左右环境幽雅的岩背脑群山之中，其古茶树历史悠久，据说有几百年的历史，人工种植始于1969年。小布岩茶因生长在小布岩瀑布之上的山区而得名。小布岩茶成品似弯眉显毫，条索秀丽锋苗；内质嫩香持久，且伴自然花清香；汤色黄绿明亮，叶底嫩绿匀净；滋味醇厚鲜爽，饮后回甘留芳。经久耐泡而驰名，其特点总结为：三绿、色清、香高、味醇。

利用价值：饮用。先后获得多项荣誉，宁都县已把“小布岩茶”作为重要的扶贫产业进行开发利用。

小布岩茶及其生境照片

供稿人：江西省农业科学院　饶月亮　朱方红

（十八）小杂优水稻

种质名称：小杂优水稻。

学名：稻（*Oryza sativa* L.）。

来源地（采集地）：江西省都昌县。

主要特征特性：该资源为在都昌县调查收集到的常规稻资源，已在当地推广应用20多年，具有较大推广面积。特别是21世纪初当地稻飞虱大爆发，在其他大多数水稻品种几乎绝收的情况下，该资源表现出了较强的抗稻飞虱和稻瘟病特性。

利用价值：由于其优异的抗稻飞虱和稻瘟病特性，该品种资源在当地具有较大推广应用规模。

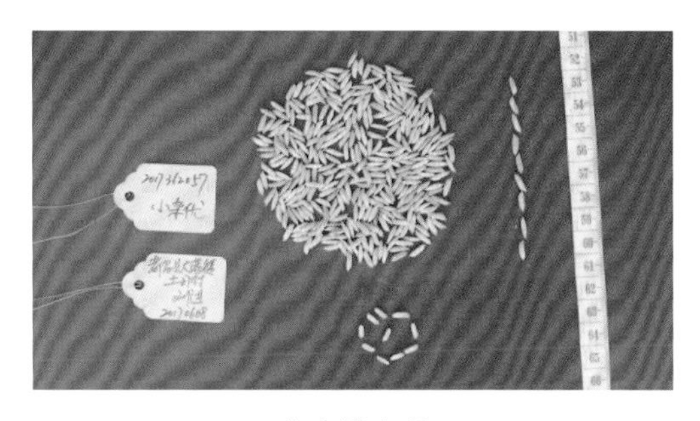

小杂优水稻

供稿人：江西省农业科学院　饶月亮　刘进

（十九）大禾塘糯稻

种质名称：大禾塘糯稻。

学名：稻（*Oryza sativa* L.）。

来源地（采集地）：江西省瑞昌市。

主要特征特性：该资源为珍稀濒危常规糯稻资源，已由当地的主推糯稻品种衰落到只有一家老农户种植，面临消失的危险。同时，也具有巨大的潜在利用价值。该资源产量高，平均亩产最高350kg。米质好，米饭柔软、糯性强。高抗稻瘟病，调查时发现，该品种在该区域，甚至该品种相邻田块其他水稻品种大面积高度感染稻瘟病的情况下，该品种未显现任何病症。同时，该资源具有较强的抗寒性和耐瘠性。

利用价值：主要用于酿酒和做年糕、米果。该资源高抗稻瘟病、具有较强的抗稻瘟病，适合高寒山区大面积推广。同时，由于该资源在高寒高湿山区表现出高抗稻瘟病，可用于水稻稻瘟病抗性基因的发掘与新品种培育等。

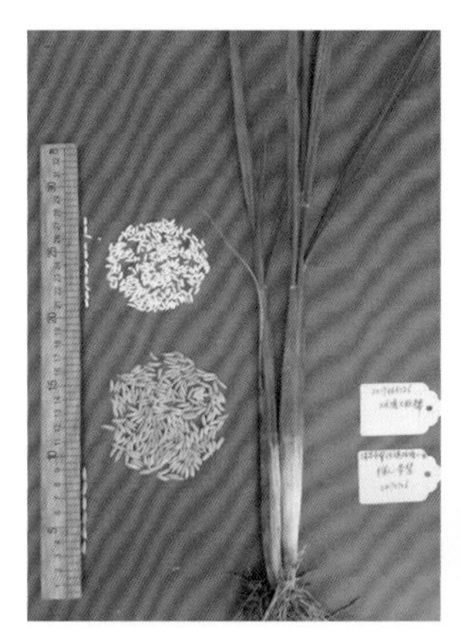

大禾塘糯稻

供稿人：江西省农业科学院　吴美华　尹玉玲

（二十）小冬瓜

种质名称：小冬瓜。

学名：冬瓜［*Benincasa hispida*（Thunb.）Cogn.］。

来源地（采集地）：江西省上高县。

主要特征特性：瓜形瘦长均匀，白皮，蜡粉厚，表面无棱沟，瓜肉较厚且肉质紧实，瓜腔较小。果实横径在10cm左右，果长60cm左右，单瓜重3kg左右。一致性好，且具有较长的保鲜期。病虫害少，易于栽培管理。与市场上买来的其他冬瓜相比，瓜肉肥厚紧实，口感更香美，并易于保鲜和贮藏。

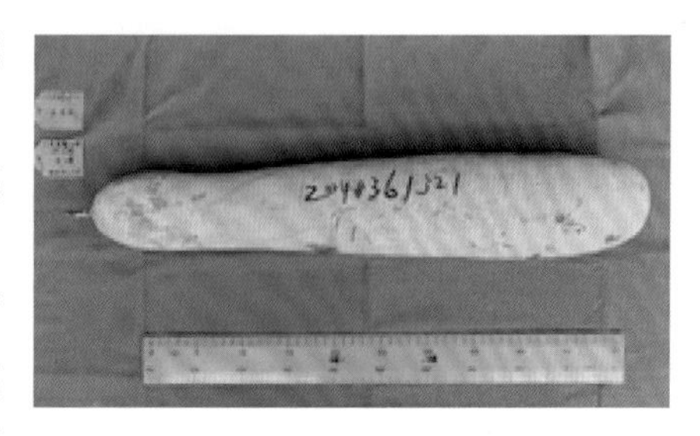

小冬瓜

利用价值：具有食用和保健价值，可作为优质农产品广泛种植和开发利用。当地在日常生活中主要用于煮汤。由于小冬瓜商品性好，易于种植管理，单瓜重仅3kg左右，便于运输和管理，适合城乡居民家庭消费，具有较明显的市场竞争力，可作为脱贫致富的产业项目开发。

供稿人：江西省农业科学院　余丽琴　关峰

（二十一）白肉姜

种质名称：白肉姜。

学名：姜（*Zingiber officinale* Rosc.）。

来源地（采集地）：江西省上高县。

主要特征特性：白肉姜主要分布于江西省宜春市上高县蒙山镇清湖村周边村镇。白肉姜属于稀缺品种，还有药用价值，可祛除湿气。根茎为白色，多分枝，纤维少，生长势强，芳香及辛辣味浓烈，品质上等。

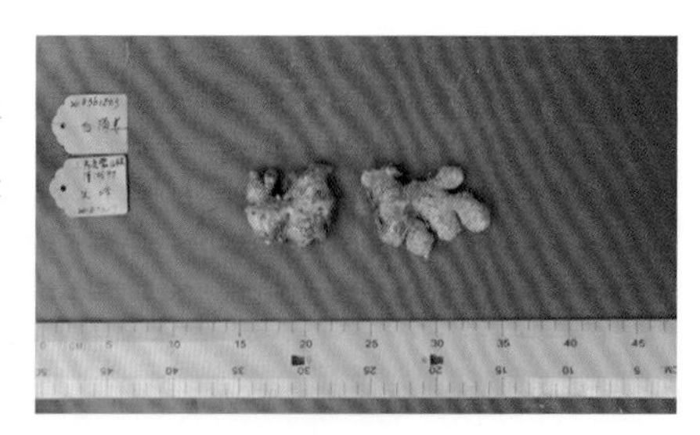

白肉姜

利用价值：具有食用和保健价值，可作为优质高档农产品广泛种植和开发。

供稿人：江西省农业科学院　余丽琴　孙建

（二十二）广昌泽泻

种质名称：广昌泽泻。

学名：泽泻（*Alisma plantago-aquatica* Linn.）。

来源地（采集地）：江西省广昌县。

主要特征特性：广昌泽泻植株叶片绿色，高70～80cm，个大独茎，根系发达；块茎呈球状或椭圆形，干品直径3～6cm，色黄白，无异味，粉性足，质地紧密，切片平整光滑，可用作中药材。

利用价值：当地农户将泽泻直接作为蔬菜食用，具有保健功效。近年来，广昌县将泽泻列为主要冬种经济作物，调动农户种植积极性，增加农民收入。

广昌泽泻

供稿人：江西省农业科学院　饶月亮　邹小云

（二十三）安福金兰柚

种质名称：安福金兰柚。

学名：柚［*Citrus maxima*（Burm.）Merr.］。

来源地（采集地）：江西省安福县。

主要特征特性：该资源果实皮薄肉厚水分足，清甜回味甘苦，存放时间长，可存放至次年4月左右，故有“天然水果罐头”之称。金兰柚的特征是树冠较矮，适于密植。金兰柚果实中大，单果重800～1 000g，果皮薄，汁胞柔软多汁，味甜。

利用价值：食用，具有健胃化食、下气消痰、轻身悦色等功用。

安福金兰柚

供稿人：江西省农业科学院　饶月亮　曾明

（二十四）广丰马家柚

种质名称：广丰马家柚。

学名：柚［*Citrus maxima*（Burm.）Merr.］。

来源地（采集地）：江西省广丰县。

主要特征特性：广丰马家柚是红心柚的一个品种，于2009年12月通过江西省农作物品种审定委员会认定。广丰马家柚是地方优良品种，其种植历史可追溯到明成化年间。广丰马家柚主要特点：一是单糖含量多，蔗糖含量低，使其本身虽然糖含量低，却果味清香，低糖低酸。二是汁多水足，出汁率高达52.7%。三是营养丰富，果肉红色，富含番茄红素和17种不同的氨基酸和铁、铜、锌等微量元素。广丰马家柚果实高扁圆形，平均果重1.67kg。

利用价值：成熟期在11月上旬，较市场主流品种成熟晚，形成错峰销售，有效地填补了市场空白。与其他柚类相比，汁胞饱满、水分足，清甜微酸、易入口，果肉玫红，果肉细嫩，甜脆可口，营养足，清爽润喉；耐贮藏，普通条件下可以贮藏到次年4月左右。也可作为育种材料。

广丰马家柚

供稿人：广丰区种子管理站　林海英

（二十五）棋盘山糯稻

种质名称：棋盘山糯稻。

学名：稻（*Oryza sativa* L.）。

来源地（采集地）：江西省莲花县。

主要特征特性：棋盘山糯稻，又名棋盘山糯谷。该资源是江西省莲花县神泉乡地方品种资源。该资源品质优良，米质偏软，糯性好，出酒率高。低抗稻瘟病，抗逆性强，耐寒、抗旱性强。平均单产320kg/亩。

利用价值：当地主要用于酿酒和做年糕等用途。

棋盘山糯稻

供稿人：江西省农业科学院　吴美华　黎毛毛

（二十六）弋阳大禾谷

种质名称：弋阳大禾谷。

学名：稻（*Oryza sativa* L.）。

来源地（采集地）：江西省弋阳县。

主要特征特性：弋阳大禾谷是在弋阳县特有的地理环境和气象条件下形成的珍稀稻种。其谷粒短圆、谷尖有长芒、谷壳麻黄或黄白色并有较多绒毛，后期落色好。其谷米长宽比2.0、垩白度32.9%，碱消值6.0、胶稠度70、蛋白质含量10.3%、透明度3级、直链淀粉含量16.3%，米质大部分指标达部颁米二级标准以上，特别适宜加工年糕。

利用价值：加工年糕等食品。实施弋阳年糕加工项目，不仅可以使弋阳县食品工业重振雄风，更可为该县农民通过种植弋阳大禾谷而增产增收，实现富民强县的战略构想。

弋阳大禾谷

供稿人：弋阳县种子管理局　刘日进

（二十七）铅山红芽芋

种质名称：铅山红芽芋。

学名：芋［*Colocasia esculenta*（L.）Schoot］。

来源地（采集地）：江西省铅山县。

主要特征特性：铅山红芽芋以其品质鲜美、细腻，粉而不黏，口感好，营养全面而走俏浙江、上海等地，与河红茶并称铅山县“两红产业”。

铅山红芽芋呈卵圆形，单芋重50～100g；脑芽和叶芽均为粉红色，芋表皮暗红，有少量须毛；肉质细嫩白色，有黏液；煮熟后口感细致松滑、糯香可口。品质好，淀粉多，香味浓，容易煮烂，个头大小均匀，形状规则，含多种矿物质元素和多种氨基酸，是芋类中的珍品。

利用价值：食用。紫溪乡特色农产品，品质鲜美、细腻，营养全面。

铅山红芽芋

供稿人：铅山县种子管理站　徐国金

（二十八）玉山白玉豆

种质名称：玉山白玉豆。

学名：菜豆（*Phaseolus vulgaris* L.）。

来源地（采集地）：江西省玉山县。

主要特征特性：该豆泽白如玉，因其色乳白似玉而得名，是一种无污染、无公害、无农药残留的优质、安全绿色健康食品，享有“豆中皇后”之美誉。该豆属一年蔓生芸豆类，对自然环境要求高，仅在玉山部分山区有种植。

利用价值：白玉豆淀粉及蛋白质含量颇多，可做甜食，也可做咸食，配炒料，烹饪成佳肴，清香可口似白莲，是老少皆益的高蛋白低脂肪食品。

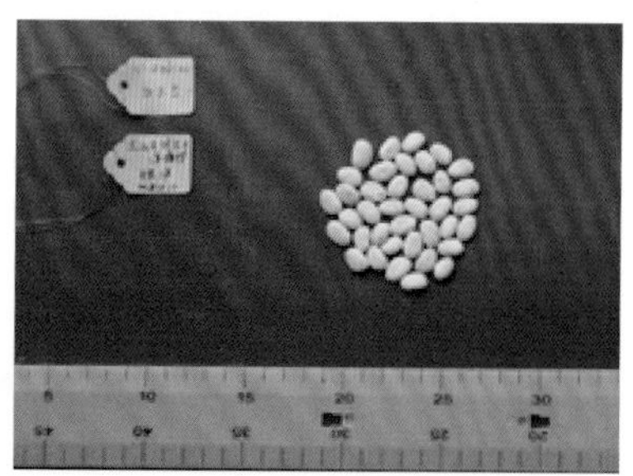

玉山白玉豆

供稿人：江西省农业科学院　余丽琴　张洋

（二十九）新建藠头

种质名称：新建藠头。

学名：藠头（*Allium chinense* G. Don）。

来源地（采集地）：江西省新建县。

主要特征特性：新建藠头品质优良，具有层多、色白、肉脆、个匀等特点，不仅味道可口，而且具有很高的药用价值，具有消食、除腻、防癌等功效。

利用价值：新建藠头除了直接可以出售获取收益外，还带动了加工业、运输业和餐饮业的发展。据统计，新建县生米镇直接从事藠头就业人员就达5 000人。

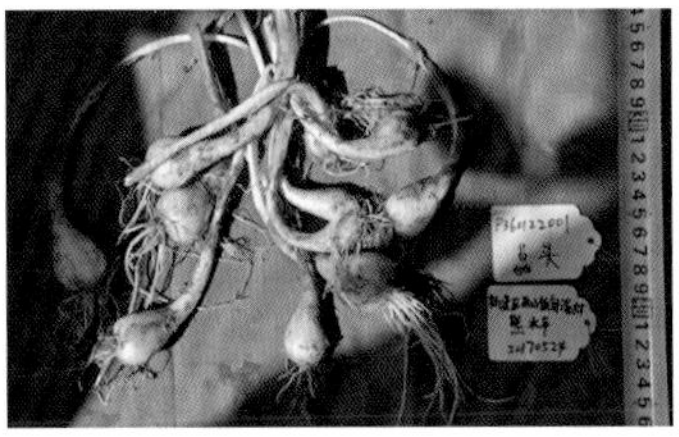
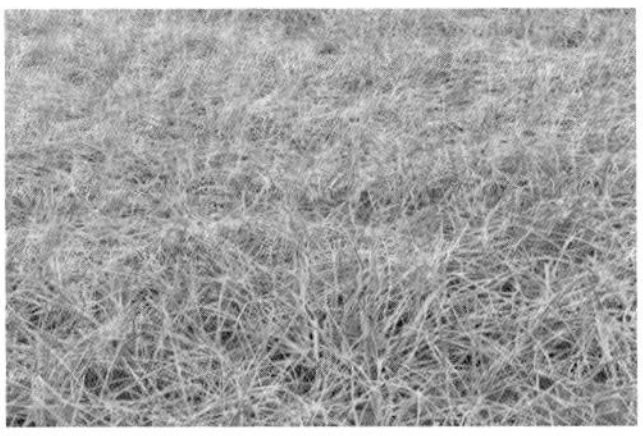

新建藠头

供稿人：新建区种子管理站　章旸

（三十）鄱阳春不老

种质名称：鄱阳春不老。

学名：芥菜［*Brassica juncea*（L.）Czern. et Coss.］。

来源地（采集地）：江西省鄱阳县。

主要特征特性：鄱阳特产春不老为江西省鄱阳县名菜，仅产于鄱阳县鄱阳镇东湖四岸、上士湖的西门高门一带，也就是在鄱阳镇旧城周边生长，出城数里则变之为芥。其色如墨，叶片较芥为小，且肉质紧密，有茸毛，叶茎肥大如菘（白菜），为羽状或不整齐羽状分裂。叶片辛香浓烈。

利用价值：有蒸晒为霉干菜，称之为“春不老盐菜”。或沤肉或煮黄颊鱼或作羹或独炒，香脆爽口，健脾开胃，回味绵长。

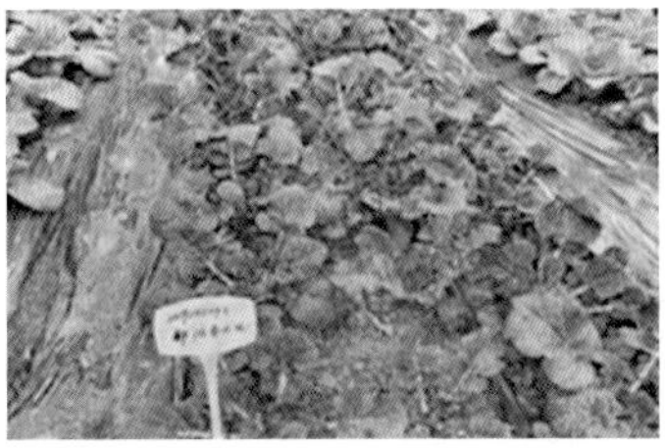
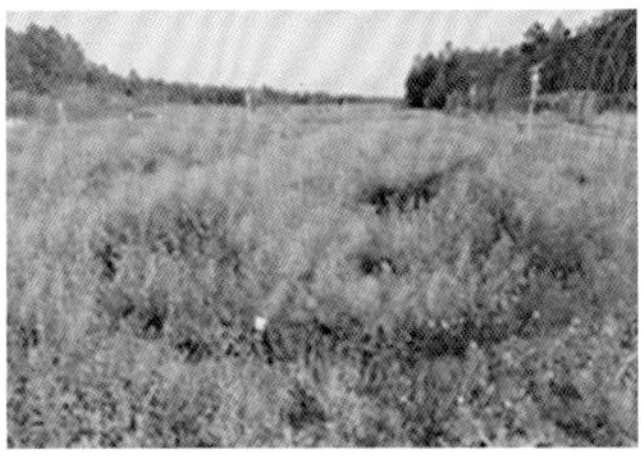

潘阳春不老

供稿人：江西省农业科学院　陈志才　尹玉玲

（三十一）马兰西瓜

种质名称：马兰西瓜。

学名：西瓜［*Citrullus lanatus*（Thunb.）Matsum. et Nakai］。

来源地（采集地）：江西省安远县。

主要特征特性：马兰西瓜是江西地方老品种，成熟瓜型大，单个瓜重一般15～20kg，重则可达25～30kg。马兰西瓜保存期长，可放置一两个月不烂。马兰西瓜果肉质地沙软，甘甜可口，入口即化。

利用价值：马兰西瓜拥有极好的口感品质和高产等优良性状，具有潜在开发利用价值，也可作为育种材料。

马兰西瓜

供稿人：江西省农业科学院　饶月亮　辛佳佳

（三十二）余干枫树辣椒

种质名称：余干枫树辣椒。

学名：辣椒（*Capsicum annuum* L.）。

来源地（采集地）：江西省余干县。

主要特征特性：该资源维生素C、蛋白质含量总体偏高，粗纤维、干物质、总糖偏低，营养品质总体好于杂交辣椒，且口感相对鲜脆可口，香辣味相对较浓。

利用价值：用于食用，有与众不同的特点，它既不辛辣，又有适口的辣味，能刺激食欲，有一种鲜嫩、清甜、清香味。因其独有的品质，市场零售价格很高，早春上市时一般达每千克50～60元。

余干枫树辣椒

供稿人：余干县种子管理站　李晓军

（三十三）吉安大叶空心菜

种质名称：吉安大叶空心菜。

学名：蕹菜（*Ipomoea aquatica* Forsk）。

来源地（采集地）：江西省吉安市。

主要特征特性：吉安大叶空心菜又叫吉安大叶蕹菜，属旋花科，蔓生，短日照1年生蔬菜，是江西省吉安市优良的蔬菜地方良种，株高30～35cm，开展度40cm×30cm，矮生、叶簇较直立，单株叶数20片左右，最大叶片长16cm，宽11cm，叶全绿，表面微皱，整株无茸毛和其他附属物，叶柄长12～15cm，横断面有空心。其品质和产量都优于同类的其他品种，具有适应性强（耐热、耐旱、耐涝、耐湿）、病虫害发生少、生长快、采收期长、品质优、产量高、营养丰富等特点。

利用价值：是反季节的绿叶蔬菜，全国各地尤其是大中城市郊区菜地已经把它作为反季节和蔬菜淡季首选的绿叶蔬菜。

吉安大叶空心菜开花状

供稿人：吉安县种子管理站　黄元文

二、资源利用篇

（一）趣谈浒湾‘金水一号’冬瓜

一谈品种来历。‘金水一号’冬瓜是江西省金溪县浒湾镇下陈村委会上市村蔬菜组黄富民在1983年利用原本村祖传下来的体大、肉薄、单果重有几十斤的冬瓜品种，在种植冬瓜苗时每5～6株之中栽1株本地外形像丝瓜一样的冬瓜品种苗，利用风力、蜜蜂采花授粉等天然方式杂交育成的新品种。‘金水一号’冬瓜平均体长1.5m，腰围1.4m，肉厚11cm，瓜重可达125kg，表现出瓜体庞大、肉厚顿和味鲜美之特点。

二谈冬瓜大王。1984年初，四川日报报道四川省新津县农户吕濮修以亩产冬瓜5 000kg的产量挑战全国各地冬瓜种植户，当时金溪县县委书记刘金仔看到四川日报信息后，脑海中随即想起浒湾上市村种植的冬瓜。1984年3月18日上午，专程来到浒湾公社了解上市村种植冬瓜亩产是否可达5 000kg。跟随刘书记前来的通信员到上市村直接找到时任蔬菜队队长、共产党员黄富民，把黄富民带到公社会见刘金仔书记。黄富民满怀信心地对刘书记说，亩产10 000～15 000kg不成问题。刘书记当场大呼：好！可应战吕濮修！刘金仔书记与黄富民在公社食堂吃完中午饭，当天下午就打电话给抚州市委反映此事，抚州市委立马派江西日报驻抚州市记者席明来到黄富民家进行采访。3月后，江西日报头版报道黄富民种植的浒湾‘金水一号’冬瓜应战四川吕濮修种植的冬瓜产量。江西电视台挑选黄富民徒弟周林鸿种植冬瓜，从移栽开始，至8月底，全程摄像，并报送中央新闻播放。1984年8月25日，邀请四川吕濮修来浒湾实地查看是否属实。当时测报实际亩产18 000kg。为此，中国科学技术协会命名黄富民为“冬瓜大王”。全国各家报纸刊登，就连美、英、德、法、日、韩等的报刊也有报道。黄富民1985年出席了中国科协农村科普工作先进集体、先进个人代表大会。1985年江西省科学技术协会将由黄富民及其徒弟周林鸿种植的冬瓜空运去北京展示，分别重为118kg和117.5kg。

三谈老幼良蔬。‘金水一号’冬瓜栽培简单，种植只需有机肥，要求很低，可搭架，也可爬地。全生长期只需打一次药防治菜青虫即可，无其他病害，是消费者的放心菜，属无毒无公害绿色食品。冬瓜全身都是宝，皮、肉都可以当菜食，籽可炒吃。冬瓜亦可入药，冬瓜鲜叶可治小儿夏季热；冬瓜皮叫“虎皮”，可治慢性肾炎及糖尿病；冬瓜籽叫“虎籽”，具有消炎消肿、利尿、滋补养肾、降热解暑之功效。‘金水一号’冬瓜深受广大市民喜爱，是夏季配菜煲汤老少皆宜的良蔬。

四谈畅销四方。1984年到20世纪90年代初，“冬瓜大王”黄富民在冬瓜采收季节，每天都有全国各地的冬瓜种植爱好者来电、来信要求购买‘金水一号’冬瓜良种，该品种传遍祖国各地。21世纪以来，浒湾镇上市村200户人家，每户都种几分地冬瓜，全村‘金水一号’冬瓜产量达近500万kg。2008年，‘金水一号’冬瓜荣获“一村一品”发展特色产业。每到采收期，农户们连户合车运往外地销售，也有四面八方的外地菜贩来当地收购。如南面的抚州、南城、赣州、广州、深圳，西面的崇仁、宜黄、乐安、丰城、樟树、进贤、南昌，北面的万年、乐平、景德镇，东面的鹰潭、贵溪、资溪、光泽、邵武、顺昌、姜乐、厦门。

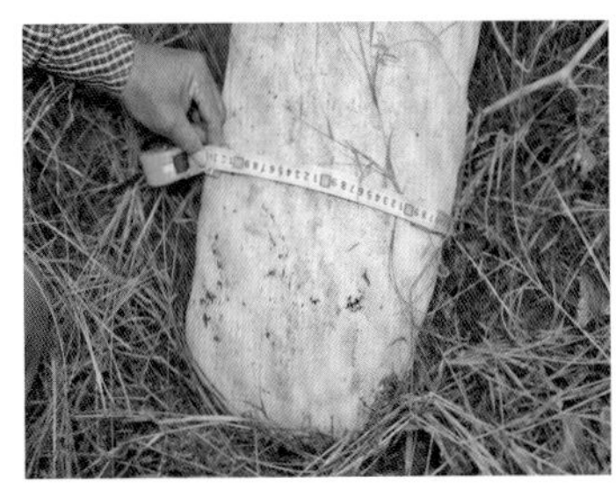

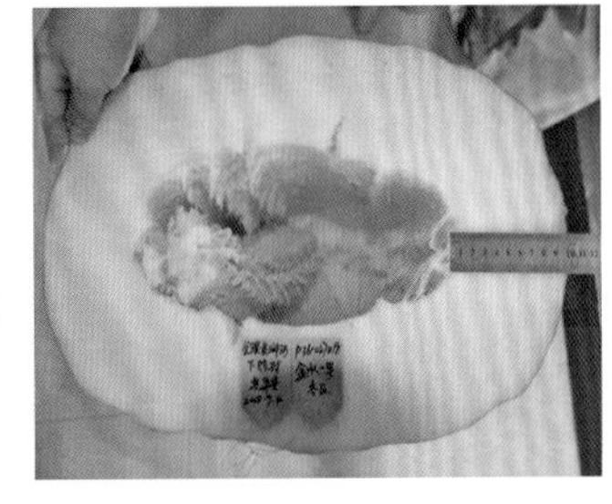

金水一号

供稿人：江西省种子管理局　李建红

江西省金溪县浒湾镇农技综合站　尧平安

（二）上高县紫皮大蒜种质资源收集利用小记

上高县位于赣西北部，锦河中游，地势西高东低，地形以丘陵和平原为主，属中亚热带季风气候型，四季分明，降水充沛，日照充足，素有“赣中粮仓”之称，是全国商品粮基地县、全国优质苎麻基地县，全国“三辣”之乡。其中尤以“三辣”之一的紫皮大蒜久负盛名。上高紫皮大蒜是上高县传统的优良地方品种，种植历史悠久，清康熙《上高县志》有大蒜种植的记载。1937年《江西农业统计》记载有“上高种植大蒜500亩，总产蒜头7 500担。”1985年生产面积达到了9 660亩，总产大蒜头1 620t。2013年，上高紫皮大蒜获国家农产品地理标记（登记证书编号：AGI01111），其品牌知名度和产品附加值得到明显提升。

近几十年来，随着城镇化的发展以及外地杂交农副产品的冲击，偏远村庄青壮劳力缺失严重。种植本地“三辣”的农户越来越少，农户自己留种的积极性也不高。只有在一些大山深处，交通不便的地方和上了一定年纪的农户才保留了自己留种的习惯，但种植面积小，播种时较随意，不注重选种，田间管理也比较粗放。上高紫皮大蒜产量不及外地新品种，种植农户也在逐渐减少。在这种情况下，上高紫皮大蒜种质资源流失非常严重，寻找比较困难。

第三次全国农作物种质资源普查在上高县开展之后，上高县农业农村局通过走访老专家、老农技员等方式，探寻到上高本地“三辣”种质资源消息。在上高县塔下乡天岭大山深处的茶十村，尚有几户农户常年居住在那里。塔下乡农技站长增春根同志怀着对种质资源普查这项工作极大的事业心和工作热情，多次深入天岭大山中的茶十村搜集线索，经过走访农户，终于获得上高本地“三辣”种质资源品种。上高县农业农村局组织专业技术人员及时到现场进行定位、拍照、采集，让濒临消失的上高本地“三辣”种质资源得以保存。

上高紫皮大蒜作为地方名特优产品，“上高三辣”的主要代表农产品，在脱贫攻坚战中也崭露头角，为贫困户产出了“致富果”。据上高县扶贫办介绍，天山村是一个穷乡僻壤的山区农村，坐落在上高县塔下乡的西南方，现全村有农户302户1 076人，其中建档立卡贫困户19户53人。绝大部分贫困户是因病、因残、缺资金、缺劳力等造成的。天山村稻田少、旱地多，工业污染少，生态环境较好，有优质肥沃的土壤，且富含硒元素，适合种植绿色环保的蔬菜。凭借天山村一直以来种植传统“三辣”的优势，如何利用自身独特资源，让村民实现家门口增收创收，便成了上高县塔下乡党委、政府和村“两委”班子思考的大事。

为推进产业带动效应，驻村工作队协助村“两委”班子多次入市调查，了解农副产品行情；多次深入田间地头，广泛征求村民意见；多次召开村“两委”班子会、群众代表大会，商讨村产业脱贫致富之路。结合市场需求和村情民意，村“两委”决定开展紫皮大蒜提纯复壮工作。合作社聘用种植专业能手，采用传统种植方式，不使用化肥和农药，集中种植和管理。与此同时，利用农作物种植的季节性，轮种生姜和辣椒。摸准市场方向，定好产业项目。

天山村组建天岭种植专业合作社，动员村民加入合作社，并制订了“支部引领、村干部带头、村民齐参与”的思路，采取“合作社+农户+贫困户”的联合发展模式，入社户数35户，其中贫困户13户，覆盖全村7个村民小组。合作社连片种植120亩紫皮大蒜，鼓励贫困户种植紫皮大蒜、生姜和辣椒，并通过“微电商”把紫皮大蒜、生姜等农副产品推介于市场。

贫困户以土地、扶贫资金入股合作社，规避风险。贫困户有自愿到合作社务农获取报酬的，优先聘用，每日报酬为80元。此外，对于合作社基地之外种植的紫皮大蒜，合作社与贫困户签订了回购协议。专业合作社采取统一技术、统一管理和统一销售的规范经营模式，让贫困户看到了希望、有了盼头。

随着经济的高速发展和人民生活水平的不断提升，原汁原味的土特产备受那些早已远离乡野气息的广大市民青睐，成为他们餐桌上的美食、走亲访友馈赠的首选。塔下乡党委调研到，紫皮大蒜产品虽好，但终究让人感觉是普普通通的农副产品，便在包装和宣传上想方设法提升紫皮大蒜的档次。紫皮大蒜晾晒之后，合作社对紫皮大蒜的捆绑有着严格的工序和要求，并给紫皮大蒜设计了外包装盒。紫皮大蒜一时声名鹊起，销售论个卖。此外，合作社还组织人员利用紫皮大蒜制作的家乡菜参与了“上高县十大名菜”活动，获得第三名的好成绩。通过天岭合作社的带动，农户种植热情高涨。2017年合作社和散户种植紫皮大蒜200余亩，并轮作生姜、辣椒等农产品。2017年，合作社给每个贫困人口分红500元，平均每户贫困户稳定增加3 000元以上的收入。

紫皮大蒜蒜瓣

紫皮大蒜

供稿人：上高县种子管理局　钟思荣

（三）名优特种质资源——新余蜜桔

新余蜜桔系江西省新余市农业科技人员于1977年从“黄岩本地早”群体中芽变选育的优良单株，经过20多年筛选、多点栽培和试种示范，其遗传性表现十分稳定、品质优良。1997年、2003年先后通过了江西省科学技术厅新品种和科技成果鉴定，属江西省内领先水平。新余蜜桔已成为新余市渝水区的支柱产业之一，年产值超亿元。

1. 新余蜜桔特征特性

新余蜜桔为芸香科柑橘属本地早品种，系江西省新余市农业科技人员于1977年从“黄岩本地早”群体中芽变选育的优良单株，经过多年观测记载，其遗传性十分稳定、品质优良。

新余蜜桔具有以下五大特点：一是品质优。新余蜜桔味甜、肉嫩、汁多化渣，风味浓，含糖量高，果实整齐度高，单果重71.4～85g，商品性状好。二是结果早，丰产稳产。第四年开始挂果，第七年进入盛产，盛产期亩产在2 500kg以上，最高亩产达5 000kg。三是成熟期中熟偏早。果实10月中下旬转色，11月上旬成熟，着色均匀、鲜艳，一片金黄，果形美观。四是抗寒性强。1991年年底江西省出现极端寒冷天气，极端试验。分别采取稻草覆盖越冬、薄膜覆盖越冬、露天越冬作空白对照，3个小区、3种方式对比，每处理选取1行登龙粉芋，长10m进行大田越冬试验，试验表明薄膜覆盖越冬的发苗早，发苗齐；稻草覆盖越冬的次之；露天越冬的发苗迟，发苗不整齐，有腐烂现象。

制订了吉安登龙粉芋绿色高产技术操作规程，使吉安登龙粉芋达到标准化、规范化生产，从而提高品质、增加产量，一般可增产150kg/亩，增收840元/亩。

对芽变株进行了单株选育培育出新品种D3，并引进了铅山红芽芋、武汉红芽糯芋、武汉白芽芋进行对比试验，结果表明，芽变株比湖北红芽糯芋、铅山红芽芋、登龙粉芋单株子芋数多，产量高，且保留了登龙粉芋地方品种的品质和味道，具有品种新颖性，值得大面积推广。

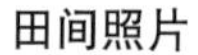
田间照片

冬季覆膜育苗大田种植情况

吉安是东南沿海城市的蔬菜供应基地，吉安登龙粉芋在沿海城市市场需求量越来越大，广受消费者的青睐。近两年来在吉安地区推广面积越来越大，2016年推广面积13 230亩，2017年推广面积39 750亩。2018年推广面积53 645亩。亩产子芋1 600kg左右，母芋750kg左右。常年种植粉芋平均纯收入是种植水稻的4.25倍。主要分布在吉安县、吉州区、安福县、峡江县、遂川县、井冈山市。在登龙乡成立了粉芋专业合作社，把扶贫对象纳入合作社成员，为脱贫攻坚创造了致富门路。

供稿人：吉安县种子管理站　黄元文

（五）利用优质生态环境种果，带动贫困户持续脱贫

永丰县沙溪镇中罗村满山的“致富果”是什么？在哪里呢？我们资源普查时，决定上山寻找。沿着陡峭的山路往上爬，山路越来越窄，走到山路的尽头，前面隐隐约约是一条瀑布，悬崖峭壁的尽头，湍流而下的瀑布足足20多米高，我们在这里发现了野生的猕猴桃，石拱桥上的野生猕猴桃枝繁叶茂，果子个头不大，但是一串一串的很可爱，这就是当地的“致富果”！

原来江西贵皇合作社跟这里161户贫困户合作，开发了这个猕猴桃种植基地，现在已建成100多亩。2016年江西贵皇合作社吴涌波在这里考察时，发现山林里长着大片的野生猕猴桃，经过农业专家认证后，他决定在这里种植猕猴桃，依靠着良好的生态环境和附近村庄的劳动力，在这片山坳种植了100多亩红心猕猴桃。这里的土壤特别适合种植猕猴桃，而且野生的猕猴桃到处都是。刚才我们走的古桥，野生的猕猴桃长势非常好，今年

报酬的，优先聘用，每日报酬为80元。此外，对于合作社基地之外种植的紫皮大蒜，合作社与贫困户签订了回购协议。专业合作社采取统一技术、统一管理和统一销售的规范经营模式，让贫困户看到了希望、有了盼头。

随着经济的高速发展和人民生活水平的不断提升，原汁原味的土特产备受那些早已远离乡野气息的广大市民青睐，成为他们餐桌上的美食、走亲访友馈赠的首选。塔下乡党委调研到，紫皮大蒜产品虽好，但终究让人感觉是普普通通的农副产品，便在包装和宣传上想方设法提升紫皮大蒜的档次。紫皮大蒜晾晒之后，合作社对紫皮大蒜的捆绑有着严格的工序和要求，并给紫皮大蒜设计了外包装盒。紫皮大蒜一时声名鹊起，销售论个卖。此外，合作社还组织人员利用紫皮大蒜制作的家乡菜参与了“上高县十大名菜”活动，获得第三名的好成绩。通过天岭合作社的带动，农户种植热情高涨。2017年合作社和散户种植紫皮大蒜200余亩，并轮作生姜、辣椒等农产品。2017年，合作社给每个贫困人口分红500元，平均每户贫困户稳定增加3 000元以上的收入。

紫皮大蒜蒜瓣

紫皮大蒜

供稿人：上高县种子管理局　钟思荣

（三）名优特种质资源——新余蜜桔

新余蜜桔系江西省新余市农业科技人员于1977年从“黄岩本地早”群体中芽变选育的优良单株，经过20多年筛选、多点栽培和试种示范，其遗传性表现十分稳定、品质优良。1997年、2003年先后通过了江西省科学技术厅新品种和科技成果鉴定，属江西省内领先水平。新余蜜桔已成为新余市渝水区的支柱产业之一，年产值超亿元。

1. 新余蜜桔特征特性

新余蜜桔为芸香科柑橘属本地早品种，系江西省新余市农业科技人员于1977年从“黄岩本地早”群体中芽变选育的优良单株，经过多年观测记载，其遗传性十分稳定、品质优良。

新余蜜桔具有以下五大特点：一是品质优。新余蜜桔味甜、肉嫩、汁多化渣，风味浓，含糖量高，果实整齐度高，单果重71.4～85g，商品性状好。二是结果早，丰产稳产。第四年开始挂果，第七年进入盛产，盛产期亩产在2 500kg以上，最高亩产达5 000kg。三是成熟期中熟偏早。果实10月中下旬转色，11月上旬成熟，着色均匀、鲜艳，一片金黄，果形美观。四是抗寒性强。1991年年底江西省出现极端寒冷天气，极端低温-7℃，山区山窝内极端温度达-8.6℃，新余市80%以上“温州蜜柑”遭冻致死，唯“新余蜜桔”安全无恙，新余蜜桔只有部分一、二年生枝条冻死冻伤。五是适应性强。较耐瘠旱，生长强健，易于栽培。

2. 新余蜜桔分布状况

新余蜜桔主产于江西省新余市渝水区，即：江西省东部偏西，新余市东部，袁河中下游的低丘陵地带，地理坐标为东经114°44′~115°24′，北纬27°35′~28°05′，介于海拔110~200m。

新余蜜桔系1977年从“黄岩本地早”群体中芽变选育的优良单株，经过20多年筛选、培育，表现为遗传性十分稳定、品质优良。1998年渝水区政府进行新余蜜桔栽培科学论证，确定发展，先期进行少量发展示范。2004年以来，渝水区开始大力发展新余蜜桔产业，目前渝水区新余蜜桔总面积已超10万亩，投产面积6.5万亩，2017年总产量12.5万t，产值近3亿元。种植区域主要分布在罗坊镇、姚圩镇、南安乡、人和乡、下村镇、水北镇、鹄山乡等乡镇。现已形成姚圩七里山、罗坊、人和蒙山3个万亩新余蜜桔基地，七里山新余蜜桔基地面积2.6万亩，罗坊新余蜜桔基地达2.7万亩，蒙山新余蜜桔基地达1.7万亩。

七里山新余蜜桔基地于2004年建设启动，基地采取“政府引导、市场运作、干部示范、群众参与”的开发模式，渝水区政府负责基地的规划，通水、通电、通路、技术服务、苗木供应等，乡镇负责统一流转土地，预租山地，为新余蜜桔开发创造良好的社会环境。基地修建了一条长7km的水泥主路，架设用电线路，组建技术服务队，无偿提供技术服务，规划建设山塘水库，基本做好了通路、通电、通水“三通”工作。

七里山、罗坊、蒙山三大新余蜜桔基地的发展有力地带动了渝水区蜜桔产业的发展。新余蜜桔总体呈规模发展态势，以专业大户发展为主，其中1 000亩以上的开发大户9户，500亩以上的大户20户，200~500亩的大户100多户，大户开发面积超过5万亩以上。如七里山新余蜜桔基地的江润、力上、万佳、鑫华、盛康等果业公司，都拥有千亩以上的新余蜜桔。

3. 经济、社会效益

新余蜜桔经济效益可观。新余蜜桔栽植第4年挂果，第7年进入丰产期，亩产2 500~3 500kg。新余蜜桔以味甜、肉嫩、多汁化渣、风味浓、果实大小均匀、着色鲜艳、果形美观一直深受广大消费者欢迎，果品远销沿海地区和东北，并出口到印度尼西亚、泰国、马来西亚、越南、俄罗斯等国家。近几年来，渝水区通过实施培育优良品种、提高果品品质、提升品牌的“三品”工程，全区新余蜜桔品质明显提高，品牌影响力进一步扩大，吸引了大批客商前来洽谈业务。

新余蜜桔果园批发价格一般在2~3元/kg，平均亩产值达5 000~8 000元，年生产成本2 500~3 500元/亩，纯利润平均在2 500元/亩以上，已成为渝水区农民增收致富的优势产业。新余蜜桔产业带动就业人员12 600多人，直接解决就业人员数量9 300多人，其中帮扶贫困户894户、贫困人口1 924人。

4. 新余蜜桔品牌建设

新余蜜桔2004年、2005年分别获“全国优质果品”和“江西名牌产品”称号；渝水区2005年获得“中国新余蜜桔出口种植基地”称号，2007年被批准为“全国绿色食品（新余蜜桔）标准化生产基地”，2010年获“国家农产品地理标志产品”，2012年获“中国蜜桔之乡”称号，2015年获“中国果品区域公用品牌50强”“新余蜜桔原产地保护证明商标”等多项荣誉称号。2013年“新余蜜桔”地理标志证明商标注册经国家工商总局3个月的初审公示后正式注册成功，此商标由两片树叶托起椭圆形桔子图型及“新余蜜桔”汉字和英文字母“Xinyu Sweet Orange”组成，填补了新余市在地理标志证明商标项目中的空白。这些荣誉的取得，有力地提升了新余蜜桔在全国果业界知名度，渝水区已被国家农业农村部列为全国柑橘优势产业区。新余蜜桔已成为渝水农业的一张名片、渝水区果农增收的一个优势产业，带动了渝水区运输、营销、饮食服务等相关产业的联动发展。

植株

收获运输

供稿人：江西省新余市渝水区农业农村局　张六古　况姚赟

（四）吉安登龙粉芋种质资源开发与利用

吉安登龙粉芋，为多年生块茎植物，属天南星科芋属，常作一年生作物栽培。性喜高温湿润，不耐旱，较耐阴，并具有水生植物的特性，水田或旱地均可栽培。

吉安登龙粉芋在吉安县种植有300多年的历史，现已成为地方特色品种，多次参加商务部、农业农村部绿色农产品博览会。主要分布于吉安县登龙乡，北纬27°3′~29°59′、东经114°42′~114°46′，总面积69km^2。

吉安登龙粉芋特征特性：全生育期为220d左右，株高180cm，总叶片数18~19叶，叶片心形，大小56cm×45cm，叶色翠绿色，叶片先端短尖或短渐尖，叶柄节紫红色，叶柄紫色，茎基部紫黑色，叶柄长于叶片。花序柄常单生，短于叶柄。檐部披针形或椭圆形，展开呈舟状，边缘内卷，淡黄色至绿白色。常生多数小球茎，块茎单个重50~400g，单株子孙芋共15~26个，子芋有卵形或纺锤形、椭球形，表皮有灰黑色斑马纹，表皮有黑色绒毛，芽红色，根白色。抗倒、抗软腐病、芋污斑病、蚜虫，中抗疫病、斜纹夜蛾。芋肉乳白色，鲜嫩可口。球茎淀粉含量高达13.0%、蛋白质2.07%、粗纤维1.87%、维生素C 4.58mg/100g、蔗糖1.1%、葡萄糖0.78%、果糖0.37%。

为开发利用登龙粉芋，2017年11月27日，吉安县种子管理站开展了粉芋留种越冬对比试验。分别采取稻草覆盖越冬、薄膜覆盖越冬、露天越冬作空白对照，3个小区、3种方式对比，每处理选取1行登龙粉芋，长10m进行大田越冬试验，试验表明薄膜覆盖越冬的发苗早，发苗齐；稻草覆盖越冬的次之；露天越冬的发苗迟，发苗不整齐，有腐烂现象。

制订了吉安登龙粉芋绿色高产技术操作规程，使吉安登龙粉芋达到标准化、规范化生产，从而提高品质、增加产量，一般可增产150kg/亩，增收840元/亩。

对芽变株进行了单株选育培育出新品种D3，并引进了铅山红芽芋、武汉红芽糯芋、武汉白芽芋进行对比试验，结果表明，芽变株比湖北红芽糯芋、铅山红芽芋、登龙粉芋单株子芋数多，产量高，且保留了登龙粉芋地方品种的品质和味道，具有品种新颖性，值得大面积推广。

田间照片

冬季覆膜育苗大田种植情况

吉安是东南沿海城市的蔬菜供应基地，吉安登龙粉芋在沿海城市市场需求量越来越大，广受消费者的青睐。近两年来在吉安地区推广面积越来越大，2016年推广面积13 230亩，2017年推广面积39 750亩。2018年推广面积53 645亩。亩产子芋1 600kg左右，母芋750kg左右。常年种植粉芋平均纯收入是种植水稻的4.25倍。主要分布在吉安县、吉州区、安福县、峡江县、遂川县、井冈山市。在登龙乡成立了粉芋专业合作社，把扶贫对象纳入合作社成员，为脱贫攻坚创造了致富门路。

供稿人：吉安县种子管理站　黄元文

（五）利用优质生态环境种果，带动贫困户持续脱贫

永丰县沙溪镇中罗村满山的“致富果”是什么？在哪里呢？我们资源普查时，决定上山寻找。沿着陡峭的山路往上爬，山路越来越窄，走到山路的尽头，前面隐隐约约是一条瀑布，悬崖峭壁的尽头，湍流而下的瀑布足足20多米高，我们在这里发现了野生的猕猴桃，石拱桥上的野生猕猴桃枝繁叶茂，果子个头不大，但是一串一串的很可爱，这就是当地的“致富果”！

原来江西贵皇合作社跟这里161户贫困户合作，开发了这个猕猴桃种植基地，现在已建成100多亩。2016年江西贵皇合作社吴涌波在这里考察时，发现山林里长着大片的野生猕猴桃，经过农业专家认证后，他决定在这里种植猕猴桃，依靠着良好的生态环境和附近村庄的劳动力，在这片山坳种植了100多亩红心猕猴桃。这里的土壤特别适合种植猕猴桃，而且野生的猕猴桃到处都是。刚才我们走的古桥，野生的猕猴桃长势非常好，今年

66岁的朱油辉是附近的村民，他长期在这片猕猴桃基地务工，说到务工收入，他满脸笑容“每天100元，一个月大概能做10天，收入1 000多元”，朱油辉除了平时在猕猴桃基地干活，家里还种点地，一年下来也有一万多块钱。与朱油辉一样，附近村庄的61名村民是这里的固定员工，猕猴桃基地的开沟、施肥、打药、牵苗，他们样样都干，精心照料着这里的猕猴桃，这些村民摇身一变成为产业化工人。正在劳动的村民讲，干这活一般也不累，就当锻炼身体吧，年纪大了，锻炼身体，一年大概2万块钱，差不多吧。这里环境好、空气好，50多岁到外地也不好找工作，家门口有这样一个好的基地，对他们来说是相当好。把贫困户“联结”进家庭农场、合作社和农业龙头企业中，通过打造脱贫利益共同体，带动贫困户持续脱贫，贫困户采取投资入股、签订劳务合同等，参与经营管理，实现了沙溪镇388户贫困户百分百产业全覆盖，人均月收入超千元。

野生猕猴桃

石拱桥上的野生猕猴桃

供稿人：永丰县种子管理站　王开龙

（六）分宜苎麻

分宜特产夏布，历史悠久。自唐始，分宜“岁贡白苎布十匹”。宋时，袁州知府的进贡表曾称：“袁郡之邑，向进苎布，今俱归分宜督办”。清朝乾隆年间，分宜夏布生产兴盛，墟市繁荣，流通畅达，每到苎麻夏布收购季节，上海、无锡、镇江、烟台以及朝鲜等国内外客商纷至沓来，坐地收购。在中国历史博物馆，至今收藏着一匹乾隆下江南时携带回宫的分宜夏布。1997年国家授予分宜县为全国唯一“中国夏布之乡”称号。

夏布的原材料苎麻，荨麻科苎麻属亚灌木或灌木植物，是中国古代重要的纤维作物之一，适应温带和亚热带气候，原产于中国西南地区。分宜县有着悠久的种麻历史和底蕴，距今已1 400年，是江西省重要产麻县之一，苎麻产业作为分宜县的传统优势产业，全县拥有苎麻面积7.7万亩，占全省苎麻面积一半以上。拥有国家级农业产业化龙头企业自主研发的国内首条微生物脱胶精干麻生产线，技术水平达到了国内领先水平。创建了“分宜苎麻种植规程”的江西省苎麻种植地方标准。建成了国家级苎麻标准化示范基地。以江西恩达家纺有限公司为原麻转化加工龙头、以分宜县益丰苎麻林业科技开发有限公司为种植龙头、以分宜县瑞星苎麻农民专业合作社为纽带、以全县169户苎麻专业户为示范，带动全县3万余麻农从事苎麻种植、绩纱、织布等苎麻产业各个环节的发展。

2006年起，分宜县委县政府审时度势，经调查研究，确立大力发展苎麻产业的政策，引进技术，积极推动，制定优惠政策大力扶持苎麻产业的发展，促成苎麻专业合作社顺利成立，为分宜县苎麻产业的大发展奠定了坚实基础。

分宜县大力发展苎麻产业以来，县、乡政府把苎麻产业作为一项重大战略工程来抓，严格落实苎麻产业目标管理责任，从经费、土地、人员、规划等方面强化组织安排，思想上高度重视苎麻产业工作，资金上全力扶持苎麻产业、土地上让位于苎麻产业、人员上着重服务于苎麻产业、计划安排上苎麻产业优先，掀起了分宜县发展苎麻产业的热潮，使苎麻种植基地蓬勃发展起来。

1. 强化组织领导，抓好宣传工作

一是成立了领导机构，在分宜县农业综合开发办公室设立了苎麻产业化发展办公室，具体负责指导全县的苎麻产业，各乡、镇也均成立了相应的机构，设立了办公室，落实了办公场所、经费和技术人员。二是出台了政策保障，分宜县委、县政府联合下发了《关于进一步加快发展我县苎麻产业化的意见》，出台了《分宜县十万亩苎麻生产实施方案》及《分宜县十万亩苎麻产业工程年度目标管理考核办法》，为分宜县苎麻生产的发展提供了保障。三是进行了广泛宣传，多次召开全县苎麻生产动员会和调度会，分宜县委、县政府主要领导都亲自参加。并利用广播电视、编发简报、发放宣传单等多种形式，广泛宣传苎麻生产的增收作用和政府的扶持政策，为大力发展苎麻生产营造了浓厚的氛围。

2. 落实任务目标，抓好规划布局

围绕总体目标，确立具体目标，并将苎麻生产任务分解到各个乡镇，各乡镇、村也对生产任务层层分解，到村、到组、到人。同时，抓好规划布局，确定了双林、高操、分凤杨三大苎麻生产产业带，使全县基本形成了区域化、基地化、规模化的生产布局。

3. 加大资金扶持，抓好技术指导

分宜县财政安排苎麻产业专项经费，对50亩以上连片基地和10亩以上种麻大户无偿提供每亩价值300元的优质苎麻种苗，并对新栽苎麻头年按每亩60元给予补助，乡、村也制定了相应的苎麻产业发展优惠政策，对苎麻种植大户给予20～130元/亩的补助，并全力帮助苎麻种植大户解决土地流转、整耕、劳力等方面的困难。在扶贫、农业综合开发等项目的安排上给予重点倾斜，为规模较大的示范基地搞好水利灌溉设施，对打麻机每台给予1 000元的补助。围绕"提高产量、优化品质、增强效益"的目标，从技术服务上做文章，在全县范围内应用与推广无性扦插育苗技术和机械打麻技术，实现了当年栽麻当年收益的历史性突破。

4. 创新发展模式，完善服务体系

全县苎麻生产的经营模式主要是统一管理、分户经营模式。如洞村乡石溪和谷山两村，集中连片建立苎麻高产示范基地，实行统一部署，统一田间管理，分户经营；有千家万户种麻模式；有注册公司承租基地模式，如湖龙公司承租湖泽水川2 000亩土地种麻，并邀请湖南客商加盟，种植面积有望发展到3 000亩；有村干部先代为管理、见效后再归还农民经营模式；有自发成立苎麻生产股份公司经营模式，如双林镇成立了苎麻产业股份公司，采取“入股自愿、退股自由”的原则，面向镇机关、村、组干部筹股，实行独立核算，自负盈亏，深受当地干部的欢迎。全镇有79位镇、村干部参股，筹资15.15万元，在双林、集贤两村以每年245元/亩的价格向农民租地1 125亩发展苎麻生产。

5. 形成产业链，增加农民收入

按进入丰产期亩产200kg计算，农资投入1元/kg、田间管理等费用2元/kg、机械打麻成本1元/kg，原麻收购保护价为8元/kg，每亩可获纯利800元，加上农民劳动力收益，麻农每亩可增收1 000元。10万亩苎麻生产工程的实施，每年可为企业提供2万t优质原麻，全县麻农可增收10 000万元。

机械打麻

晒麻

供稿人：分宜县种子管理局　钟梓璘

三、人物事迹篇

（一）全力以赴为资源，倾心当好“管家婆”

——江西省农业科学院涂玉琴博士

80后博士涂玉琴，副研究员，2009年华中农业大学毕业至今，一直在江西省农业科学院作物研究所工作。参加工作近10年来，涂博士工作认真负责、脚踏实地、甘于奉献，获得单位领导和同事的一致肯定和赞誉。她先后主持国家自然科学基金项目2项及省级科技项目3项，在国家一级学报、SCI等发表科技论文8篇，获得省级科学成果奖2项。

2017年参加“第三次全国农作物种质资源调查和收集行动”工作以来，以主人翁姿态和舍我其谁的工作作风投入到种质资源调查和收集工作中，真真正正做到了“全力以赴为资源，倾心做好‘管家婆’”。

说到农作物种质资源调查和收集工作，其艰辛程度可想而知：顶烈日战酷暑；跋山涉水、走村串户；热天一身汗、雨天一身泥。在艰辛的工作环境中，她也由一个“大家闺秀”蜕变成为“女汉子”。

资源野外调查期间，每天早上6点多起床吃饭，7点出发，下午1点多才用餐，晚上摸黑到驻地。白天调查任务紧张而又艰巨，她身兼数职，不仅要详细询问资源的性状特征和各种信息，还要记录相关信息，采集相关数据和资源。白天的紧张工作并不能换来晚上的休憩和清闲，几乎每晚都需加班到深夜，将白天的数据、信息和图片输入电脑入档保存。两年来，共采集整理800余份资源数据。她的辛勤付出，为调查队顺利完成调查任务起到了积极的推动作用。

资源调查和收集任务完成并不意味万事大吉，更加艰巨繁重的任务还在资源繁种鉴定阶段。收集回来的资源作物种类繁多，类型各样。涂玉琴博士毫无怨言地承担起了资源整理分发和繁种鉴定任务。她与研究团队承担食用豆、山药、马铃薯及油菜等农作物资源600余份的异地保存及鉴定评价工作。无论刮风下雨、烈日酷暑，都工作在田间地头，尤其是田间性状观察记载与调查。鉴定性状名目多，一个资源少则几十个性状，多则二三百个性状，而且不能有丝毫差池地输入电脑入档保存。项目开展两年来，她加班加点，奋战在工作一线。这种忘我工作和甘于奉献的精神让人肃然起敬。

涂玉琴博士不仅在资源调查收集和鉴定繁种中勇挑重担，而且在日常琐碎的后勤保障方面以其女性特有的细心细致特质充当了一个“管家婆”的角色。调查队每次出发前，她都牺牲自己的休息时间思前想后，绞尽脑汁想周全做细致，准备好调查队一周所需的用品和器材，从经费安排、医疗用具备用、电脑和相机准备，细到一支笔、一个剪子、一个镊子，还得提前整理调查县市的资源清单名录和农户的详细信息等，可以说是做到事无巨细、毫无纰漏。

野外调查回到单位，她也一刻不停息。在资源调查的两年时间里，她的另一“管家婆”任务就是负责报账和管理。众所周知，财务工作不好做，必须做到合法合规，细心细致。为此她专门设计了财务报账表格，使得财务报账快捷方便，简单明了。做事一丝不苟，给提供资源的农户发放资源标本费时，都很耐心有礼貌地把钱交到每个农户手中，做到一标本一签字，记录在册，绝不漏发任何一个农户提供标本的费用。每次发放野外调查向导费，都是非常及时，充分调动当地向导人员的积极主动性，保证资源调查的顺利完成。此外，在每次资源调查快结束时，都在前一天晚上做好财务结算，无论工作到多晚，都必须把大家的财务结算做好，做到账目清楚、有条不紊，提前做好报账准备，保证能在第一时间办好报账手续，尽量让各位调查队员的补助能及时准确地到位。

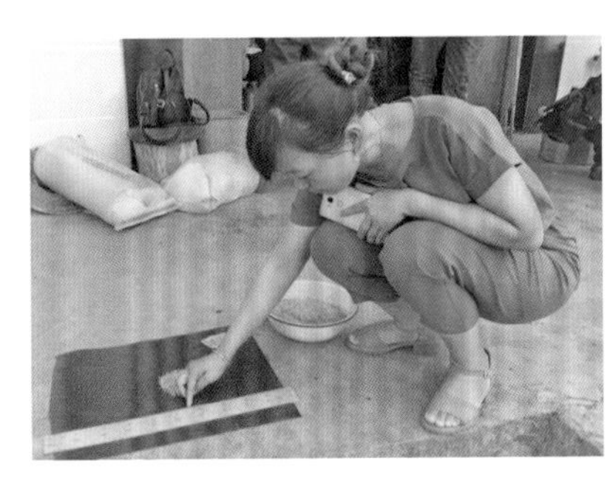

涂玉琴博士的工作照片

供稿人：江西省农业科学院　吴美华

（二）活跃在井冈山乡村的农作物种质资源普查员

——江西省井冈山市农业农村局张小花

2018年初为了尽快推进井冈山市“第三次全国农作物种质资源普查与收集行动”工作，组织上“临阵换将”，让思想坚定、业务精通、做事认真负责的农业农村局技术骨干——张小花农艺师担任井冈山市农作物种质资源普查员。刚休完产假，身体还没有完全恢复的张小花同志，以她单薄的身躯活跃在田间地头风景如画的红色土地上“寻宝”，找寻特色农作物种质资源。

2018年5月，乍暖还寒的井冈山阴雨绵绵。为了征集井冈山的古老、特色、名优资源。她经常冒雨行走在井冈山市大大小小的乡村公路上，深入田间地头访问村干部、留守农村老人，调查了一个又一个农作物品种。

有一次她到一位小学代课老师家走访，经过一番嘘寒问暖，很快就摸清了老师的“家底”，并在其家里一下子就寻到30多个稀有南瓜、豆角、红薯等农作物品种资源，确定好位置，登记好联系人电话等有关信息。

就这样，她通过自己灵活的沟通方式和真诚的态度，带领乡镇基层普查员，不辞辛苦，不分节假日，凭着这份热爱农业和农村的忘我精神，踏遍了井冈山这片红土地的山山水水，走访了井冈山市10多个乡镇的50个村庄，只为寻到井冈山市特有的、珍稀的名优农作物，摸清“家底”，为当地政府和上级部门提交科学准确的数据，为脱贫攻坚和富民政策的制定提供科学的依据。最后共调查和征集到了200多份资源的信息。正是这份来之不易的第一手资源调查摸底信息促进了井冈山市种质资源系统调查工作的顺利开展。

不辞辛苦，做个耐心答疑的热心人。在“寻宝”的过程中，有时遇到基层的乡村普查员不确定哪个品种是征集的对象，只要问了她，她就能结合自己的专业知识和本次调查的工作原则，一一帮助指导辨别，让基层普查员少走了许多弯路。

2018年6月3日，江西省农业科学院资源调查3队的专家们来了。然而就在前两天，张小花的公公因不慎摔倒去世了，但为了保证工作的延续性，她把痛失亲人的悲伤留在心底，在送走亲人的第二天，就毅然与江西省农业科学院资源调查3队的专家们一同冒雨投入到爬山越岭、走村入户的资源调查工作中。

野外调查分上半年和下半年两次进行，每次为期一周，恰恰井冈山的两次野外调查都是在雨中进行。但她凭着顽强的毅力，坚守在岗位上，没有缺席一天，每天和江西省农业科学院的专家们奔波在弯弯曲曲的盘山公路上，并以饱满的工作热情，结合摸底调查表，在联系好的农户家里、田里、菜地里，给专家们提供一个又一个特有、珍稀、名优种质资料。经过专家对比筛选，在调查表的基础上征集资源多达130份，出色地完成了井冈山市的资源系统调查任务，得到了江西省农业科学院调查专家们的一致好评和称赞。

2018年8月，正是酷暑似火的“三伏天”。为了在有限的时间内完整地填报种质资源普查表。她常常扒在堆积如山的资料中，一查就是一个上午或下午，经常累得手脚麻木，忘记回家吃饭。这个看似简单实则复杂的表格最难填。为什么呢？它需要查阅记载当时历史农业生产、经济发展、民俗文化等情况的相关资料才能真正填写好。面对难度大、时间紧、任务重的困难，她没有喊苦喊累，怨天尤人，而是通过自己的努力，向统计局和县志办收集到了珍贵历史的资料，并在有限的时间内耐心细致地查阅了有关资料，从中查到相应的资料。她填报的普查表报给江西省农业农村厅后，得到江西省农业农村厅的表扬，表扬井冈山市普查表是江西省内容最细致、最详细的普查表之一！

就这样，由于她在“第三次全国农作物种质资源普查与收集行动”工作中的认真努力、无私奉献，使井冈山市的“第三次全国农作物种质资源普查与收集行动”工作圆满完成了各项任务。

张小花同志（右一）与江西省农业科学院调查队工作照

供稿人：江西省农业科学院　吴美华

（三）行走在红土地上的农作物资源寻宝人

——江西省万年县农业农村局吕慧敏

吕慧敏2011年5月进入万年县种子管理站工作以来，以踏实的品性，极强的工作能力以及乐于助人的精神，获得单位上下的一致好评和认可。先后在2011年、2012年和2014年获得全县农业系列"优秀共产党员"称号，2017年和2018年当选全县农业系列"我是党员我带头"和"争当方志敏式好干部"优秀典型。

1. 义无反顾，积极参与，做普查的有心人

自全国农作物种质资源普查工作以来。她义无反顾地积极投身到第三次全国农作物种质资源普查工作中。万年县农业农村局高度重视此次普查工作，迅速成立领导小组，制定实施方案，开展技术培训。为了使此项工作顺利开展，她积极参与组织各乡（镇）发放农作物普查宣传资料、张贴宣传标语共计1万余份，入户沟通宣传，营造全县的普查氛围。

种质资源普查工作看似简单，实际上非常考验一个人的工作耐心。"吕慧敏同志自第三次全国农作物种质资源普查以来，一直兢兢业业，把这些琐碎的事掰开来一件件地做好，为此经常会瞧见她办公室在深夜还亮着灯。"一位同事这样说道。

2. 进村入户，调查摸底，做普查的用心人

要想农作物种质资源普查工作顺利开展，前期要做好相关工作很重要。入户访寻登记是基础工作，也是关键，情况摸得清不清，直接关系到登记工作的成效。吕慧敏同志充分认识到农作物普查工作的特殊性，把握农作物普查工作时间紧、任务重的特点，深入到全县12个乡镇、80多个村庄对各类农作物种质资源进行全面普查，查清种植历史、栽培制度、品种更替和环境变化等。

清晰记得那是2017年8月24日，为了到高山深处寻找期待已久的野生猕猴桃，在裴梅镇农技推广综合站站长徐赞章的陪同下，她带病和同事到荷桥村的一座深山里进行种

质资源的收集，因山路崎岖陡峭，只能徒步缓慢前行。走了大概半个小时的路程，到了最难走的一段山路，她一不小心，脚一滑，险些跌入山谷中，幸好被同事及时发现。当时她吓得脸色苍白，心跳加速，几乎要哭出来。她在原地稍加休息，缓过神又小心地和同事继续前行。在大家互相帮扶努力下，终于到达了海拔400m的山顶。当时也正值酷暑，天气闷热，这时的她早已是汗流浃背，口渴难耐，但她不曾停下，继续穿过灌木丛生的树林寻找目标。经过一番努力，忽然她眼前一亮，发现了目标，她欣喜若狂地大喊起来："野生猕猴桃！"。此时的她如获至宝，接下来就是小心采集、记录、拍照。等一切工作都有条不紊地完成，她终于深深地呼了一口气，仿佛所有的艰辛、恐惧、病痛此刻全部消失了。

为了尽快摸清"宝物"的藏身之地，她虚心地向农技推广中心的占子勇主任咨询，一个不经意的谈话，却让她发现原来占主任家里就藏着20多个稀有蚕豆、糯谷、红薯、辣椒等农作物种质资源，这真是意外的收获啊！经过几个月不懈的努力，共计调查和征集了90来份种质资源清单，为万年县种质资源征集工作圆满完成奠定了坚实的基础。

3. 顾全大局，克服困难，做普查的尽心人

2018年6月底，江西省农业科学院资源调查3队进驻万年县开展农作物种质资源调查与收集工作。身为两个孩子的母亲，吕慧敏同志更加意识到任务的艰巨，使命的重大，由于其丈夫在外地工作，她只能将两个孩子托付给亲戚朋友接送上下学，早上几乎来不及吃早餐，但从来没有因家庭原因，而耽误工作进度。

心中怀着对普查工作的热忱，吕慧敏同志在普查中每天早上5点多起来，收拾好家务，然后就和同事出发了。6月的天，酷暑难耐，烈日下，她戴着草帽，背着背包，边咨询农户边拿着纸笔记录，汗水顺着脸颊滴在纸上。

2017—2018年，在种质资源普查征集工作中吕慧敏从没向组织说过一句怨言，一心为公。她的努力、勤奋、坚韧、好学和爽朗大方的笑声感染了其他人，也传到了万年县的每一寸土地。正是在这种高昂的激情下，加上江西省农业科学院专家组的指导，整个团队以出色的表现，超额完成了第一阶段计划任务。在第二阶段中，克服重重困难，又新增17份种质资源，共计征集农作物种质资源131份，超额完成计划任务。

吕慧敏同志（右图中）工作照

供稿人：江西省农业科学院　吴美华

（四）创新工作的“种质猎人”

——江西省兴国县种子站陈景智

“第三次全国农作物种质资源普查与收集行动”于2017年在江西省正式启动。“学农、从农、爱农”20余年的兴国县种子站副站长陈景智满怀着对农作物种了的深厚感情，热情饱满地投入到兴国县农作物种质资源调查与收集工作中。作为兴国县种质资源调查与收集的骨干力量，陈站长一直思考着如何才能把工作做得更好，尽可能多地收集到本地传统种植的老品种，不遗漏地方名特优品种。

多次下乡的收集工作均不理想，难以达到满意的效果。在一次下乡收集种质资源时，陈站长一行满怀希望地去一个偏远的村庄，跑了100多km，才收集到一份地方老品种“玉米稻”，深感失落。到底为什么收集不到资源？是当地没有资源？还是工作方法不对？恰好有一天，在社富乡留龙村的种质资源收集工作中有幸遇到一位有留种情结的退休村干部张民。他不仅自己种植了近10份老品种，而且对本村地方品种和野生资源较为熟悉，如数家珍般地报出20余份资源。为什么这次成效显著？以陈站长为主的普查队反思前后工作反差如此之大。于是，陈站长产生了一个念头“是否应该在村里找一个像张民一样的人来完成村里的种质收集工作，这样工作效果会更好”。那么，我们能不能在村里寻找一个懂农业、感兴趣、有威望的村民，把他培养为“村级种质资源带头人”来更好地做好我们的普查收集工作呢？根据这个思路陈景智站长在兴国县其他村里也找到了这样的带头人。

为了培养好这样的“村级种质资源带头人”，陈站长先后进村座谈15次，让他们了解普查工作的意义、方法、范围等，半个月就在11个村排查出592份资源，取得了出乎意料的效果。

在与江西省农业科学院调查队对接调查与收集工作中，“村级种质资源带头人”把村里收集来的样品、信息、价值、历史等准确地提供给调查队。大大缩减了调查队随机走访的时间，提高了工作效率。在春秋两次共半个月的时间内收集了202份种质资源，其中包括特异资源——九山生姜、大禾子、红糯等。江西省农业科学院专家对陈站长这种创新工作方法给予高度评价，这是一种在种质资源调查与收集工作中的“村级种质资源带头人”的“兴国模式”，值得其他调查县借鉴。

陈景智（左图中间站立者）与调查队员的工作照

供稿人：江西省农业科学院　饶月亮

（五）新建区种子管理站站长章晹

章晹为新建区种子管理站站长，自从第三次全国种质资源普查工作启动，就义不容辞地挑起新建区种质资源普查工作的重担，以耐心细致的工作作风和吃苦耐劳的奉献精神为普查工作做出了积极的贡献。在章站长的组织下新建区做到了人员到位、资料到位、宣传到位、时间到位，按时、按质、按量完成了新建区种质资源普查工作任务，在本次普查工作中做出了突出贡献，并取得优异的工作成效。

1. 精益求精，学习钻研相关业务知识

刚开始面对第三次种质资源普查工作时，大家一筹莫展，毕竟种质资源普查30多年一次，全局上下找不出有相关经验的同志。面对困难，他并没有气馁，更加积极地和省、市普查办和省农科院进行沟通，参加省厅组织的农作物资源普查培训会，了解了普查的相关知识；学习各友邻县区的先进做法，进一步提升了对普查的了解；为了提升工作能力和业务水平，章站长带领新建区普查员积极参加普查业务培训会，认真学习业务知识，请省农科院经验丰富的老师授课，全面掌握普查的做法及注意事项。在工作中也经常向农业农村局退休老同志和乡镇综合站老同志请教。在指导乡镇的普查工作时，认真帮助普查员学习业务知识，为普查员细心讲解种质资源普查相关知识，并对普查中出现的情况进行认真分析研究，确保普查顺利进行。

2. 充分准备，组织和宣传好各项工作

为更好地做好新建区“第三次全国农作物种质资源普查与征集”工作，提升全社会参与保护农作物种质资源多样性的意识和行动，确保此次普查与收集行动取得实效，宣传尤为重要。章站长及时安排制作了宣传横幅“扎实开展第三次全国农作物种质资源普查与收集工作，征集古老、珍稀、特有、名优的作物地方品种”300余条和大量宣传单，将宣传横幅和宣传单下发至全区18个乡镇，宣传横幅悬挂于18个乡镇街道及280余个行政村，并公布了征集电话。同时，章站长多次通过送科技下乡的形式，向老百姓讲述普查的目的和意义，通过多种形式的宣传，真正做到家喻户晓。本次宣传直接深入农村一线，为新建区第三次全国农作物种质资源普查与征集工作的顺利开展打下扎实的基础。

3. 勇担重担，深入全区实地普查

种子站本身工作就多，同时他还兼任了农监站副站长，经常是忙得不可开交，但是只要一有时间，章站长就认真钻研普查方面的知识，从未发过一次牢骚，有时候，普查过程中有些事情处理起来比较繁琐，他都会主动承担起来，无论是前期清查摸底阶段还是正式普查阶段，章站长都要求能够高标准、高质量的掌握各项普查知识。在普查的后期处理方面，他凡事都细致认真，主动承担数据和图片的整理、汇总等工作，全身心投入普查工作中，虽然时间短、任务重，但是章站长处处都能起到表率作用，经常带领普查队下乡入户调查，共同解决各种疑难问题，并及时纠正出现的问题，全区18个乡镇都

有过他的身影，所有的普查表一一过目，确保新建区普查所得资料真实可靠。

在下乡采集过程中，他不怕苦不怕累，深山河流、悬崖峭壁都留下了他的身影。通常是干干净净的衣服下乡，回来时一身的泥，晨光熹微时出门，到回家已是夜幕降临。虽说条件艰苦，但他却是苦中作乐，工作中不仅做好本职工作，还会给大家讲些各地的人文风俗、名人趣事，使得采集过程不会显得枯燥。

在后期的数据、图片处理阶段，他更加认真严格，他说："行百里者半九十，采集工作固然重要，但是后期的处理更应该慎之又慎，一个资源，我们应该配上文字图片，配上注解说明，要严格按照省、市要求进行对照整理"。遇到不懂的，都会及时与省、市专家进行沟通，直到弄懂为止。能够做到认真修改，及时报送，总是在第一时间完成工作，真正能够做到高效率、高质量地完成种质资源普查任务。在南昌市较多普查县区中，率先完成了普查工作。

4. 自繁品种，注重保护

猴子糯是新建区特有的古老地方糯稻品种，为了更全面、更准确地掌握老百姓提供的本地老品种"猴子糯"的相关特性、种植数据等，章站长与站里高级农艺师熊水平等商讨，将本地老品种"猴子糯"在新品种展示点进行了繁育，章站长和技术人员参与该品种从育秧、移栽、施肥、打药及收获等田间管理的全过程。对该品种的相关性状有了进一步的掌握，为该品种今后的保护利用提供了翔实资料。

由于有些资源数量稀缺，采集过程中就更应注意保护地方资源。在下乡采集植物资源的过程中，章站长时时刻刻把保护植物挂在嘴边，他说："我们的普查，本来就是为了给国家找出特异性资源，丰富我国的种质基因库和物种多样性，对我国的生态多样性具有重要意义，我们在采集资源的过程中，一定要做好植物保护工作，有可能我们现在的普查会有所遗漏，但是我们保护好环境，也许在20多年以后的下次种质资源普查中，我们的后辈能够发现"。

正是因为有了章站长的带领，新建区才能在规定时间内圆满完成上级交代的普查任务。

查看历史资料

章暘与调查队到繁育点采集猴子糯

供稿人：新建区农业农村局种子站　严晴

（六）投身普查勤作为 真心奉献获佳绩

——江西省种子管理局副局长黄亚平

江西省种子管理局副局长黄亚平，在2017年普查与收集行动中，以饱满的热情、积极的工作态度、吃苦耐劳的精神投入工作，兢兢业业，一丝不苟，带领江西省普查工作者一起顺利圆满完成了普查与收集年度目标任务。

1. 亲力亲为，统筹谋划，强化调度

黄亚平同志担任江西省普查与收集工作领导小组成员，把普查和收集工作放在中心工作位置来抓，高屋建瓴，紧扣实际，认真统筹部署全省工作。为了确保江西省普查与收集工作扎实稳步推进，一方面，加强与江西省农业科学院对接和联系，争取技术指导和培训；另一方面，创新思路，利用11个区（市）作为桥梁，充分发挥和调动他们的积极性和能动性，切实加强对辖区内普查县的技术指导和工作调度。2017年4月27日和6月29日，黄亚平同志出席了江西省农业科学院的2次调查工作对接会，对系统调查县提出针对性的具体要求。5月5日和9月26日，组织召开了2次工作推进会，对工作进行了再布置再安排，邀请江西省农业科学院专家进行现场技术操作培训。9月5日和11月3日，下发了2个通知，对全省普查与征集工作进行规范和调度，为打好全省普查与征集工作攻坚战和做好工作总结提出了具体要求。由于她对普查与收集工作的高度重视和强大的责任心，周密部署，精心安排，认真做好了各阶段的准备工作，确保各项保障工作落实到位，为全省行动上下联动、整体推进打下了坚实的基础。

2. 身先士卒，强化手段，加大指导

在普查与收集工作中，黄亚平同志边干边学，一方面不断总结工作中的亮点，一方面提炼推广，及时推出新的手段措施，切实加大普查与征集工作的培训指导力度。第一，黄亚平同志发掘、总结和提炼了可复制推广的“都昌经验”，在全省加以推广，成效显著。4月27日，黄亚平同志在参加江西省农业科学院专家组召开的调查县对接会上发掘和肯定了都昌县摸清资源做法：都昌县将寻找资源信息的任务落实到辖区内各乡镇农技站，发挥基层农技人员熟悉当地种植习惯和资源分布情况的优势，摸清查全资源，再组织技术力量对资源清单进行全面梳理后实地征集；会后对都昌县的工作方法进行总结和提炼，并于5月5日在全省工作推进会上进行了重点介绍，随后下发了文件，要求各地因地制宜借鉴“都昌经验”。“都昌经验”在全省的推广，极大提高了普查工作效率，推动了工作进展。第二，组织创新建立了信息平台。组织建立了“种质资源普查群”“江西种质资源普查征集群”和“江西省普查地市群”3个微信群，建立了“江西资源普查征集”QQ群，11个区市也相应建立“种质资源普查工作群”。第三，开创了公示制度。全省在微信群上实行“每周一”公示征集资源信息制度，大大推动了各普查县的工作进度。第四，切实加强业务指导。为保证全省征集样本信息能够汇编高质量资源图册，她亲抓亲带，不厌其烦，苦口婆心，多次在全省信息平台上对照片拍摄进行指导，使全省资源普查照片不断规范。

3. 率先垂范，实地指导，督促检查

黄亚平同志高度重视对各普查县工作的督导检查，特别是进入8月后，全省农作物种质资源普查与征集工作进入金秋收获关键时节和扫尾攻坚阶段，但部分县仍存懈怠情绪，重视程度不高，投入人员力量薄弱，对照年度目标任务，工作进度依然缓慢。为了进一步落实责任，督促落后县迎头赶上，8月底至11月初，黄亚平同志亲自率队先后5次对20个普查县进行实地督导检查，重点对各地工作存在的问题，提出了具有针对性的意见和建议，就征集资源照片拍摄、征集表填写、资源开发利用等进行了现场技术指导。督导中，她不怕吃苦，从来没叫过一声苦、喊过一声累。督导中，她总是那么认真耐心，逐一记下碰到的问题，一一进行指导。督导中，她最关心的是要加强地方优异特色资源价值发掘和开发利用，加大特色资源的提纯复壮和选育改良，使资源优势得到开发利用，并通过申请品种审定、登记、保护和地理标志等途径，加大资源的开发应用力度。督导中，她为了能多查看一个资源，总是马不停蹄，跋山涉水，不管刮风下雨，风吹日晒，午饭后从不休息。去瑞昌市查看资源时的炎炎烈日，去宁都县查看资源时的狂风暴雨，去兴国深山查看资源时的大雾茫茫，去安远县查看资源时的山路十八弯……这一幕幕都令人难忘。

江西省农作物种质资源普查和收集行动在黄亚平同志的统筹协调和悉心指导下，各普查县的相关业务部门强化责任担当、协同配合，全省上下普查工作人员齐心协力，艰苦奋战，保质保量按时完成了任务。普查和收集行动中，黄亚平同志这种敬业精神值得全省同行为之骄傲与自豪。

组织召开工作推进会

黄亚平（左二）在兴国县查看生姜资源

供稿人：江西省种子管理局　李建红

（七）退伍转业不褪色，农作物种质资源调查当先锋

——修水县农业农村局胡常青

胡常青，生于1984年，江西修水人，2016年7月从部队转业到修水县农业农村局工作。

2017年，江西省开展“第三次全国农作物种质资源普查与收集行动”。上一次普查是在20世纪80年代，大家都没有经验。为了尽快推进修水县“第三次全国农作物种质资源普查与收集行动”工作，组织上让思想坚定、做事认真负责的胡常青担任修水县农作物种质资源普查员。接到任务后，胡常青同志不等不靠，立即投入这项工作当中。

为了弥补专业知识的不足，他买来了《国家重点保护农业野生植物图鉴》《湖南省农作物资源普查与收集指南》《云南及周边地区优异农业生物种质资源》等书籍进行学习，忙完手头工作，就一头扎到书里。下班后，也抱着书本在啃。终于，他对种质资源调查有了进一步的了解。

调查的第一项工作就是完整地填报普查表。普查表的填写并不简单，为什么呢？它需要查阅记载当时历史农业生产、经济发展、民俗文化等情况的相关资料才能真正填写好，而且时间久远，查找资料极难。面对难度大、时间紧、任务重的困难，他没有叫苦叫累，怨天尤人，而是通过自己的努力，到档案局、统计局和县志办收集，由于修水县档案局刚搬迁至新址办公不久，档案资料还没整理到位，档案员让他在堆积如山的资料中进行查找，为了赶进度，经常中午加班，偶尔中午都没有吃饭，终于查找到了调查所需的内容，在他的努力下，仅一个月左右的时间，就圆满完成了普查表内容的填写。

修水县属于山区，气候变化大，上半年的雨水特别多，那些珍贵稀少的种质资源往往在那些交通不便的农户家里。为了征集到的古老、特色、名优资源。他经常冒雨行走在修水县大大小小的深山，深入田间地头访问村干部、留守农村老人，调查了一个又一个农作物品种。

2017年6月的一天，听一个同事说，20世纪80年代，在湘鄂赣三省交界的黄龙山有过野生水稻。尽管年代已久，找到野生水稻的希望渺茫。他们还是不想错过，清晨5点起床，历经5个多小时的攀爬，在黄龙山斜坡上的一个水沟里，惊喜地发现了少量的疑似野生水稻的资源，在返回的路上，天下起了大雨，为了保护种子和照相设备不被淋湿，胡常青同志用自己的雨衣包裹着种子和照相设备，自己却被雨水淋透了，还因此大病了一场。

就这样，他通过认真负责和忘我的工作态度，带领乡镇基层普查员，不辞辛苦，不分节假日，凭着这份热爱农业的忘我精神，踏遍了修水县的山山水水，走访了全县36个乡镇，300多个村庄，只为寻到特有的、珍稀的名优农作物，摸清当地的“家底”，为当地政府和上级部门提交科学准确的数据，为脱贫攻坚和富民政策的制定提供科学的依据。最后共调查和征集了450多份资源的清单。正是这份来之不易的资源调查摸底表促进了修水县种质资源系统调查工作的顺利开展。

胡常青同志（左一）与江西省农业科学院调查队工作合影

2017年10月，江西省农业科学院资源调查1队的专家们来了。胡常青同志就毅然与江西农业科学院资源调查1队一起，跋山涉水、走村入户。在资源调查工作中，每天颠簸在弯弯曲曲的盘山公路上，他以饱满的工作热情，结合摸底调查表，在联系好的农户家里、田里、菜地里，给专家们提供一个又一个特有、珍稀、名优种质资料，仅扁豆资源就发现了花扁豆、青扁豆、白扁豆、红扁豆等4个本地品种，还有形状各异的南瓜品种，皮肉颜色不同、熟期不同的薯类品种30多个。经过江西省农业科学院专家对比筛选，在调查表的基础上征集资源多达140余份，筛选出的特有特异资源有山背糯谷、西港化红和东港姜笋，出色地完成了修水县的资源系统调查任务，得到了江西省农业科学院调查专家们的一致好评和称赞。

供稿人：修水县种子管理局　陈小荣

（八）九旬老人唐忠恕的种子情结

2017年5月25日，江西省玉山县第三次农作物种质资源普查队来到了“清贫”故事的发生地——江西省玉山县怀玉乡进行种质资源普查实地考察，在这里，专门拜访了玉山县种业前辈，一位九旬老人唐忠恕。

唐忠恕，1925年生，1985年退休，长期从事种子工作，曾参与了1981年玉山县种植业资源区划编撰，并撰写了玉山县农作物品种资源报告。

在这里，我们第一次见到了县志记载中玉山绿豆品种——‘画眉绿’。资料记载‘画眉绿’是玉山特有绿豆品种，在玉山县怀玉山一带的怀玉乡、樟村镇和童坊乡镇均有农户种植。

说起‘画眉绿’，唐老滔滔不绝，饶有兴趣地给我们讲它的历史：‘画眉绿’在玉山解放前就有种植，因其籽粒呈墨绿、晶莹剔透，取其籽粒颜色称为‘画眉绿’。玉山县一般在红薯扦插后开始种植，生育期约70d，栽培方式大都以间作为主，最常见的是与薯类、辣椒间作，有时也种植在田埂上，大规模连片种植较少；因受气候、耕作制度、栽培方式和农业经营模式的变化，20世纪80年代中期以来，很少有人种植，到了20世纪90年代初期，几乎没有人种植了。

‘画眉绿’绿豆

出于做了一辈子的“种子人”，对种子有特殊的情结，面对种植的农户日渐稀少，加上玉山‘画眉绿’的确比市面上的品种更清香、口味独特，也更有韵味，唐老退休后一直在老家菜地里进行种植、保种，一直得以保留至今，目前每年收获绿豆干籽10kg。聊了近2个小时，担心老人体力和精力，我们向唐老告辞，虽是孟夏，也是烈日炎炎，越过屋顶斜射过来了缕缕热光，虽很耀眼，又藏着柔和，望着向我们挥手致意的唐老，又何尝不是那缕缕热光呢。

供稿人：江西省玉山县农业农村局　董礼胜　王正谷

四、经验总结篇

（一）江西省农业科学院“第三次全国种质资源普查与收集行动”先进工作经验

1. 召开全院相关所、处工作部署会和协调会

为更好落实和推进江西省系统调查和收集行动各项工作，在“第三次全国种质资源普查与收集行动”2017年度工作会议闭幕的第二天，江西省农业科学院于2017年4月10日及时召开了院作物研究所、水稻研究所、蔬菜花卉研究所和园艺研究所主要及分管领导、调查队员的工作协调会。

协调会议由项目牵头人戴兴临所长主持，江西省农业科学院科技处罗林广处长和项目组专家组20余人参加会议，余传源副院长出席会议并作了重要讲话。余传源副院长强调，本项目是一次重要的国家行动，全院参加本项目的相关研究所和专家要高度重视，要认真和扎实推进项目各项工作。会议讨论和决定成立了以余传源副院长为组长、戴兴临所长为副组长、相关院所主要领导和分管领导及各专业科技人员为成员的江西省农业科学院“第三次全国农作物种质资源调查与收集行动”领导小组和专家小组，制定了工作方案和经费管理办法并进行任务分工。

2. 组织召开调查县对接会

为更好地促进江西省农业科学院调查队与调查县（市）种子管理局（站）的工作密切配合，提高调查和收集工作效率，江西省农业科学院于2017年4月27日召开了工作部署会和调查县（市）对接会。江西省农业科学院余传源副院长和科技处罗林广处长出席会议。江西省种子管理局黄亚平副局长一行应邀出席会议并指导调查和收集对接工作，余传源副院长作了重要讲话。

会上，都昌县、莲花县、瑞昌市、修水县、永修县、分宜县等6个县（市）就各自的前期准备工作和普查思路进行汇报交流。会上还讨论成立江西省农业科学院召开“第三次全国农作物种质资源调查与收集行动”3个调查队，并讨论了各调查队队员组成和

提名任命了各调查队队长。同时，开展了各调查队及队员与其所属的调查县（市）工作见面进行现场对接交流。

特别是会议上邀请了前期准备工作做得比较好的都昌县种子局进行了案例介绍和经验交流，据都昌县种子管理局周小华局长介绍说，都昌县种子管理局在参加“第三次全国农作物种质资源普查与收集行动”普查工作培训后，农业农村局领导高度重视，多次召集农业农村局领导、种子管理局领导、普查技术人员和农业农村局经验丰富的退休技术人员、基层乡（镇）农业技术推广站站长及技术人员、老农户进行会商，制订工作方案，并明确要求种子管理局局长具体负责，技术人员、基层推广站站长必须走乡串村入户，摸清种质资源数量和分布等情况，并汇总成详细清单，并对每份资源的分布进行定位到村、定位到农户家，避免了江西省农业科学院调查队调查人员对调查属地不熟而花费大量时间漫无目的找资源的尴尬。

3. 组织领导小组成员、调查队队长到湖南省农业科学院考察学习

为更好地推进江西省农业科学院“第三次全国农作物种质资源调查与收集行动”项目各项工作，少走弯路，提高资源调查收集行动的效率，2017年5月4—5日，在江西省农业科学院领导小组组长余传源副院长的带领下，领导小组副组长戴兴临所长、彭春瑞处长、科技处何俊海及余丽琴、吴美华、苏金平3位调查队队长等组成的考察团到湖南省农业科学院进行学习考察。

2017年启动调查县工作对接会

湖南省农业科学院余应弘副院长介绍经验

4. 邀请中国农业科学院作物科学研究所普查办专家开展调查技术培训和实地指导

为使江西省农业科学院“第三次全国农作物种质资源普查与收集行动”调查队队员掌握调查技术，规范调查工作，2017年6月4—9日，江西省农业科学院特别邀请了中国农业科学院普查办高爱农、胡小荣两位专家亲临进行调查技术培训和调查县都昌县实地指导。

普查办专家在都昌县进行调查技术指导

5. 积极组织调查队队长、专家奔赴调查县、普查县开展现场对接交流、技术培训和工作指导

2017年5月23—25日，在戴兴临所长的带领下，3个调查队余丽琴、饶月亮、吴美华3位队长及部分专家连续奔赴分宜县、莲花县、井冈山市、安福县、峡江县等调查县进行现场对接交流和技术指导，通过交流和培训，使调查县认识到了这项工作的重要性，也为他们开展普查征集工作提供技术支撑。

2017年5月9—13日、5月26日、7月9日，余丽琴、吴美华、饶月亮、汤洁等4位调查队专家奔赴进贤县、永修县、修水县、瑞昌市、安义县、新建县、湾里区、南昌县等普查县、调查县开展技术培训和指导工作。

调查队专家到调查县、普查县开展技术培训和工作指导

6. 及时召开中期总结会

为检查“第三次全国农作物种质资源普查与收集行动”项目2017年上半年江西普查、系统调查工作落实情况，及时总结经验、发现问题，更好推进项目下半年及今后各阶段工作，2017年9月1日上午，江西省农业科学院在中国农业科学院作物科学研究所普查办的指导下，在江西省农业科学院行政大楼三楼会议室组织召开了2017年度中期工作检查汇报会，会议由江西省农业科学院余传源副院长主持。中国农业科学院作物科学研究所普查办杨庆文副主任、高爱农、胡小荣一行莅临指导工作。

会上，项目负责人戴兴临所长就2017年上半年系统调查工作的进展、取得的成效、存在的问题、下一阶段工作打算进行了详细汇报。黄亚平副局长就江西普查工作的进展、取得的成效、存在的问题、下一步工作安排进行了详细汇报，余丽琴、饶月亮、吴美华等3位队长也就3个调查队在系统调查过程中发现的问题进行了汇报。普查办杨庆文副主任就江西系统调查、普查工作遇到的问题进行一一解答。胡小荣、高爱农也对江西普查、调查工作提出了很好的意见与建议。

中期汇报会现场

供稿人：江西省农业科学院　汤洁

（二）“第三次全国农作物种质资源调查与收集”的“都昌经验”

1. 高度重视

据都昌县种子管理局周小华局长介绍说，都昌县种子局在2017年4月9日参加完江西省农业农村厅组织召开的“第三次全国农作物种质资源普查与收集行动”普查工作培训会后，参加会议人员回到都昌县后，立即向县农业农村局和县领导汇报。县政府、农业农村局领导班子高度重视，多次召集县分管领导，农业农村局、种子管理局和相关部门领导参加的会议，共同商讨如何开展工作、如何把这项工作做好做实。

2. 加强宣传

都昌县农业农村局、种子管理局充分利用条幅、广播电视台等传统方式和媒体，利用QQ群、微信等新媒体，会同乡农技推广站在全县范围内加强了“第三次全国农作物种质资源普查与收集行动”的宣传。各乡农技站在乡（镇）政府门口、集市圩场悬挂宣传条幅，在乡（镇）级公路两侧的墙壁上喷绘长久性宣传标语等多种形式加强宣传。在都昌县电视台滚动播放开展“第三次全国农作物种质资源普查与收集行动”的目的和重大意义，通过微信群宣传保护生态环境与保护农作物种质资源的关系、宣传优异资源开发对当前农业供给侧结构性改革的促进作用。

都昌县大港镇土目村宣传标语

3. 落实培训

根据都昌县政府召开的会议精神要求，明确要求农业农村局、种子管理局具体负责制订工作方案，邀请江西省农业科学院相关专家（如水稻、果树、旱粮作物和食用豆）和都昌县种子管理局参加了江西省农业农村厅普查培训会的同志对农业农村局、种子管理局相关技术人员、乡（镇）农技站站长、农技推广人员进行培训和讲解，讲解开展“第三次全国农作物种质资源普查和收集行动”的目的、意义和操作技术。同时，在培训会上建立了都昌县资源普查收集QQ群和微信群。

4. 创新方法

由于目前农业农村局、种子局管理人员、技术人员和乡站站长、农技人员大多数为年轻一代农业技术人员，未参加过上两次普查和收集活动，对农作物种质资源的概念和都昌县有哪些资源、资源分布情况都不太熟悉，而一些农业农村局、乡站的退休技术人员可能参加过上一次甚至上两次普查活动，经验比较丰富。一些老农民、老中医、老猎户，特别是一些比较有经验的老农民、老中医、老猎户，知道哪家有哪些地方老品种，对野外果树、近缘野生资源的生长地点和分布状况比较了解和熟悉。针对这些问题，都昌县创新了“发挥农技基层优势，确保摸清查全资源”，将查清查全县资源作为资源普查与征集工作的首要任务和重点任务。把全县退休老科技人员、24个乡镇农技推广综合站站长作为普查主体，充分调动和发挥老同志、乡镇农技推广综合站农技人员、乡村干部、农业科技示范户、有经验的老农等力量，全面对照征集范围进行归类查找，创新和总结出了“五步”工作法。

第一步：找老技术人员、老农民、老中医、老猎户进行咨询。

第二步：加强宣传广泛收集信息。在宣传标语上印制都昌县种子管理局、乡农技站负责人和技术人员联系电话等多种方式，号召农民朋友及时帮助查找和提供资源信息。

第三步：核实资源信息。都昌县农业农村局、种子管理局负责人、技术人员和乡农技站站长、农技人员根据咨讯走村串户登门拜访，对提供的信息进行实地核实。

第四步：汇总和编制资源信息目录。乡镇站长把核实的资源进行登记汇总，形成乡镇资源信息目录并提交都昌县种子管理局，都昌县种子管理局根据乡镇农技站提供的资源信息目录统一汇总编制《都昌县拟征集农作物种质资源名录》，目录包括作物类型、作物名称、品种类型（地方、野生、培育）、面积、单产、生育进程（苗、花、果期）、位置（乡镇、村）、资源提供人等方面的详细信息，确保种质收集有的放矢、成功收集。

第五步：加强督促和激励。都昌县种子管理局及时在县资源调查群中公布和定期更新各乡镇农技站长提交的目录清单，在全县乡镇站营造根据各乡（镇）农技站上报的目录清单汇总成全县的详细目录清单，并在微信群中公布全县资源信息摸排进展情况，以便督促各乡（镇）农技站站长，增强其责任意识和使命感。

5. 积极贯彻和落实都昌经验

（1）加强沟通与对接，保持“热线”联系。都昌县农业农村局、种子管理局积极加强与江西省农业科学院对接，都昌县种子管理局周小华局长与江西省农业科学院资源调查2队饶月亮队长保持了“热线”联系，随时交流工作中的新发现与新问题。

（2）做好东道主，积极配合江西省农业科学院资源调查队开展调查收集工作。每次江西省农业科学院调查队到达都昌前，都昌县农业农村局、种子管理局均会指派专人打好前站，帮调查队安排好吃住和行程。同时，在调查队开展工作前，都昌县农业农村局、种子管理局都要召开一个江西省农业科学院调查队队员与目标乡（镇）农技站站长、村干部和有经验的老农民（或老中医、老猎户）参加的碰头会，简要交流沟通资源摸排和分布情况，并安排好行程路线。江西省农业科学院调查队开始调查收集时，农业农村局、种子管理局一般会安排1～2名负责人或技术人员、乡（镇）农技站长等工作人员和村干部、老农民等临时聘请向导陪同，当好调查队的“翻译”和助手，以提高调查队的工作效率。

（3）协助江西省农业科学院调查队取得了很好的调查成绩。江西省农业科学院资源调查2队根据都昌县提供的《种质资源名录》开展有效的工作，少走了很多弯路，取得了很好的调查成效，截至目前，已调查收集到了种质资源144份，收集到一批优异和特色种质资源，如黑大豆、夜藜蒿、抗稻飞虱“小杂优水稻”、粟米和紫皮大蒜等。

（4）江西省农业农村厅及种子管理局会议、文件和现场督导等多种形式推进“都昌经验”落实执行。2017年5月5日，江西省种子管理局组织召开普查与征集行动推进会，11个设区市种子管理局局长和技术人员共30余人参加。会上，江西省种子管理局负责人介绍了“都昌经验”，认为，“都昌经验”的精髓在于领导高度重视、广泛发动群众、充分发挥农技基层优势，总结出“五步工作法”，确保摸清查全资源，汇总编制拟征集农作物种质资源名录，确保种质普查征集有的放矢。

会议要求各设区市种子管理局在指导所属普查县过程中积极宣传、借鉴和推广“都昌经验”特别是针对大多数不知道如何下手寻找资源的普查县，要主动派出工作人员到现场取经，积极借鉴和推广“都昌做法”。

同时，2017年9月5日，江西省种子管理局下发的《关于进一步做好全省农作物种质资源普查与征集工作的通知》（赣种字〔2017〕33号）。通知明确要求：各普查县要学习和借鉴“都昌经验”，积极行动起来，切实开展好摸底调查，列出资源信息清单，抓住金秋的关键时节，增强责任心和紧迫感，全力以赴，打好攻坚战，确保圆满完成普查与征集工作的目标任务。通知的下发进一步规范了全省普查与征集工作，有效地推动了各普查县工作的开展。

供稿人：江西省农业科学院　汤洁

（三）江西省种质资源调查与收集工作的“兴国模式”

——高效管理、逐级落实、精准对接

兴国县种质资源调查与收集工作成效显著，具有诸多值得借鉴和推广的经验，包括组织管理、协调合作和工作落实3个方面。

1. 高效管理

江西省农业农村厅、赣州市和兴国县各级种子管理部门的主要领导均多次督促和指导种质资源普查工作，关怀慰问工作在一线的基层农技人员，及时下拨工作经费，极大地调动了基层工作人员的积极性，整体工作得到有力推动。成立兴国县农作物种质资源普查与收集行动领导小组，由县农粮局分管领导任组长，成员包括种子站、农技中心、土肥站、植保站等负责人。并成立了由种植业技术骨干和乡镇农技员组成的行动普查队。

建立“按劳分配，质量优先”的激励制度，即在满足种质资源收集条件的前提下，以收集资源材料的多少评价工作成效，这样可以充分调动基层人员的工作积极性，收集数量充足的种质资源材料，为江西省农业科学院专家调查队精选有代表性、有开发潜力和优异性状的种质材料提供保障。

2. 逐级落实

（1）系统学习，领悟消化。以兴国县种子站为主的农粮局骨干技术力量多次参加种质资源调查与收集工作培训会议，系统地学习和掌握普查工作的技术方法：①兴国县种子站技术骨干参与江西省农业农村厅组织的中国农业科学院专家队伍培训，初步认识第三次全国农作物种质资源普查与收集工作的意义和整体工作安排；②参与江西省农业科学院专家队伍组织的种质资源调查工作的培训会议，通过与省级专家交流熟悉调查与普查工作的协作机制；③组织乡镇相关农技人员培训种质资源普查工作；④深入基层摸底并选定资源代表乡镇；⑤针对性地培训村级种质资源调查收集带头人；⑥指定片区收集人并落实到户。

（2）基层培训，广泛动员。兴国县农粮局领导及相关站室负责人及普查技术人员，种子站全体人员，各乡镇农业综合站站长、专职普查员共70多人次参与乡镇基层开展培训工作，提高了基层工作人员对种质资源收集工作的认识。组织悬挂条幅210余条，进村入户召开座谈会等15场，认真宣传种质资源普查的重要性及普查范围，广泛动员一线工作人员和村民。这不仅可以调动基层人员的积极性，而且可以使相关工作规范有序地开展。

（3）突出重点，以点带面。在各个指定的行政村内选择“有威望、有时间和有兴趣”的村民，对其重点宣讲和培训，然后让该村民组织访谈、初步收集和简单汇总归类。这样既可以避免同村内类似资源材料的重复收集，又可以使工作更加系统高效，减少珍贵资源材料的遗漏。

3. 精准对接

兴国县普查工作目标明确，科学有序。在全县范围内选取差异性大的乡镇，基本覆盖了全县的代表性区域。在普查过程中多方面收集信息，包括影像、照片、位置信息和详细介绍等，高质量地完成了普查工作，为调查工作铺平道路。普查工作与调查工作有序对接，在短时间内高质量地完成了120余份种质资源的收集工作（作物名称、农户、面积、分布、联系人、特点、影像等）。

兴国县普查行动召开会议和进行宣传

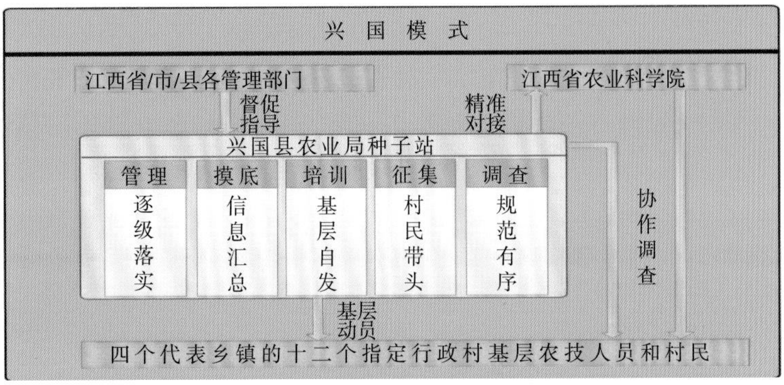

兴国模式

江西省/市/县各管理部门
督促指导
精准对接
江西省农业科学院
兴国县农业局种子站

管理	摸底	培训	征集	调查
逐级落实	信息汇总	基层自发	村民带头	规范有序

协作调查
基层动员
四个代表乡镇的十二个指定行政村基层农技人员和村民

“兴国模式”简图

供稿人：江西省农业科学院　饶月亮

（四）上下齐心　攻坚克难

——井冈山市种子管理站种质资源普查与收集工作

井冈山市，位于江西省西南部，地处湘赣两省交界的罗霄山脉中段，古有“郴衡湘赣之交，千里罗霄之腹”之称，属亚热带温暖湿润季风气候，是亚热带植物原生地之一，生态类型多样，农作物种类繁多，是江西省种质资源丰富县（市）之一，被列为2018年度的系统调查县。近年来，受气候、耕作制度和农业经营方式的变化，城镇化、现代化快速发展，一些流传了几百年甚至上千年的优良农作物地方品种都在迅速消失，作物野生近缘植物资源也因其赖以生存繁衍的栖息地遭受破坏而急剧减少。摸清井冈山市农作物种质资源家底，保护农作物种质资源的多样性，促进农业可持续发展，这个重要任务就落在了井冈山市种子管理站及基层农业综合站全体人员的肩上。通过抽调专业水平高、工作能力强的技术骨干担任普查技术员，以及注重业务培训、加大宣传力度等工作措施，以争一流的精神状态，认真负责的工作作风，积极开展工作，圆满地完成了井冈山市的“第三次全国农作物种质资源普查与收集行动”工作。

1. 高度重视，组建高质量工作队伍

农作物种质资源普查与征集工作专业性强，时间紧、任务重，同时技术人员要经常下乡入村，到田间地头开展工作，条件艰苦，选好专业技术人员是做好该项工作的关键。为此，井冈山市人民政府和农业农村局高度重视，于2017年初就成立了井冈山市农作物种质资源普查与征集工作小组。工作领导小组由局分管领导任组长、农业执法大队和种质管理站负责人为副组长、各农业综合服务站负责人为成员；同时抽调具有农学及相近专业背景、熟悉辖区内种质资源情况和农村工作经验丰富的基层农技人员组成普查技术员队伍。

2. 加强宣传培训，提高业务能力和营造浓厚的普查与征集工作氛围

为了营造浓厚的普查与征集工作氛围和提高井冈山市普查人员的业务水平和工作能力，主要采取了以下措施：一是通过电视、广播、微信平台、互联网、横幅、宣传单等方式加强宣传，提高民众保护古老、珍稀、特有、名优农作物野生和近缘植物种质资源意识，为后期的普查与征集工作打下群众基础。二是积极派出单位负责人和技术人员参加省市举办的培训班。三是多次举办市级的专题讲座、培训班加强理论知识和实践操作能力的学习。

3. 积极收集资料，做好普查摸底工作

抢救性收集各类栽培作物的古老地方品种、种植年代久远的育成品种、重要作物的野生近缘植物以及其他珍稀、濒危作物野生近缘植物的种质资源，全面摸清井冈山市农作物种质资源的家底和社会环境变化等。为此，我们进行了艰难的资料收集和调查摸底工作。一是通过联系市志办、统计局、基层老农技员等单位和个人，收集井冈山市历史资料。二是在收集资料的基础上组织开展实地调查等，全面了解和掌握本辖区内各类作物的种植历史、栽培制度、品种更替、社会经济和环境变化、种质资源种类、分布、多样性及其消长状况等基本信息，以及重要作物的野生近缘植物种类、地理分布、生态环境和濒危状况等重要信息。三是对征集到的相关信息进行分类造册，列出清单，做好普查摸底工作，以确保江西省农业科学院调查队前来开展户外调查时有的放矢，更好地在有限的时间内征集到高质量的种质资源。四是通过查阅资料认真填写普查表，并及时向江西省农业农村厅种子管理机构报送。

4. 科学安排户外调查活动，确保户外调查紧张有序进行

作为种质资源系统调查县，户外调查工作由江西省农业科学院抽调专业技术人员组成调查队进行。他们入户调查的时间短、任务重、户外工作条件又艰苦，为了在有限的时间内高质量地完成工作任务，征集具有代表性的农作物种质资源，我们主要做好了以下几个方面的准备工作：一是做到合理科学的部署。按照普查要求，再结合井冈山市实际，把3个重点调查乡村点安排在当地居民还保留古朴风俗习惯和尚处于自给自足状态、交通不便的边远山区；2个辅助调查乡村点安排在海拔和气候条件、地理环境不同的近郊乡村。二是提前做好摸底调查工作，并把收集的农作物种质资源信息按地点分类装订成册，供户外调查时参考。三是提前备好相应的种质材料。在调查前一天，通知种质样本和样品提供者，大致备好相关种质材料。

5. 不畏艰苦，开展室外调查工作

井冈山市因种质资源丰富、多样，被列为系统调查县，2018年开展实地入户系统调查，户外调查工作由江西省农业科学院抽调人员负责，本市普查员负责做好前期摸底调查和陪同工作。由吴美华研究员带领的6人调查队和本市普查员一起，分上半年和下半年共2次，在基层乡镇农业站的积极配合下，开展了样本征集、采集工作。户外调查期间阴雨绵绵，条件艰苦，专家们不畏艰苦，马不停蹄、早出晚归、有时冒着大雨走村入

户，深入田间地头，开展认真细致的实地取样、拍摄照片等工作。调查队在井冈山市摸底调查的200多条农作物种质资源信息中，经过艰苦的户外核校、筛选，择优征集了120份农作物地方品种和野生近缘植物种质资源样品或样本，圆满地完成了调查任务。

资源普查与收集

供稿人：江西省井冈山市种子管理局　张代红

（五）精心布置、认真细致地搞好资源普查与收集工作

——江西省井冈山市厦坪农业综合服务站

自2017年开展“第三次全国农作物种质普查与收集行动”工作以来，为了收集和保护辖区内古老、珍稀、特有、名优的农作物地方品种和野生近缘种质资源，按照江西省普查办的统一部署和要求，在江西省农业农村厅、江西省农业科学院及井冈山市农业农村局的支持和指导下，经全站人员的共同努力，井冈山市厦坪农业综合服务站农作物种质资源普查与收集工作取得了明显成效，总计采集样品30余份。现将本站农作物种质资源普查与收集工作情况介绍如下，以供大家参考。

1. 提高认识，高度重视

农作物种质资源是保障国家粮食安全、生物产业发展和生态文明建设的关键性战略资源。井冈山市厦坪农业综合服务站在接受了井冈山市农业农村局要求各站对辖区内农作物种质资源普查和收集工作任务后，非常重视，立即召开了全体站员会议，要求大家充分认识此项工作的重要性，更把此项工作当作重要工作来抓，按片区划分责任到人，全站8个人分成4个组，每2人一组，每组一个负责人，负责所普查区内的情况汇总。

2. 加强学习，充分做好普查与收集前的准备工作

为了抓好此次农作物种质资源普查与收集工作，组织全体站员参加了市农业农村局举办的农作物种质资源普查与收集工作技术培训班，要求大家熟练掌握农作物种质资源普查与收集的工作方法、注意事项，为下一步普查与收集工作打下了良好的基础。各组人员在下村前事先规划好了普查路线，拟定了走访人员名单，并预约好走访时间，路途

远的要备好干粮、雨伞、雨鞋、笔记本、塑料袋等所需物件。

3.吃苦耐劳，深入实地开展农作物种质资源普查与收集工作

随着农村城镇化建设速度的加快，现代农业产业结构的调整变化，农业集约化的不断提高，各类农作物品种的不断更新，忽视了当地农作物品种抗逆性强、适应性广、质量好的优势，导致一些地方品种和特异性资源特别是珍稀野生资源几乎消失殆尽，有的只有到边远山区、交通不便的住户及小山村才能找到，站内各组调查人员广泛深入到各村组，走访调查了村干部、老干部、年纪大的老人等100余人及住家户100余户，最远处到了交通极不方便50km以外的长古岭林场湘洲村，并且请了4个向导，在他们带领下深入田间地头，翻山越岭，终于查清了辖区内现有当地农作物品种分布的状况、消长情况、气候环境、地理状况对其影响等基本信息，取得了很好的效果。

4.认真核查，细心整理、归档和总结

调查人员对所采集到的样品，定好点，拍照取证留档，填好表格、归档整理，袋装或瓶装封存好。对一些不熟悉的品种记载尽量详细，尤其是生长关键时期，记载更要详细，还需拍照取证；所有采集到的样品全部整理好后，报送江西省农业科学院相关专家并进行繁殖培育。

总之，农作物种质资源普查与收集工作由于第一次接触，工作人员对其工作内容不太了解，工作方法不太熟练，工作难度较大，尽管如此，调查人员还是克服种种困难，完成了辖区内农作物种质资源普查与收集的工作任务。

井冈山市厦坪农业综合服务站协助江西省农业科学院调查队收集资源

供稿人：江西省井冈山市种子管理站　张小花
江西省井冈山市厦坪农业综合服务站　刘乐先

（六）崇仁县农作物种质资源普查与征集工作主要做法

崇仁县立足农作物种质资源是保障国家粮食安全、生物产业发展和生态文明建设的关键性战略资源的高度，认真贯彻落实农业农村部、江西省农业农村厅关于农作物种质资源普查与征集工作部署，围绕普查任务目标，坚持目标导向、问题导向，创新工作思

路，狠抓工作落实，实现了种质资源信息登记110个次。现将崇仁县农作物种质资源普查与征集工作做法报告如下。

1. 加强组织领导，建立工作机制

一是高位推动。崇仁县高度重视农作物种质资源普查与征集工作，县委、县政府分管领导多次过问、指示，要求全力以赴做好农作物种质资源普查与收集工作，不拖全省、全市的后腿。二是明晰职责。制定了《崇仁县农作物种质资源普查与收集行动实施方案》，成立了由崇仁县农业农村局局长吴升良同志任组长，县农技中心主任、种子管理局局长任副组长，农技、植保、土肥等站（室）和各乡（镇）农业技术推广服务综合站主要负责同志为成员的崇仁县农作物种质资源普查与征集工作领导小组，领导小组下设办公室、业务组和专家组，明确了各自工作职责。三是多方协作。通过县党史办提供的《崇仁县志》、统计局提供的《崇仁县国民经济统计》及县档案局的相关档案，搜集大量数据，充实和完善了普查资料，按时保质保量完成1956年、1981年及2014年普查表填写任务。同时建立了"崇仁县农作物种质资源普查与征集工作"工作群，实时发布普查和征集信息与工作动态。

2. 加强宣传引导，提升保护意识

为了广泛宣传本次种质资源普查与收集行动的重要意义和主要成果，提升全社会参与保护农作物种质资源多样性的意识和行动，确保此次普查与收集行动取得实效，2017年5月16日，崇仁县组织召开15个乡镇农业技术推广服务站站长，并特邀了一批当年参与全国第二次农作物种质资源普查的老同志参加此次普查征集工作动员会。要求全体普查人员重点了解农作物种质资源普查与收集工作的总体要求、目标任务和普查收集对象，认真学习种质资源普查与收集工作的相关业务知识，全面领会和掌握此次普查与收集工作的重大意义。在城乡主要街道悬挂种质资源普查与收集标语50条，利用崇仁电视网络、崇仁农业微信平台、各种相关农民培训会议等多种形式进行宣传。2017年普查收集队员通过对全县15个乡镇42个自然村的实地走访调查，初步掌握了各种农作物种质资源的分布情况，为2018年的收集工作明确了方向。

3. 征集工作成果丰硕

由于崇仁县种质资源比较丰富，地理位置具有一定的代表性，此次普查崇仁县被列为江西省农作物种质资源系统调查县。根据工作安排，江西省农业科学院吴美华队长带领专家一行于2018年5月27日来崇仁县，为期一个星期，对种质资源进行采集，专家们通过深入田间地头，进村入户、实地走访、调查拍照对比，仔细甄别、排除重复及不符合要求的种质资源，经筛选后确定收集本地优质农作物种质资源100份。由于农作物种资源生长周期的特性不同，下半年10月29日江西省农业科学院专家一行继续对崇仁县的种质资源进行收集补充，期间又发现了10份优质农作物种质资源，最终在崇仁县成功收集了粮食、油料、瓜果、蔬菜等经济作物110份，圆满完成了此次农作物种质资源收集任务。

4. 规范项目管理

崇仁县严格按照《江西省农业厅关于印发〈江西省农作物种质资源普查与收集行动实施方案〉》（赣农办字〔2017〕30号）文件要求，于2017年5月下旬，依法依规依程序完成了项目申报书、任务委托书及资金支付申请单的填报工作。同时，在资金使用上，严格按照与农业农村部种子管理局签订的《物种品种资源保护费项目任务委托书》经费预算执行，做到专款专用。

崇仁县普查行动

供稿人：江西省崇仁县种子管理站　吴祥兰

（七）江西省万年县农作物种质资源普查与收集工作经验

万年县认真贯彻落实农业农村部、江西省《第三次全国农作物种质资源普查与收集行动实施方案》的各项工作细则和有关文件精神要求，认真学习普查培训材料，在江西省种子管理局、江西省农业科学院的指导下，在万年县委县政府及县农业农村局的大力支持下，通过全县普查工作者的共同努力，圆满完成了万年县第三次全国农作物种质资源普查及收集各阶段工作任务。

1. 加强组织领导，制定实施方案

（1）及时成立机构，制定实施方案。万年县及时成立了以农业农村局局长为组长、分管领导任副组长，各乡镇农技综合服务站站长、相关局属单位负责人及种子管理站全体人员为成员的万年县第三次全国农作物种质资源普查与收集领导小组，并设立办公室，由农业农村局党委委员、种子管理站站长任办公室主任。制定了《万年县种质资源普查与收集行动实施方案》印发给各乡镇及相关单位。按照实施方案要求，2017年5月上旬举办了万年县“第三次全国农作物种质资源普查与收集行动”技术培训暨工作部署会，各乡镇农技综合站站长及局属各相关单位负责人等47人参加了培训。6月上旬邀请老农技专家及参加第二次资源普查的技术人员等34人参加座谈会，了解万年县种质资源分布情况及地方名、特、优品种。

（2）组建工作小组，落实目标任务。抽调种子站、植保局、农技中心等单位相关技术人员16人，分4个小组，对全县12个乡镇的各类农作物种质资源进行全面普查，查清种植历史、栽培制度、品种更替和环境变化等，收集各类古老、珍稀、特有、名优地方性品种资源。

2. 大力宣传发动，营造社会氛围

万年县通过电视、会议、标语等多种方式宣传种质资源普查工作，引导全社会参与。在主要街道、各乡镇农技综合站、各交通要道口等处悬挂横幅，大力宣传种质资源普查与收集工作，鼓励群众参与，提供相关信息，为征集工作做好充分准备。

3. 加强沟通协调，确保数据准确

首先争取到了万年县统计局、档案局、县志办等单位的积极配合，并从相关单位借到了统计年鉴、县志等相关资料，为研究以前万年县的种质资源情况提供了第一手资料。其次通过邀请统计局专家、参加过第二次种质资源普查的技术人员现场指导填写普查数据，以及拜访老农技专家等方式，尽量使1956年、1981年、2014年3个时间节点普查表的数据有据可查，有史可依。

4. 深入调查摸底，登记种质资源

万年县组织技术人员深入各乡镇及重点村组，通过走访老农民、查找县志、咨询相关专家、召开座谈会等多种方式，对万年县种质资源进行全面普查。对可征集种质资源下村下田进行拍照、定位、登记并列出资源信息清单。然后，按照江西省农业科学院安排，配合专家组做好资源调查与征集。通过万年县种子站及乡镇农技站长、部分村组干部的不懈努力，万年县已登记71份可征集种质资源信息。其中，野生资源9份，地方名、特、优老品种60份，地方选育品种2份，这为江西省农业科学院普查组进入万年县普查打下了坚实的基础。

5. 配合专家调查，收集种质资源

2018年6月下旬，江西省农业科学院专家组第一次来万年县调查、收集农作物种质资源，万年县种子管理站全员投入，全程密切配合，与江西省农业科学院专家组一起冒高温顶烈日，不惧风雨，白天除了吃工作餐，中途无休息。经过为期一周的奋战，在第一阶段共征集114份农作物种质资源，其中多年生的种质资源13份，一年生种质资源101份，超出专家组制定的计划任务14份。

2018年11月上旬，江西省农业科学院专家组第二次来万年县开展调查、收集种质资源工作，恰碰连续阴雨天气，气温骤然下降，尽管如此，万年县种子管理站仍是全员出动，全力配合，风雨无阻，经过3天的努力，顺利完成种质资源收集任务，并在第一阶段的基础上又新增17份种质资源，截至目前，共收集农作物种质资源131份，其中多年生种质资源16份，一年生种质资源115份，超额完成计划任务。

万年县普查行动组查阅资料、调查现场

供稿人：万年县种子管理站　史柏琴

（八）精准做实资源普查与收集　精心做好资源保护和利用

——宜丰县种质资源普查与收集行动体会

自第三次全国农作物种质资源普查与收集行动开展伊始，宜丰县就积极谋划，动员各方力量，整合各种资源，全力以赴投入到普查与收集行动中，各项工作都高标准、严要求，有条不紊地开展，以认真负责、一丝不苟和精益求精的工作态度实施好完成好各阶段工作，工作业绩突出，得到了上级部门的充分认可和肯定，圆满完成普查和收集行动工作目标和任务，并使种质资源保护和利用工作在宜丰县得到了进一步加强。现就宜丰县工作谈几点体会。

1. 领导重视、组织措施得力是做好资源普查和收集工作的前提

江西省种质资源普查与收集行动启动会议一结束，宜丰县就迅速行动起来，宜丰县农业农村局领导高度重视，及时出台了实施方案，成立了领导小组，组建了普查与收集行动队。及时召开了动员部署会和培训会，并在全县大力宣传推介种质资源普查与收集的目的、意义、要求及措施等，各乡镇也落实了专人负责，并分别召开乡村干部会议，使此项工作的触角深入到了最基层，进村入户，全县上下形成了关心、支持种质资源普查和收集的联动机制和工作合力，为扎实推进此项工作做好了充分准备。

2. 群策群力、全员投入是做好种质资源普查与收集工作的关键

种质资源普查与收集行动工作量大面广、纷繁复杂，而且时间紧、任务重。为了确保普查与收集行动按质、按量、按时完成，工作队全体人员一方面认真学习种质资源普查与收集的有关业务知识和技术规程，全面领会和掌握普查与收集行动的具体要求和技术操作，做到胸有成竹。另一方面做到手勤、脚勤、嘴勤，访专家，拜农户，走部门，下乡村，进深山，入田园，分阶段，依环节，按步骤，踏实做好各项工作。在种质资源普查阶段，为了做到普查数据的真实准确，队员们不辞辛苦拜访老专家、老农民，到相

关部门和乡镇仔细认真查阅核对资料，不厌其烦地核查每个数据。在种质资源收集过程中，队员们更是不辞辛苦顶烈日、冒风雨，进入深山老林、下到田间地头、进到农户家中调查核实提供的每个种质资源是否为宜丰县古老、珍稀、特有、名优等特有资源，做到老中选老、稀中选稀、优中选优，既不重复也不遗漏。正是由于队员们勤勉踏实的工作态度，才确保了宜丰县种质资源收集的质和量，全县共调查登记的种质资源达143份次，经核查、筛选，确定收集41份。

3. 多方支持、村组农户配合是做好资源普查与收集行动工作的基础

在相关部门和乡镇的大力支持下，普查与收集工作才得以顺利、精准、圆满地推进，只要听说来做种质资源普查与收集工作，相关部门和乡镇都热情接待，需要什么资料都尽力提供，使工作进行得非常顺利。在种质资源收集中，更是得到乡镇和村组农户的积极配合，如种植人参菜的农户，安排他留些种子，为留足种子，虽然市场行情好，价钱高，但他竟然全部留下，没舍得卖一颗，等着我们来收种子，此举令我们感动不已。还有寻找野生猕猴桃的向导，带我们冒着高温到深山里寻找，无路区用刀开路，往返近7h，比我们队员更辛苦，没有任何怨言。此外，乡镇技术人员在种质资源的登记和确认的过程中花了大量的时间和精力，付出了辛勤的劳动。在乡镇涌现了一批热心做好种质资源普查与收集工作的技术人员，如天宝乡技术人员徐拜年、陈仁生的足迹遍布了全乡各村组，走访了大量老农，做了大量精细工作，登记有效信息20多份，最终收集种质达10份。

正是由于大家的积极配合和通力协作，宜丰县种质资源普查与收集行动工作取得了丰硕成果，目标任务圆满完成。

4. 既要做实种质资源普查与收集，更要做好种质资源保护和利用

宜丰县在精准做实种质资源普查与收集工作的同时，还十分注重种质资源的保护和利用，进一步拓展普查和收集行动的内涵和意义，为了做好种质资源的保护和利用，宜丰县采取了以下措施：一是落实农作物种质资源保护和利用的责任单位和责任人员，宜丰县种子管理局作为责任单位必须切实担负起全县种质资源保护和利用的主体责任，并落实专人负责此项工作；二是对于通过普查收集到的名优特稀的种质资源造册登记，建立档案，使每个种质资源分布状况、生长地点、繁衍状态、特征特性等都一清二楚；三是对宜丰县名优特稀种质资源实行动态管理，在乡村落实了专人定期观察记录种质资源的演变情况，并及时向宜丰县种子管理局报告，县种子管理局根据演变情况对一些濒临灭绝的种质资源及时采取措施加以保护，如柳条糯、麻粘等特色水稻种质资源由于生产上直接利用价值不高，已濒临灭绝，宜丰县种子管理局立即采取措施，安排农户定点小规模的种植收集保护；四是在保护中加以利用，在利用中促进保护，宜丰县许多名优种质资源都是以此种方式加以保护，例如东刘芦菜、潭山黄连糯、芳溪人参菜等，目前生产上利用价值都比较高，可以在利用中加以有效保护。

宜丰县种质资源的保护利用目前存在的问题和困境：一是缺乏专项资金，种质资源保护和利用的长期性和连续性难以保障；二是种质资源保护和利用的体系建设不健全，单纯依靠一个部门或一个单位难以形成保护和利用的长效机制。

走访老农

工作人员冒雨调查

供稿人：宜丰县种子管理局　漆迎春

（九）上下联动整体推进　全面完成各项目标任务

——江西省农作物种质资源普查与收集行动实践与体会

2017年4月初，江西省农作物种质资源普查与征集工作全面启动，全省91个普查县（市、区）地方政府和农业主管部门大力推动，各级种子管理部门和相关业务部门强化责任担当，协同配合，有序推进。

2017年4月9日江西省普查与收集行动全面启动

据统计，在2017年的普查和收集行动中，全省91个普查县参加普查工作人数5 390人次，组织培训319次，参加培训人数9 191人次，召开会议、座谈会951次，参会人数13 824人次，走访6 777次，发放宣传图册等资料73 457份，广播台、电视台等媒体跟踪报道177次，投稿刊物、杂志、简报等90余篇。其中在《普查与收集行动简报》上宣传11次，在江西省电视台新闻联播中宣传2次，接受中央电视台专题栏目组采访2次。

工作开展中，江西省主要采取了强化责任、创新手段、注重经验、做好调度和加强督导等一系列有效工作举措，确保了普查和收集工作目标任务的圆满完成。

（1）强化责任担当，细化目标任务。江西省各级农业主管部门将普查与征集工作列为年度重点工作。江西省农业农村厅成立了领导小组，下发了省级实施方案，明确了分管领导，落实了各部门的工作任务和责任。91个普查县（市、区）相继成立了领导小组，农业主管部门负责人或分管负责同志为组长，抽调有责任心、能力强、吃苦奉献的业务骨干，组成工作团队，同时结合实际情况，相继制订县级实施方案，把工作任务落实到相关站室及各乡镇有关站所，为普查与征集工作顺利开展提供强有力保障。

（2）强化手段措施，加大培训指导。江西省各级农业管理部门切实加大普查与征集工作的培训指导力度，创新方法，强化手段，积极推进普查与征集工作的有效开展。其一是多渠道多方式开展宣传培训。全省91个普查县（市、区）通过挂起条幅、刷写标语、张贴公告等方式，积极组织报刊、广播台、电视台等媒体跟踪报道，利用“农技宝”、118服务热线等，广泛宣传普查与征集工作的重要意义，提升农作物种质资源多样性的保护意识。同时积极邀请中国农业科学院和江西省农业科学院专家组织开办培训班，邀请老科技工作者和老农技人员举办座谈会，走访老一辈农户，加强普查与征集工作的技术培训和指导。其二是利用信息平台提高工作效率。第一，建立了信息平台。全省建立了“种质资源普查群”“江西种质资源普查征集群”和“江西省普查地市群”等3个手机微信群，建立了“江西资源普查征集”1个QQ群，11个设区市也相应建立“种质资源普查工作群”。第二，启动了公示制度。在手机微信群上实行“每周一”公示征集资源信息。征集信息的公示制度大大推动了各普查县（市、区）的工作进度。第三，加强了业务指导。为保证全省征集样品能够汇编高质量资源图册，在信息平台上对规范照片拍摄进行不厌其烦的指导，使全省资源普查照片不断规范，基本做到了主题突出、摆放有序、整洁清晰。

召集老干部、老专家座谈

举办培训会

（3）强化总结提炼，注重经验推广。江西省在工作开展中，总结和提炼可复制的“都昌经验”，并在全省加以推广，效果明显。2017年4月底，在江西省农业科学院专家组召开的工作部署暨调查县（市、区）对接会上，都昌县重点介绍了农作物种质资源普查与收集工作的主要做法，江西省种子管理局副局长黄亚平和与会专家对都昌县的做法予以充分肯定。都昌县将寻找资源信息的任务落实到辖区内各乡镇农技站，发挥基层农技人员熟悉当地种植习惯和资源分布情况的优势，摸清查全资源，再组织技术力量对资源清单进行全面梳理，按“名、特、稀、优、野”要求，进行实地征集。都昌县的做法，资源普查较全，工作效率较高，解决了发现和挖掘资源难的问题。江西省对都昌县的工作方法进行总结和提炼，并于5月初在全省工作推进会上进行了重点介绍，随后下发了文件，要求各地因地制宜借鉴“都昌经验”。“都昌经验”得到中国工程院副院长、普查项目首席科学家刘旭院士和普查办有关领导的充分肯定。

项目首席科学家刘旭院士到都昌县实地考察座谈会

（4）加强组织协调，做好工作调度。为了确保全省普查与收集工作扎实稳步推进，江西省农业农村厅一方面加强与中国农业科学院和江西省农业科学院联系，对接好各调查县（市、区）的技术指导和培训；另一方面，利用11个设区市种子管理局作为桥梁，充分发挥职能作用，切实加强对辖区内普查县（市、区）的工作协调和调度。其一是召开了2次对接会。2017年4月27日，江西省农业科学院专家组召开的工作部署暨调查县（市、区）对接会，对系统调查县配合好江西省农业科学院工作提出了要求；6月29日，江西省农业科学院召开的种质资源普查与收集第一阶段工作总结会。其二是召开了2次推进会。5月5日，召开了11个设区市参加的工作推进会，对工作进行了再布置再安排；9月26日，召开了11个设区市参加的中期总结交流暨培训会，对抓住金秋时节进一步做好普查与征集工作提出了具体要求，会上江西省农业科学院两位专家进行现场技术操作培训。其三是下发了2个通知。9月5日，下发《江西省种子管理局关于进一步做好全省农作物种质资源普查与征集工作的通知》（赣种字〔2017〕33号），对全省普查与征集工作进行规范和调度；11月3日，下发《江西省农业厅办公室关于做好全省农作物种质资源普查与征集扫尾工作的通知》（赣农办字〔2017〕122号），对全省普查与征集工作打好攻坚战和做好工作总结提出了具体要求。

江西省农业科学院第一阶段总结会

江西省种子管理局中期总结会现场

（5）强化督促检查，加强实地督导。江西省农业农村厅积极加强对各普查县（市、区）的督导检查，有针对性地开展对进度缓慢的普查县（市、区）的督导检查和实地指导。其一是厅领导亲自督导。8月23—24日，江西省农业农村厅刘光华副厅长率队赴大余县考察了该县的普查与收集工作。就普查与征集工作的重要性进行了强调，对确保工作任务的圆满完成提出了具体要求。其二是江西省种子管理局负责人带队督查。8月底至11月初，江西省种子管理局黄亚平副局长率队先后5次对全省20个普查县（市、区）进行实地督导检查。督导中，重点对各地种质资源普查工作存在的问题，提出了具有针对性的意见和建议，就征集资源照片拍摄、征集表填写等进行了现场技术指导。

供稿人：江西省种子管理局　李建红

海南卷

一、优异资源篇

（一）海南锥

种质名称：海南锥

学名：海南锥（*Castanopsis hainanensis* Merr.）

来源地（采集地）：海南省文昌市。

主要特征特性：属于海南特有种质资源，集中分布于文昌沙地地区，与板栗和锥栗相似；其坚果淀粉含量高于板栗和锥栗，美味可口，营养价值高。

利用价值：食用历史悠久，曾经是文昌市昌洒镇至公坡镇一带农民的木本粮食，极具地方特色。可以作为特色木本粮食开发利用。

海南锥果实

海南锥果序

供稿人：海南省种子总站　程子硕

（二）北果南移毛桃

种质名称：毛桃。

学名：桃（*Amygdalus persica* L.）。

来源地（采集地）：海南省琼山区。

主要特征特性：采集于琼山区三门坡镇文岭村委会桃村，该村是海南唯一一个因为种植毛桃被命名的自然村，引进桃树种植已有50多年，房屋周边的桃树老根述说着时代的变迁。该资源的发现将毛桃种植区域南移到北纬19°，这也进一步证实海南是可以种植部分北方落叶果树的，也为海南热区种植北方果树提供了十分有意义的参考。

利用价值： 可在热区种植的优异资源，为热区北果南移提供了较好例证。

该资源入选2018年十大优异农作物种质资源

北果南移毛桃植株

供稿人：海南省农业科学院　华敏　邓会栋

（三）山柚茶

种质名称： 山柚茶。

学名： 越南油茶（*Camellia drupifera* Loureiro）。

来源地（采集地）： 海南省白沙黎族自治县细水乡。

主要特征特性： 小乔木，树形半张开，叶长椭圆形，芽浅红色；花白色，花期11月上旬至12月下旬，果实成熟期10月中下旬，属“霜降籽”类型，果实橘子形，浅青色或茶青色，均果径（49.03 ± 7.19）mm，果皮厚（4.27 ± 2.39）mm，果皮光滑，每500g鲜果数6 ~ 9个，每500g鲜种子数为135粒左右，鲜出籽率44.79%，干出籽率63.22%，种仁出油率52.15%，鲜果出油率7.92%。没有发现油茶炭疽病。

利用价值： 山柚茶果实的种仁含油量高，所榨的油称为山柚油，是高级的食用油，山柚油较为昂贵，在海南仅在佳节或接待贵客时配以食盐作为海南白斩鸡的蘸料；山柚油还是较好的“月子油”。山柚油具有较高的药用价值，海南民间家中常备，可消肿、止痒、润肠等，可用于跌打损伤、乌青淤血等；山柚油是海南传统的美发护发用品，还具有除皱、护肤、防晒等功效。山柚茶籽榨油后所获得的茶饼是品质较好的有机肥，同时又具有很好的杀虫效果。

山柚茶林

供稿人：海南省农业科学院　郑道君

（四）小狗豆（狗爪豆）

种质名称：小狗豆。

学名：黧豆（*Stizolobium capitatum* Kuntze）。

来源地（采集地）：海南省白沙黎族自治县。

主要特征特性：耐旱、耐瘠性好，也耐肥，不耐涝渍。对土壤要求不严，不论平原、坡地及新垦荒地均能生长，较肥沃而排水良好的土壤生长最优良，长势强，生长快，叶片大，病虫害少。

利用价值：种子可提取淀粉，黏性很强，适于做增稠剂或胶黏剂。花型漂亮，适于庭院经济。

小狗豆

供稿人：海南省农业科学院　伍壮生

（五）白花菜

种质名称：白花菜。

学名：羊角菜［*Gynandropsis gynandra*（Linnaeus）Briquet］。

来源地（采集地）：海南省白沙黎族自治县。

主要特征特性：喜温暖、湿润，较耐旱，生长季节短，且再生能力强。生长期对光照和土壤要求不严。但为了保证品质，最好选择土壤肥沃、疏松透气的壤土或沙壤土为佳。

利用价值：采摘嫩头食用。可炒食、凉拌、煮食或做汤料。有抗炎、消肿、祛痰及利尿等功效。

白花菜

供稿人：海南省农业科学院　伍壮生

（六）鳄梨

种质名称：鳄梨。

学名：鳄梨（*Persea americana* Mill.）。

来源地（采集地）：海南省白沙黎族自治县。

主要特征特性：长势好，喜光，喜温暖湿润气候，不耐寒，根浅，枝条脆弱，不能耐强风，大风影响可导致减产，对土壤适应性较强。

利用价值：可作为老幼皆宜的高脂低糖保健食品开发。

鳄梨

供稿人：白沙黎族自治县农业农村局　张春香

（七）神秘果

种质名称：神秘果。

学名：神秘果（*Synsepalum dulcificum* Daniell）。

来源地（采集地）：海南省海口市琼山区。

主要特征特性：神秘果果实酸甜。神秘果含有神秘果蛋白，吃后两小时内吃其他酸性水果，会觉得这些水果不再酸，而变得很甜，故名神秘果。20世纪60年代，加纳共和国把神秘果作为国礼送给周总理。此后神秘果开始在我国栽培，是一种国宝级的珍贵植物。

利用价值：可以开发为增甜剂、减肥药。

供稿人：海南省农业科学院　华敏　邓会栋

（八）抗病虫番石榴

种质名称：抗病虫番石榴。

学名：番石榴（*Psidium guajava* L.）。

来源地（采集地）：海南省海口市琼山区。

主要特征特性：采集于农户庭院中，与院中另外一株番石榴相比，其生长势较好，枝叶繁茂，表现为抗病虫，另一株虽有挂果，但病虫危害严重，90%是病果、虫果，不具商品性。

利用价值：可作为抗性育种材料，进一步挖掘和利用。

抗病虫番石榴植株

抗病虫番石榴果实

供稿人：海南省农业科学院　范鸿雁　邓会栋

（九）小扁豆

种质名称：小扁豆。

学名：小豆［*Vigna angularis*（Willd.）Ohwi et Ohashi］。

来源地（采集地）：主要在海南省昌江黎族自治县。

主要特征特性：海南西南部地区一般于8—9月播种。选择肥沃、土层深厚、保肥保水性好的壤土或沙壤土种植。为了避免积水，大多选择坡地。播种采用条播或穴播方式，每穴播3~4粒种子，深度以3~4cm为宜。小扁豆一般种植较粗放，不需搭架，可与玉米等高秆作物混种。由于其生长时间较长，需肥量大，故在整地时每亩需撒施500~1 000kg腐熟的有机肥、50~100kg的过磷酸钙作为基肥，开花结荚期需追施1~2次高钾复合肥，每亩需追施20~30kg。种植过程中，需控制好水分，不能出现田间积水现象。

利用价值：主要在海南省西南地区如三亚、乐东、东方和昌江等市县零星种植。主要以豆芽供食用。

小扁豆生境

小扁豆植株

供稿人：海南省农业科学院　伍壮生

（十）金黍

种质名称：金黍。

学名：黍稷（*Panicum miliaceum* L.）。

来源地（采集地）：海南省海口市琼山区。

主要特征特性：金黍为一年生草本植物，籽粒去皮后为黄米，米质优，气味香，有特殊风味，性黏。株高70~90cm，穗下垂，侧散穗型，穗长20~26cm，颖壳金黄色，籽粒淡黄色。耐热，耐旱，耐贫瘠，不易倒伏，抗病虫害能力强。在海南春夏均可种植。

琼山红旗黍

利用价值： 金黍主要用于煮粥、酿酒和做糕点等，具有特殊风味，并具有良好的保健功能。金黍在海南分布极少，已演变为濒危种质资源，具有保存和研究价值。

供稿人：海南省农业科学院　唐清杰

（十一）千年酸豆

种质名称： 千年酸豆。

学名： 酸豆（*Tamarindus indica* L.）。

来源地（采集地）： 海南省三亚市崖州区。

主要特征特性： 在三亚市崖州区水南二村开展种质资源调查与收集期间发现了一株古老的酸豆树，树高30m，树围达4.1m，当地群众称之为“千年酸豆”。

酸豆，又称酸梅（海南）、酸角（云南）等，是豆科酸豆属药食兼用的常绿乔木。原产于非洲热带稀树草原，古代阿拉伯人将它引入亚洲，经印度后又传到中国，主要分布于我国台湾、福建、广东、广西、云南、海南等省区。酸豆喜欢炎热气候，生长在年均气温18～24℃、年降水量500～1 200mm的地区，其树身高大，树干粗糙，枝头挂着一串串褐色的弯钩形荚果，十分壮观。

利用价值： 酸豆树全身是宝，根、叶、花、皮、核均可入药；果肉除可直接生食外，还可加工生产营养丰富、风味特殊、酸甜可口的高级饮料和食品，如果冻、果糖、果酱和浓缩汁、果粉、果脯等；果实浓缩汁可用于配制生产果汁，果粉供生产多糖食品，能清热解暑，生津止渴，消食化积。同时，酸豆可入菜提味做酸鱼汤，也可以直接用于皮肤按摩或做成面膜。

此次发现的酸豆古树，因其在村外围且在田边故得以保存，这也是海南启动调查与收集行动以来发现的树围最大、树龄最古老的酸豆树，对于古老资源的挖掘、利用和保存具有十分重要的意义。

千年酸豆

供稿人：海南省农业科学院　邓会栋

二、资源利用篇

（一）海南特异粮食作物资源——山栏稻

海南的稻种资源丰富，不仅有水稻，而且有众多的旱稻。旱稻中以山栏稻种质资源居多。山栏稻作为海南地区特有的珍贵地方种质，具有独特的农艺性状和较强的抗旱生理特征，是黎族人民宝贵的遗传资源。山栏稻作为热带山地旱稻具有其特殊的种质特征，并具有突出的抗旱等农艺和米质优等品质特点。还表现在大穗大粒和较高的糙米粗蛋白含量，有的种质还具有较好的蒸煮品质（直链淀粉含量适中、具芳香味、口感好）。山栏米是很珍贵的食物，有关资料记载，“其粒绝白”“一家煮山栏饭全村香”，营养丰富，是黎族迎接贵客的珍品。用山栏米酿的酒称为山栏酒，由于具有独特醇厚的芳香，有“黎家茅台”的美誉。

海南省山栏稻资源，主要分布于海南岛山区和丘陵山地，集中在琼中、保亭、东方、崖县、白沙、乐东、陵水、万宁等黎苗族聚居区，目前海南山栏稻种植面积约10 000亩。其中琼中黎族苗族自治县品种齐全，面积大，种植基础较好，主要分布在上安乡和湾岭镇，面积约2 000亩。白沙黎族自治县南开乡零星种植1 000亩，青松乡连片1 000亩。乐东黎族自治县抱由、万冲、大安、志仲和千家镇等5个民族乡共约5 000亩，主要加工成糯米酒。五指山市毛阳镇、南圣镇、番阳镇和水满乡零星种植400 ~ 500亩。保亭黎族苗族自治县毛感乡、新政镇等地种植300 ~ 500亩。昌江黎族自治县七叉镇零星种植山栏黑稻。临高县零星种植100亩。

作为稻作抗旱、优质育种的原始亲本材料，则有很高的利用价值。在稻作杂交育种中，开发利用山栏稻的优良基因源是值得充分重视的。郑成木等选择农艺性状较好、耐旱性强的5份山栏稻种质作为亲本，与水稻常规品种（七芦粘、香珍矮、台粳5号等）杂交，共配组26个杂交组合，由于山栏稻与籼型水稻杂交近似亚种间杂交，后代结实率较低。故在某些组合的早代（F_2或F_3）选择优良单株与水稻雄性不育恢复系“明恢63”杂交（三交）。三交后代（F_1）再与水稻雄性不育系珍汕97A杂交（四交）。从2个四交后代F_6中进行单株选择，在F_7代建立株系圃，从中选择得到13个优良株系，F_8代对入选的9个品系进行农艺性状比较、产量构成分析和抗旱生理指标测验。结果表明其中3个品系具有良好的农艺性状和较高的产量潜力（产量可超过300kg/亩），同时表现出较强的抗旱性。

海南省农业科学院粮食作物研究所用五指山山栏稻与海丰糯1号杂交，利用系谱选育优良株系的方式经8代连续选育，使其稳定而育成常规山栏稻。2013年晚造以乐东县山栏稻为母本、以海丰糯1号为父本杂交，采用系谱法选育。2014年早造F_1代，种植20株，全收种子。2014年晚造，F_2代种植1 500株左右的群体，入选20株。2015年早造F_3代，每个株系种植100株，筛选稻米外观品质，入选15株。2015年晚造F_4代，每个株系种植100株，按理想模型筛选理想株系，入选10株。2016年早造F_5代，每个株系种植100株，按理想模型筛选理想株系，入选5株。2016年晚造F_6代，按理想模型筛选理想株系，入选2个株系。2017年早造经观察株系L140性状整齐一致、丰产性好、抗性强，混收种子。2017年晚造和2018年早造经过试种示范，具有高产、稳产、抗性强（高抗稻瘟病、白叶枯病、稻飞虱等病虫）等优点，初步命名为“海丰山栏1号”。

2015年晚造从保亭山栏稻种植田中发现一分离长粒型单株，2016年早造F_1代种植3 000株，表现中熟、大穗、有分离，叶色浓绿，颖壳顶尖红色，其中选择农艺性状较好单株15个。2016年晚造F_2代，当选单株每个种植100株，经田间鉴定和考种比较，5个单株表现突出，从中选择出抗病、丰产性好、株叶型好、种皮黑的单株共10个。2017年早造F_3继续种植，每个单株种植100株，发现6个单株表现突出。2017年晚造F_4代，其中3个单株性状表现基本稳定，按单株混收种子于2018年早造，经观察株系L637性状整齐一致、丰产性好、抗性强，种皮黑，糯性较好。2017—2018年，当选株系982经过试验和试种表明，具有高产、稳产、抗性较强、种皮黑等优点，将株系L637命名为“黑糯山栏1号”。

近年来，山栏米和山栏酒的市场份额逐年提高，山栏稻谷价格超过20元/kg（普通稻谷2～4元/kg），山栏酒价格50～60元/kg，已经成为当地群众脱贫增收的重要产业。

琼中山栏稻

山栏陆1号

供稿人：海南省农业科学院　唐清杰

（二）海南特色油茶资源利用现状

1. 海南油茶独具特色

油茶、油棕、椰子、油橄榄被称为世界四大木本油料植物。海南岛独特的地理环境、生态环境和气候环境孕育了丰富而具有特色的油茶资源。油茶种子富含维生素E、不饱和脂肪酸以及多种微量元素，油茶籽油稠度高具有独特的芳香。海南将本地的油茶称为“山柚”，其茶籽油称为“山柚油”，所产山柚油口味醇香、品质优良。其一，海南山柚油属于高档食用油，因较为昂贵，目前仅在佳节或接待贵客时餐桌上，配以食盐作为蘸料，风味尤佳。其二，海南山柚油具有很高的药用价值，如具有消肿、止痒、润肠、促进伤口愈合等功效，刀伤、烫伤、撞伤时，在创伤处抹以山柚油，均有较好的疗效，尤其是跌打损伤、乌青淤血，疗效更佳，海南民间家中常备。其三，海南山柚油还被称为“月子油”，即女人坐月子期间食用，可促进产妇身体恢复、增加乳汁分泌，促进婴儿食欲和成长。其四，海南山柚油具有很好的美容功能，如除皱、护发、乌发、护肤、防晒等，为海南传统的美发护发用品。

2. 海南油茶产业蓬勃发展

海南油茶种植的历史至少已有500多年，海南山柚文化长远，海南村名中含有“山柚”字眼的村落共有11个之多，如，海南省屯昌县新兴镇有个村落，其村名就叫山柚村。中国林业科学研究院亚热带林业研究所、中南林业科技大学、海南省农业科学院、中国热带农业科学院等省内外多家科研单位先后在海南各地开展油茶种质资源调查和优良品种选育工作，共选出70多株优良母树，并对其生物学特性、产果情况进行了多年跟踪观测，取得了较多的科学的观测数据。目前经海南省林木品种审定委员会审定，20株母树（无性系）已被认定为优良品种（系）。为了加强产业规范化管理，保障产业健康可持续发展，海南明令禁止销售和种植油茶实生苗，严格执行国家林业局“四定三清楚”的规定，坚持“采用嫁接苗、慎用扦插苗、杜绝实生苗”的种苗生产原则，油茶苗木生产单位及单位法人对生产的苗木质量终身负责，油茶种苗生产单位与使用单位要签订良种供应及售后服务协议。目前，海南全省已建设10个较大规模的专业化生产油茶苗圃，油茶种植面积达到7万多亩，主要分布在琼海、屯昌、澄迈、定安、五指山、琼中、海口、儋州、白沙等市县。全省成立油茶合作社10个，种植大户383个，茶籽年产量约500t，山柚油产量80多t，约占全国同期产量的0.1%。据统计，目前全省油茶加工厂（含小作坊）82家，其中年销售额超过100万元的企业有10余家，主要分布在琼海、琼中、澄迈3个市县。每年11月下旬开始加工生产，至春节结束。全省的油茶籽油加工厂主要以个体小作坊经营为主，绝大部分采用土灶热炒榨油法，山柚油注册商标有“量子牌”“百寿山”“侯臣”“噜吽”“健源”“白石岭”“琼中”“文奥”“野生山柚油”“北仍山”等10个品牌。

3. 海南油茶产业助力脱贫攻坚

油茶具有易种植、成本低、单产高、品质优、不占田、效益高、寿命长等优势，是农民的“铁杆庄稼”。当前，海南山柚油市场价600～700元/kg，是广西、江西等地油茶籽油价格的4～8倍，进入丰产期的油茶树每亩产值为0.8万～1.2万元，但是每亩投入成本仅需1 000元/年，且油茶寿命长达数百年，盛果期数十年，一次种植，几十年受益，是海南精准扶贫选择的良好产业，也不失为实现奔小康目标和长期维持农村经济繁荣的朝阳产业。当前国内外食用油消费量逐年上升，我国食用油料自给率低，进口依赖性大，特别是优质木本油料需求旺盛，尤其对油茶特性的重新认识，茶籽油需求缺口巨大，前景广阔。大力发展油茶产业，对挖掘林地资源潜力、促进农民增收有着重要意义，既是持续增收的有效途径，也是优化农村产业结构、壮大地方经济、推进社会主义新农村建设的需要。因此，在海南油茶主产区，油茶产业已成为当地政府促进农业产业结构调整、推动农村经济发展和增加农民收入的重要途径。

4. 海南油茶促进社会经济发展

油茶是海南林木更新换代、产业结构优化调整的重要经济作物。如果选用优良品种，加强合理施肥、保花保果、整形修枝、病虫害防治等，5～6年进入盛产期的油茶林年产油可达30kg/亩，亩产值可达2万元。除压榨油茶籽油外，油茶花、油茶枯、油茶壳等副产品也可获得较大的经济效益，对丰富食用油种类、保障国家粮油安全、促进地方经济发展、帮助农民致富具有重要的意义。而且油茶花大、洁白，花期长，从10月中下旬持续到翌年的1—2月，正值海南旅游高峰季节，连片满树的油茶花将为海南岛旅游增添独特的风景。因此，发展独具海南特色的茶籽油及其高档副产品，不仅可以为海南自贸区（港）和国际旅游岛建设提供特色旅游产品，而且随着旅游业的发展，大幅度提高了国内外对海南油茶的认知度，促进了油茶产业快速发展，推动了当地社会经济稳定发展。

5. 海南油茶促进生态环境保护建设

油茶树属于常绿树种，四季常青，根系发达，耐干旱瘠薄，适应生长范围广，是一种抗污染能力极强的树种，不仅对二氧化硫、氟的抗性强，吸氯能力也很强，而且在适宜区域大量种植可起到抗风、保持水土、涵养水源、保护生态环境的作用，海南发展油茶可为海岛生态环境保护助一臂之力，生态效益十分显著。尤其在山区和丘陵地带，利用荒山坡地推广栽培油茶，既充分利用了土地资源，又能够绿化荒山，保持水土，改善农村生态面貌和人居环境。将现有大量产值较低的橡胶林、桉树林和甘蔗地替换为油茶林，不仅可提高防台风能力，有效降低农业损失，也可加速海南省绿化宝岛大行动的建设，促进海南全域旅游健康发展。

6. 海南油茶产业发展的建议

油茶在海南岛的栽培历史悠久，具有十分丰富的种质资源。充分依托省内外科研机构、高等院校技术力量，本着“求稳、求精、不求快”的原则，组织油茶专项研究，选育出一批适合海南推广的良种，并建立规范化油茶良种繁育体系。依托国家现代农业综合开发林业项目等，集成推广关键技术，积极推行标准化生产，创建优质高效示范园，提高山柚油产量和品质。延长油茶产业链，完善油茶产品质量标准体系，加大对“海南山柚油”品牌的打造和保护力度，实施品牌战略，积极申请国家地理标志商标。建设产品质量追溯系统，加强油茶质量安全监管，为消费者提供安全优质的油茶产品。同时，发挥海南丰富的油茶历史文化和人文资源优势，挖掘丰富的油茶文化内涵，加大油茶宣传力度，不断提升海南山柚文化的影响力，把油茶产业打造成海南独具热带特色的优势产业和富民强省的支柱产业。

百年以上的油茶林

油茶单瓣花

油茶重瓣花

供稿人：海南省农业科学院　郑道君

（三）名特优资源‘多异1号’尖蜜拉在生产上的应用

尖蜜拉［*Artocarpus champeden*（Lour.）Spreng.］，为桑科波罗蜜属，原产于马来半岛，20世纪上半叶开始引种至中国，目前主要分布于海南、广西、云南、福建和广东湛江等地。自2000年以来，海南省农业科学院热带果树研究所开展了尖蜜拉种质资源收集工作，先后从国内外引进了数十份尖蜜拉品种（系），2004年从我国台湾引进一批尖蜜拉资源，并在琼海市塔洋镇以及澄迈县永发镇开展了综合品比试验和综合性状评价，筛选出‘多异1号’尖蜜拉。

‘多异1号’尖蜜拉，为常绿乔木，6年生平均树高5.85m，主干平均高度87.5cm，干周55.6cm，冠幅6.25m×6.54m，树形为主干疏层形，树冠为圆头形或宽金字塔形。树干灰褐色与灰白色相间，主干表皮粗糙；新梢枝条为黄绿色至绿色，具有白色斑点，有绒毛，老熟后枝梢为黄褐色至灰褐色；叶互生，叶背多毛，无光泽，倒卵形或长椭圆形，叶片平均厚0.45cm，平均长为21.5cm，平均宽9.8cm，叶形指数2.19。成熟果实平均单果质量1.85kg。呈长椭圆形，果柄长9.68cm，果实纵径25.68cm，横径14.35cm，果形指数1.79；果皮呈黄绿色，苞刺呈五棱锥或六棱锥型，刺尖钝化并呈黄褐色；果皮厚度中等，平均0.92cm，果皮及果轴含有少量乳白色黏胶。平均每个果实含有果苞22个，果苞易剥离，形状为倒卵形或不规则形，单果苞质量33.58g，平均纵径4.54cm，横径3.86cm，苞形指数1.18；每个果苞含有1粒种子，正常发育的种子呈球形或椭球形，褐色或红褐色，单粒种子质量11.78g；果实苞肉质量占果实的36.4%，种子质量占15.2%，果皮及果腱总质量占48.4%；果肉呈金黄色，肉质柔软多汁，纤维含量中等，浓甜，可溶性固形物含量26.8%～29.2%。

种植后两年半即开始少量挂果，第4～5年开始投产，第6年后进入盛产稳产期。一般单株坐果量45～70个，产量85～112kg，成熟果实平均单果重1.85kg，盛产期平均亩产可达1 900kg。在海南，花期主要集中在3—4月，6月以后果实开始陆续成熟，7—8月进入成熟高峰期。

海南是我国最大的热区，属热带季风性气候，大部分地区海拔不足1 000m，且入春早、升温快、长夏无冬、全年无霜冻、冬季温暖，年平均气温22～26℃，≥10℃的积温为8 200℃·d，最冷月（2月）温度16～21℃，历史绝对最低温度>5℃，最热月（8月）

温度为35～39℃，年光照为1 780～2 600h，年均日照天数达225d，光照率为50%～60%，光温充足，光合潜力高；雨量充沛，年平均降水量近1 650mm；土壤以砖红壤、赤红壤和黄壤土为主，土层较深厚，有机质丰富，肥力较足，大多数排水性好，适宜尖蜜拉的规模化种植。‘多异1号’尖蜜拉丰产稳产，适应性强，抗旱性较强，不耐涝害；耐寒性差、耐热性较强，与菠萝蜜无显著差异；果实大小适中，方便鲜食；果肉浓甜有特殊香气；海南全省各市县皆可栽培，但最适宜的发展地带为万宁、琼海、海口、文昌、澄迈、定安、琼中、儋州、临高等市县，西南部干旱地区以配套灌溉设施为佳。

海南可常年定植，以7—10月定植效果最佳。苗木定植前30～60d挖定植穴，规格为穴面宽80～100cm、深60cm、穴底宽60～80cm。每穴施用腐熟的有机肥20～30kg，复合肥0.5～1.0kg，过磷酸钙0.8～1.0kg，将肥料同表土混合拌匀。株行距6m×8m，幼苗期尖蜜拉植株株高0.8m时，选择晴天进行打顶，促其侧枝生长及分枝。选择与树干呈45°～60°生长的枝条5～6条作为一级分枝，一级分枝长至0.8m时，再去顶，选留3～4个枝条，培养二级分枝，二级分枝长度为1m左右。以冬季、采果后和春季2—3月为主要修剪时期。每结果周期施肥3～4次，氮、磷、钾肥搭配有机肥一同施用。植株幼龄期、花期和果实发育期需充足水分。‘多异1号’尖蜜拉病虫害的防控要坚持“预防为主，综合防治”的原则，优先采用农业、物理和生物防治措施，并结合科学合理使用化学农药，以达到经济、安全、有效地控制病虫害的目的。

2008年以来，在琼海市塔洋镇、万宁市龙滚镇等地开展了该品种的规模化种植与区域性栽培示范，区域试验表明该品种种性表现稳定、综合性状优良，2014年，该批区试尖蜜拉在种植后的第5～6年，已经进入了盛产稳产期，产量达1 900kg/亩以上。

以新品种试验示范基地为点，周边示范为面，以点带面多点建设，促进海南菠萝蜜产业的健康、稳定和持续发展，因此，进一步在澄迈县永发镇、琼海市塔洋镇、定安县富民镇、海口市三门坡镇、琼中县和平镇等地区建立核心示范基地7个，共600亩，开展技术培训20多期，田间技术观摩5次，培训果农600多人次，辐射推广面积5 000亩以上。该品种推广将每年为周边贫困户创造近200多个就业机会，带动周边尖蜜拉的产量和产值大幅增长，成为澄迈、定安、琼中等市县重点推广的高效果树新品种及重点培植的新兴高效果业，有效地推进热区农业结构调整、助推当地脱贫致富，增加了农民收入和就业率，促进社会主义新农村建设和解决“三农”问题具有重要的现实意义，因而社会和经济效益十分明显。

‘多异1号’尖蜜拉单株结果状

‘多异1号’尖蜜拉果实

‘多异1号’尖蜜拉种植园

供稿人：海南省农业科学院　范鸿雁　胡福初

三、人物事迹篇

（一）纯挚的种质情怀　平凡的种质梦想

李海明，海南儋州人，身材略瘦却很精硕，皮肤有着多年阳光烙印，黑中带亮。和他谈农业会让你感受到激情，易受他农业情怀所感染。他车里常备修枝剪、小铲、游标卡尺等工具和试验品。没有花白头发、没戴眼镜，看起来并不像教授的他却经常被邀请参加各种农业技术交流会和讲座。只要有空，他喜欢和大家一起交流，经常把田间地头当课堂，深受当地老百姓和果园老板喜爱。他喜欢拜访同行专家，向他们虚心请教相关知识，爱往田间地头跑，总说田间地头里有黄金屋，有他一辈子也读不完的书……。

为推广新品种新技术，他起早摸黑，一年开车超过6万km，四年跑了超过24万km，为研究“妃子笑化学疏花药剂”配方和推广应用技术，很多个春节都是在地头里过，回报的却是该配方和配套技术，让当地众多妃子笑荔枝种植户节省了大量人工，果品提早上市……。

2018年，回到儋州市工作的他开始负责儋州市种子种苗站农业版块业务并参加了“全国第三次种质资源普查与收集”工作。为了完成好这项意义非凡的工作，他到儋州市档案馆、市统计局、市史志办等有关部门借阅、查阅了大量的档案资料和技术文献，收集1956年、1981年和2014年三个阶段的当地有关农作物种质资源等基本情况和数据。

2018年11—12月，短短一个多月时间，有着良好群众基础的他和普查队员深入那大、兰洋、南丰、大成、雅星、王五、海头、中和、洛基、三都等十多个乡镇开展农作物种质资源普查与收集工作，征集到了地方品种和种质资源103份。其中有优异品种资源如油柑、红毛丹、本地板栗、鸭脚粟、粟米、红高粱等13份。圆满完成了儋州市“第三次全国农作物种质资源普查与收集”工作任务，之后又开始了他新的种业工作。

儋州市是一个种质资源很丰富的地方，拥有野生稻、百年黄皮、百年荔枝、百年杧果、野生牛大力等多种珍稀种质资源。为做好这些农作物的保护与开发利用，李海明经常请教国内行业专家，学习种质资源的保护知识。他利用海南省农业科技110和儋州市农林科学院平台，聘请中国农业科学院、中国热带农业科学院、海南省农业科学院、海南大学等科研院所的多位专家作为技术顾问，整合专家和科技力量为当地种质资源的保护与开发利用服务。

在野生稻资源保护工作中，他邀请了中国农业科学院领军人才、中国农业科学院科技创新工程作物种质资源保护创新团队骨干专家杨庆文研究员指导相关工作，儋州野生稻原生境保护点成了海南野生稻保护示范点之一；为了当地甘薯产业的发展和新品种“糯香甘薯”的培育工作，他邀请了中国热带农业科学院副院长、农业农村部国家木薯产业技术体系首席科学家李开绵，中国热带农业科学院热带作物品种资源研究所博士生导师、中国热带作物学会薯类专委会主任、国际热带薯类作物学会理事和亚洲分会负责人陈松笔、中国热带农业科学院热带作物品种资源研究所从事甘薯育种工作的刘迪老师为当地新品种“糯香”地瓜产业链专家。

为做好全国第三次种质资源的普查与收集工作，他邀请了海南省农业科学研究员唐清杰、范鸿雁等专家进行指导。他自己说，每当回想起他和这些专家以及普查团队一起起早摸黑、攀山、爬树，加班加点工作时，虽辛苦但很充实、很快乐，心里对这些支持和帮助过他的专家们总有说不完的感谢。他常说，“没有完美的个人，只有完美的团队，所有工作成绩背后是领导的重视和团队共同努力！”

李海明和他的团队经常深入一线观看当地百年黄皮、百年荔枝、百年黄皮等古树，给古树施用腐植酸肥料复壮，动员当地村民注意保护这些古树资源。积极开展野生牛大力等南药资源的保护工作，推广牛大力酒、益智酒、黄皮鸡、黄皮茶、黄皮蜂蜜等产品。现如今，儋州黄皮鸡、黄皮茶、黄皮假生等已成为当地的知名消费产品，儋州《牛大力种植与深加工》曾获得海南省儋州市创业大赛创意组优秀奖荣誉。

李海明想着儋州具有丰富的热带、亚热带植物品种种质资源，这些植物品种具有很好的发展潜力和品种推广价值优势。随着气候环境的变化和人们活动范围的不断扩大，当地种质资源面临丧失或遭到破坏的风险也在加大，如能建一个大大的“儋州市植物种质资源库及资源圃”那该多好，于是他拟了一个“儋州市植物种质资源库及资源圃项目建设实施方案”，并通过工作单位向市政府打报告，希望这一梦想早日实现，造福当地。

李海明（左三）与队员在收集花生资源

李海明（左前二）和队员在收集资源

供稿人：儋州市农林科学院　李海明

（二）粮安天下，资源基石

——海南省农业科学院资源调查队骨干队员

海南省第三次农作物种质资源普查与收集行动于2017年开始启动，主要对海口市琼山区、三亚市崖州区、儋州市、白沙县、五指山市和保亭县等6个市县（区）的农作物种质资源进行系统调查与收集工作以及种质资源的田间鉴定、评价、编目、繁种等系列工作，抢救性地保护各市县当地的地方品种。为此,海南省农业科学院选拔了从事资源工作的专业骨干完成此次任务。这支队伍的骨干成员包括粮食作物所唐清杰研究员、果树所范鸿雁研究员、蔬菜所伍壮生副研究员、园艺所任军方研究员，以及蔬菜所王敏副所长，园艺所郑道君副所长、陈宣、陈加利，粮食作物所严小微研究员、徐靖、朱红林、唐力琼，果树所胡福初、邓会栋等各所资源研究人员。

集体智慧制定了2017—2019年第三次全国农作物种质资源普查与收集行动海南省农业科学院实施方案。制定了目标任务，实施范围、期限与进度，任务分工，重点工作与保障措施。

海南省农业科学院抽调粮食作物、热带果树、热带园艺、蔬菜等4个相关研究所组织种质资源、作物育种与栽培、植物分类学等专业人员组建系统调查课题组，开展海南省农作物种质资源系统调查与抢救性收集工作。

调查小组每到一个调查点之前，均先查阅大量文献资料，掌握当地农作物种质资源基本情况。再与地方农技部门和农技人员沟通，提前踩点，明确各点资源种类和分布等大致情况。调查小组根据踩点情况进行人员安排，准备调查资料和工具，通过地方向导、询问、走访等方式到达目的地，根据专业技术人员研究方向和特长，每一种质资源均安排2～3人进行调查收集，一人负责实地测量，一人负责记录和询问，保证调查收集的准确性和精确度。调查内容包括种质资源的特征特性、地理分布、历史演变、栽培方式、利用价值、濒危状况和保护利用情况等，采集样本包括种子、果实、枝条等。样品采集回来后，立即进行信息登记，采集的种子进行干燥处理后入冷库保存，块根、块茎和枝条送往海南省农业科学院永发基地种植保存。

2017年7月13日—11月2日，先后7次组织各业务组前往海口市琼山区龙塘镇、甲子镇、红旗镇、旧州镇、大坡、三门坡等乡镇。2017年7月27日—12月14日，先后5次前往三亚市崖州区水南、梅东、长山、拱北、城西、抱古、三更等10个村开展种质资源普查工作。

2018年4月26日—12月22日，先后5次前往白沙县牙叉镇、元门乡、细水乡、七坊镇、白沙农场、青松乡、南开乡等乡镇。2018年3月5日—11月22日，先后4次前往保亭县什岭镇、毛感乡、南林乡、响水镇、新郑镇等乡镇。2018年10月9日—12月21日，先后4次前往儋州市南丰镇、王五镇、中和镇、雅星镇、海头镇、兰洋镇等乡镇。2018年10月5日—12月26日，先后多次前往五指山市通什镇、畅好乡、水满乡、毛阳镇和南圣镇开展种质资源调查工作。在保亭、白沙发现具有消炎化瘀、利尿功效的叶用芥菜。在保亭、白沙、五指山等少数市县的黎苗族种植的山栏稻,具有突出的抗旱和米质优良等特点。在儋州市王五镇、东成镇、南辰农场等地发现零星分布的珍贵油茶资源。其中现存的“油茶王”树干是折断后重新萌芽而成，胸径2m，株高8m，冠幅6.6m×6.9m，估计树龄达600年以上。独特的地理环境、生态环境和气候环境孕育了丰富而具有特色的油茶资源，其籽粒富含维生素E、不饱和脂肪酸以及多种微量元素，再加上当地特有的热炒压榨方式，使得油茶籽油具有独特的芳香。当地将茶籽油称为“山柚油”，口味醇香、品质优良，风味独特，属于高档食用油。具有消肿、止痒、润肠、促进伤口愈合等功效，还具除皱、护发、乌发、护肤、防晒等美容功能，市场前景非常广阔。

2019年在五指山市毛阳镇、南圣镇和水满乡和澄迈县永发镇、儋州市、海口市、文昌市开展，种质资源收集工作。在文昌沙地地区发现了集中分布的海南锥，壳斗科锥属植物，海南特有种，其橡实（坚果）在海南俗称为“牛酸”“油酸”等。坚果淀粉含量极高，在60%~80%之间（高于板栗和锥栗）；食用历史悠久，曾经是文昌市昌洒镇至公坡镇一带农民的木本粮食。在保亭县新政镇发现桃金娘野生资源，夏日花开，绚丽多彩，灿若红霞，边开花边结果。成熟果可鲜食，是鸟类的天然食源，也可酿酒。可用于园林绿化、生态环境建设，是山坡复绿、水土保持的常绿灌木。全株可供药用，有活血通络，收敛止泻，补虚止血的功效。

截止到2021年5月31日，在6个系统调查市县以及海南省其他普查市县共收集各类作物种质资源1 196份，其中有效资源951份，圆满完成了海南省农作物种质资源系统调查与收集工作。

供稿人：海南省农业科学院　唐清杰

四、经验总结篇

（一）海南省农业农村厅举办“第三次全国农作物种质资源普查与收集行动”普查与征集培训班

2017年4月13—15日，海南省农业农村厅在海口市举办“第三次全国农作物种质资源普查与收集行动”普查与征集培训班，启动海南省2017年农作物种质资源普查与收集工作。培训班邀请了时任中国工程院副院长刘旭院士以及中国农业科学院有关领导与专家进行授课讲解，海南省农业科学院邢福能副院长介绍了海南农作物种质资源的具体情况和目前收集种质资源的成效。海南省农业农村厅王宏良副厅长出席了培训班开幕式并做讲话。

在培训班开幕式上，王宏良副厅长就海南省第三次全国农作物种质资源普查与收集行动提出三点要求：一是充分认识农作物种质资源普查与收集利用的意义，提高认识，准确把握普查与收集利用的精神实质；二是明确目标及主要任务，在20个市县区开展农作物种质资源普查和征集工作，并在2个市县区开展农作物种质资源系统调查和抢救性收集工作；三是加强组织保障，要明确责任分工、成立领导小组、组建普查与收集专业队伍并做好协调及对接工作。

随后刘旭院士就《农作物种质资源保护与利用中长期发展规划（2015—2030年）》和《第三次全国农作物种质资源普查与收集行动实施方案》做了具体解读。中国农业科学院科技局副局长王述民研究员、中国农业科学院作物科学研究所有关领导及专家就农作物及其野生近缘植物资源普查与征集技术方案、作物种质资源普查数据信息采集与管理、“第三次全国农作物种质资源普查与收集行动”组织与管理等方面分别进行了培训。

中国农业科学院有关领导及专家，省农业农村厅、省农业科学院、省种子总站有关负责人及专业技术人员，各市县农业农村局、农技中心种子站有关负责人及专业技术人员共计近130人参加了培训。

随着本次会议的召开，标志着“第三次全国农作物种质资源普查与收集行动”海南省普查与征集工作正式启动。

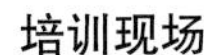

培训现场

刘旭院士授课

供稿人：海南省种子总站　程子硕

（二）海南省农作物种质资源普查与收集现场培训交流会在三亚召开

根据海南省农业农村厅《海南省农作物种质资源普查与收集行动实施方案》（琼农字〔2017〕67号）精神，为促进海南省农作物种质资源普查和收集工作的顺利实施，2018年7月27日，海南省农作物种质资源普查与收集办公室在三亚召开海南省农作物种质资源普查与收集行动现场培训交流会。

培训会场

培训交流会邀请了中国农业科学院专家进行授课讲解。海南省农业农村厅王宏良副厅长、三亚市李劲松副市长、海南省农业科学院曹兵副院长等出席了培训交流会开幕式并做讲话。

在培训交流会开幕式上，王宏良副厅长强调了农作物种质资源普查与收集行动的重要意义，并就行动提出三点意见：一是高度重视，充分认识农作物种质资源普查与收集利用的意义；二是认真落实，把海南省农作物种质资源普查与收集作为当前的重点工作来抓，按时完成普查表和征集表的上交任务；三是及时汇报，向各市县（区）主要负责人传达会议精神，做好汇报工作，推进相关工作顺利完成。中国农业科学院专家就农作物种质资源普查与征集技术规范、普查表填写及数据库录入、征集表的填写及注意事项等方面分别进行了交流培训，并组织参会人员前往三亚市天涯区过岭村开展农作物种质资源样本征集及填写征集表的实地操作示范，切实帮助参会人员加强对于农作物种质资源普查与收集工作的理解，进一步提高普查与征集的操作水平。

中国农业科学院有关专家、媒体记者、海南省农业农村厅、海南省农业科学院、海南省种子总站有关负责人及专业技术人员、各市县（区）农作物种质资源工作承担单位负责人及联络人等共约110人参加了培训交流会。

培训现场

供稿人：海南省种子总站　程子硕

（三）海南省农业科学院先进经验

1. 强化技术培训交流，为种质资源调查收集打下坚实的基础

为做好此次资源普查与收集工作，海南省农业科学院先后派出5批次、近30人次专业人员参加省内外的培训会，为顺利开展资源普查与收集工作打下坚实基础。

2016年11月24—26日，海南省农业科学院3位专业人员参加了由中国农业科学院作物科学研究所举办的“第三次全国农作物种质资源普查与收集行动”农作物种质资源鉴定评价和编目入库技术培训班。

2017年4月，海南省农业科学院6位专业人员参加了“第三次全国农作物种质资源普查与收集行动”2017年工作会议和“第三次全国农作物种质资源普查与收集行动”2017年系统调查与收集培训班。

2017年4月14日，参加了海南省农业农村厅在海口市举办的海南省种质资源普查与收集行动培训班，具体学习了《第三次全国农作物种质资源普查与收集行动实施方案》及相关技术规范。

2017年7月27日，参加了海南省农业农村厅在三亚召开的海南省农作物种质资源普查与收集行动培训交流会，进一步学习了解农作物种质资源普查与征集技术规范、普查表填写及数据库录入、征集表的填写及注意事项等，并进行实地操作示范。

2017年7月13日，举办了第三次全国农作物种质资源普查与收集行动培训交流会。中国农业科学院、海南省种子总站、海南师范大学、海口市琼山区农业服务中心及海南省农业科学院等有关科技人员30余人参加此次会议。中国农业科学院作物科学研究所“第三次全国农作物种质资源普查与收集行动”普查办公室副主任杨庆文研究员对海南前期工作给予充分肯定，同时对下一步工作进行了部署，以确保资源“收进来、保得住和用得好”。中国农业科学院专家高爱农研究员对农作物种质资源系统调查与收集基本方法做了详细讲解，海口市琼山区农业服务中心王国熙农艺师、梁其富农艺师对海口市琼山区农作物种质资源进行了介绍。会后，专家前往海口市琼山区龙塘镇新民村，对旱稻、芝麻、木豆、木薯、豇豆和木瓜等资源进行了实地调查与收集。通过此次会议，让大家对第三次全国农作物种质资源普查与收集行动有了更清楚的认识，为今后进行资源普查与收集奠定了良好的基础。

2017年8月9日，定安县农业农村局举办了种质资源普查与收集行动培训班，主讲专家介绍了如何填写征集表及注意事项，并进行了现场讲解和演示。

2. 组建调查收集专业团队，为工作开展提供组织保障

2017年5月，制定了第三次全国农作物种质资源普查与收集行动海南省农业科学院实施方案。成立了由副院长为组长，科研处、粮作所、蔬菜所、果树所、园艺所等单位负责人为副组长，粮作所、蔬菜所、果树所、园艺所等相关协调人为成员的海南省农业科学院农作物种质资源普查与征集行动领导小组。全面负责本次普查与收集行动的政策协调、方案制定和检查督导。

业务组分为粮作组、蔬菜组、果树组、园艺组。主要职责：制定农作物种质资源普查与收集行动技术方案；组织种质资源、作物育种与栽培、植物分类学等专业人员组建系统调查课题组，开展海南省农作物种质资源系统调查与抢救性收集工作开展系统调查和抢救性收集工作；指导各市县（区）开展普查与征集工作。

3. 按进度开展资源调查和收集，取得显著成效

2017年度，认真完成了海口琼山区和三亚崖州区的资源调查收集工作。每到一个点之前，均先查阅大量文献资料，掌握当地农作物种质资源基本情况，再与地方农技部门和农技人员沟通，提前踩点，明确各点资源种类和分布等大致情况。调查小组根据踩点情况进行人员安排，准备调查资料和工具，通过地方向导、询问、走访等方式到达目的地，根据专业技术人员的研究方向和特长，每一种种质资源均安排4人进行调查收集，其中一人负责实地测量，一人负责记录，一人负责询问，一人负责查阅资料、校对和完善，保证调查收集的准确性和精确度。调查内容包括种质资源的特征特性、地理分布、历史演变、栽培方式、利用价值、濒危状况和保护利用情况等，采集样本包括种子、果实、枝条等。枝条采集回来后，立即进行信息登记，采集的种子进行干燥处理后入冷库保存，块根、块茎和枝条送往永发基地种植保存。

2017年7月13日、8月4日、8月11日、10月12日、10月27日、11月2日、2018年3月20日，先后7次组织各业务组前往海口市琼山区龙塘镇、甲子镇、红旗镇、旧州镇、大

坡、三门坡等乡镇开展种质资源普查工作，在海口市琼山区调查资源106份，其中粮食作物37份，包括芋头、薯类、特色豆类、芝麻等，调查各类蔬菜种质资源30份，各类果树种质资源28份，各类经济作物11份。

2017年7月27日，11月6—7日，11月15—16日，11月30至12月1日，12月13—14日，先后5次组织各业务组前往三亚市崖州区水南、梅东、长山、拱北、城西、抱古、三更等10个村开展种质资源普查工作，共调查资源84份，其中粮食作物27份、蔬菜种质资源24份、果树种质资源28份、经济作物5份。

特别说明的是，本次调查收集的资源有果实、种子、枝条等样品类型，由于季节的限制，许多作物暂时只能收集到枝叶，所以只能先把GPS位置信息、性状特点等资源信息进行详细的记录，以便在开花或果实成熟的季节前来采样；同时，对于有一定历史、不易采集的资源，如千年酸豆、百年杧果等进行相关信息记录后，采取原位保存的方式进行保存。

4. 项目亮点

（1）地方农技人员大力支持，提高了调查收集的时效性。本次资源调查行动得到了海口市琼山区的工作人员以及崖州区水南村、城西村、梅山村、长山村农技员的大力支持。首先他们对本地区的资源进行了调查摸底，为我们资源调查收集打下了较好基础，节省了时间，同时他们非常热情、淳朴，与调查队一起深入田间、山坡找寻本地优异特色资源，值得点赞。

（2）发现了毛桃种植村，为热区北果南移提供了较好例证。琼山区三门坡镇文岭村委会桃村，也是海南省唯一一个因为种植毛桃被命名的自然村，引进桃树种植已有50多年，房屋周边的桃树老根述说着时代的变迁。这也进一步证实海南省是可以种植部分北方落叶果树，也为海南热区种植北方果树提供了十分有意义的参考。

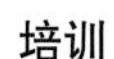
培训

调查合影

（3）调查收集到一批古老特色资源，促进了珍贵资源的保存及开发利用。崖州区长山村是本次调查队印象较深的一个村，这是一个典型的杧果致富村，家家都是两层楼房，装饰得很漂亮，十分有特色。村里农技员赵明仕老师十分热情，带领调查队人员进杧果地里找寻野生果树资源，一大片的杧果地，这里有什么，那里有什么，他都如数家珍。而且他把自家的杧果园打理得井井有条，两层清新耀眼的杧果楼镶嵌其中，我们去的时候正值杧果花盛开，满园香气，十分惬意，这也正是很多生活在城市钢筋水泥下的人们所追求和向往的。美丽乡村的变化、人民生活的富裕离不开赵老师这样的农民专家无私、默默的付出，他们值得被时代所铭记。三亚市崖州区三更村，树龄200～300年的国家二级保护植物酸豆树比比皆是，而且保护较好，值得尚未对广大野生植物保护的地区学习。

供稿人：海南省农业科学院　唐清杰

（四）海南省屯昌县农作物种质资源征集

本次调查仍然沿用以往资源调查与收集的工作模式，本着先摸底调查，再开座谈会确定调查地点，最后深入农村、农户收集本地优异、特色资源的原则有序展开。在2017年9月初，屯昌农作物种质资源收集小组开始进行工作，先是到屯昌县的档案馆及相关有史资料的地方收集种质资料，查阅相关文献，然后整理和填表。

2017年10月16号收集小组开始进行收集工作，为期11d，分别前往屯昌县的屯城镇、乌坡镇、新兴镇、西昌镇、坡心镇、南吕镇、枫木镇、南坤镇共8个乡镇开展调查与收集。

据统计其中包含粮食作物3种（包括本地木薯、白肚面地瓜、三年薯）、蔬菜4种（包括压草豆、蓝茄、小米椒、毛茄）、果树10种（包括丰贡桔、本地石榴、野生柠檬、本地木瓜、山油皮、黑嘴果、三叶桑、野山竹、红心柚、白心柚）及油料作物1种（油茶），均提供给了海南省农业科学院粮食作物研究所、果树研究所及油料研究所等部门。

在调研过程中，也遇到了一些问题：①地方品种资源日益减少，资源收集较为困难；②地方人员理解不透彻，导致普查收集方向有些偏差；③在收集粮食作物的时候，有些地方的工作没有做好，出现了采集的种质资源比较少，不够收集的标准数量；④收集好资源后没有及时拍照，导致植株的叶子有些萎蔫；⑤收集的种子不够好，茄子收集上来不够老，有些果实不成熟等问题；⑥由于季节限制，许多果树已经停止结果，只是对其GPS位置信息、性状特点等资源信息进行了详细的记录，等到果实成熟的时候再来收集采样。

我们在发现问题后，局长和收集小分队立刻下到每个乡镇，对每个乡镇的农作物种质资源收集人员进行交流和指导，拓展他们的思路；到每个乡镇询问当地的村民这里是否有种植一些古老的农作物、本地品种、野生近缘作物等；通过电话和微信进行沟通和对接，及时沟通乡镇的农作物种质资源收集人员，让他们了解收集小分队的行程和收集情况，防止物种重复。

在屯昌县南坤镇的南笼村（黎族村庄）交流指导的时候，小分队寻找到了一个已经种植上百年的古老农家糯米品种——千斤糯。据当地的村民和老农技人员讲述，这种糯米品种在当地已经失传，仅有一户还在种植以维持生计，由于缺乏栽培技术，亩产量很低。目前该农户仅在房屋前少量种植。据村民介绍，这种糯米营养丰富，具有补中益气、健脾养胃的功效。因其香糯黏滑，常被用以制成风味小吃（糍粑、糯米粑）。

在该村，村主任陈冲在上次普查培训会议上听到海南省农业科学院有关专家特意提到寻找有关桑树的事，留意到从小到大村庄周边有一种跟其他桑树叶不同的特有桑树——三叶桑。

据村主任介绍，该三叶桑为当地一名已经仙逝的赤脚老医生在几十年前从外地引种过来，每年桑果都是村民与村里上学小孩的最爱，同时该桑树非常适应当地环境，桑果甜美多汁，是难得的大自然馈赠！

并且当地还种植有大面积的山栏稻，还有当地黎族人非常喜欢抽的烟叶，都是在其他乡镇没有找到的品种。

在接下来的工作中，屯昌农作物种质资源调查与收集小组将针对前面发现的问题，更加认真努力，不怕吃苦，认真细致地做好每一次的收集和整理工作。

屯昌种质资源收集小分队在油茶老林前合影

本地黑豆收集

茄子品种收集

供稿人：中国（海南）改革发展研究院　陈万聪

（五）定安县农作物种质资源普查与收集行动工作成效

根据《全国农作物种质资源保护与利益中长期发展规划》要求，定安县积极组织开展农作物种质资源的全面普查和征集工作，由定安县农业农村局统筹组织全县农作物种质资源的全面普查和征集工作。为了确保调查与征集工作顺利进行，2017年6月定安县印发《定安县农作物种质资源普查与收集行动实施方案》下发各镇，定安县农业农村局高度重视普查工作，及时成立以局长杨文锋为组长的工作领导小组，组建普查与收集专业队伍，明确责任，落实工作经费。在此基础上，积极发动各镇发挥积极性参与到此次普查与征集工作当中。2017年8月，定安县农业农村局组织召开了定安县种质资源普查与征集工作动员会暨业务培训会，各有关部门、各镇分管领导、农业服务中心60余人参会，对种质资源普查与征集工作有更进一步的了解和学习。而后，定安县普查与征集队伍针对全县各镇，以镇为单位逐一组织召集每个镇辖区内所有村委会的村干部、村民代表在镇政府开展了座谈会，详细了解当地的种质资源情况，既向参会群众讲述了开展该项工作的内容及意义，又收集了丰富的信息资源，为下一步的种质资源实地收集工作奠定良好的群众基础及先导作用。

在以上前期工作开展完毕后，定安县普查与征集队伍从9月开始，通过查阅县志、农史、档案等有关资料，深入村屯、田间地头与村民座谈和走访有经验的农民，全面普查全县10个镇的粮食、油料、蔬菜、果树、糖、茶、牧草、热作等农作物的种质资源并开始了实地的种质资源收集工作。根据各镇收集的种植资源信息，工作队进行了初步的筛选工作，将不需要收集的品种进行过滤，而后邀请海南省农业科学院专家一起参与了第一次的种质资源收集工作。在海南省农业科学院专家带领和指导下，普查与征集队伍的成员在实地收集当中进一步学习了操作细节和注意事项，提高了收集能力和收集标本的质量。经过第一次的集体实地收集后，各普查与征集队伍奔赴各镇在各自辖区内同步开展了实地收集工作。

定安县已经收集并送交海南省农业科学院的农作物品种资源共36份，下一步将继续推进普查工作，进一步推动农作物种质资源利用的可持续发展。

供稿人：定安县农业农村局　伍华告

（六）海南省农业科学院、海口市琼山区农作物种质资源普查与收集行动总结

为贯彻落实《全国农作物种质资源保护与利用中长期发展规划（2015—2030年）》（农种发〔2015〕2号），2017年7月开始，海南省农业科学院与海口市琼山区农技中心联合在琼山区开展农作物种质资源系统调查和抢救性收集。主要调查各类农作物种质特征特性、地理分布、历史演变、栽培方式、利用价值、濒危状况和保护利用情况。

海口市琼山区位于海南北部、海口市中南部，东连美兰区和文昌市，南接定安县，西邻龙华区，北临美兰区。总面积953.9km^2。截至2014年年末，全区常住人口约49万人，其中农村人口约16万人、城镇人口约33万人。琼山是国家历史文化名城，是琼州府（琼州）驻地，即古时海南的政治、经济、文化中心，素有琼台福地之美称。

地理坐标为东经110°11′~110°41′、北纬19°32′~20°05′。东西宽62km，南北最大纵距60km。东部和东南部缓坡丘陵区海拔30~100m，土壤除部分新老沉积物或变质岩发育而来外，其余都是玄武岩风化而形成，土层深厚，红色；海、河新老沉积小平原区海拔2.5~30m，分布在南渡江沿岸，土壤以沙壤为主。土地结构也有3种类型：红壤土、沙土、石砾土。其中红土区主要分布在东部、中部、南部，是商品粮基地和热带作物基地；沙土区主要分布在南渡江沿岸的冲积平原，适宜种植水稻、花生、番薯和蔬菜。

资源调查队分别前往该区的龙塘镇、云龙镇、红旗镇、旧州镇、三门坡镇、甲子镇、大坡镇开展调查与收集工作，本次调查与收集工作共调查海口市琼山区农作物种质资源63份，其中粮食作物28份、蔬菜14份、经济作物11份、果树10份。

本次收集的农作物资源主要以易于保存的种子类资源为主，由于当前季节的限制，许多作物暂时只能收集到茎秆和枝条，并对GPS位置信息、性状特点等资源信息进行详细记录，以便在收获的季节前来采样。本次调查与收集工作中，发现了一批古老的地方品种，如在本地种植至少七八十年的旱稻，芝麻、黑豆、木豆、甘薯、芋头、木薯、菠萝蜜、番石榴、咖啡等，特别是以前未收集的竹薯、板薯、毛薯、大薯，抗病性强，食用性好，板薯还可以治疗烫伤。另外，也发现了一些野生近缘的农作物资源，如野生山药、野生刀豆等。

海口市琼山区旧州镇薏米资源调查

海口市琼山区龙塘镇芋头资源调查

供稿人：海南省农业科学院　唐清杰

（七）海南省第三次全国农作物种质资源普查与收集行动主要进展

自2017年4月正式启动海南省农作物种质资源普查与收集行动工作，海南省积极组织开展省市县区三级培训，累计培训17次，培训人数达1 000余人次。通过由上至下、以点带面的方式，切实保证各市县（区）充分认识农作物种质资源普查与收集工作的意义及任务，保证各市县（区）承担单位具备开展普查与征集的能力。

截至2020年12月，20个市县（区）完成了普查表的填写提交任务。全省普查市县（区）共送交海南省农业科学院各类作物种质资源491份（其中有效资源295份）。在6个系统调查市县共调查收集各类作物种质资源668份（其中有效资源613份）。2018—2020年，海南省农业科学院开展各类作物种质资源鉴定评价742份，繁种625份。目前送交设在中国农业科学院的普查办或相关国家种质库圃603份。

目前普查与收集工作已进入收尾阶段，经过3年多时间，各县市（区）的农作物种质资源普查与征集基本完成，海南省农业科学院农作物种质资源系统调查和抢救性收集到鉴定评价、编目和繁种将继续进行。通过这次普查，基本全面摸清了海南省农作物种质资源多样性，收集了一些特色种质资源，如山栏稻、海南锥、油茶、木麒麟、桃金娘、小狗豆、地方南瓜品种等，可大致了解海南省农作物种质资源的丰度及分布情况，也为今后的育种应用和示范推广提供基础。特别是发现的毛桃被列为2018年种质资源普查与收集的十大重要成果之一，该资源的发现将毛桃种植区域南移到北纬19°，进一步证实海南是可以种植部分北方落叶果树，也为海南热区种植北方果树提供了十分有意义的参考。

在收集的资源中有部分在精准扶贫和乡村振兴等方面具有潜在利用价值，比如榴莲蜜、油茶、海南锥等优异资源。通过特色资源种植，带动农户创收增收工程，以点带面，以成效带动宣传，让面临消失的农作物种质资源更好的保护与利用，促进海南省有优势的地方品种和特色资源更好服务于农业供给侧结构性改革，打造海南王牌农业。加大农作物种质资源保护利用力度，强化农作物新种质创制、鉴定与利用，通过小品种做出大产业，从而增加农民收入。

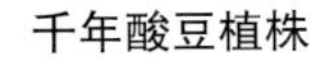
千年酸豆植株

毛桃果实

供稿人：海南省种子总站　程子硕

（八）深入做好种质资源的普查工作　紧紧把握种业发展的资源“芯片”

为深入做好海南省2021年度农作物种质资源普查与收集工作，强化高水平种质资源的队伍建设，继续征集发掘优异特异资源，紧紧把握种业发展的资源“芯片”，提高海南省农作物种质资源保护与利用水平，2021年5月25日，海南省种子总站在海口举办海南省2021年度“第三次全国农作物种质资源普查与收集行动”培训班。由省种子总站党支部书记冯书云主持。

此次培训主要邀请海南省普查办公室成员对海南省第三次全国农作物种质资源普查与征集技术操作进行讲解，海南省农业科学院园艺所、蔬菜所、粮作所和果树所的农作物种质资源普查技术专家分别对经济作物、蔬菜、粮食、果树等种质资源的普查情况、征集的优异资源、资源移交与鉴定评价等内容进行介绍和讲解。在座谈交流环节，各市县普查工作人员与普查技术专家进行了交流。

培训会现场

培训对海南省2021年度农作物种质资源普查与收集工作做了进一步部署，海南省农业农村厅种业管理处杨卫帆四级调研员建议，相关农作物普查人员要提高政治站位，认识农作物种质资源的重要性，加强海南省农作物种质资源保护与利用水平。要落实责任，对目前尚未完成普查任务的县市（区）要配合中国热带农业科学院品资所和海南省农业科学院专家完成普查的收尾工作，确保2021年8月底前全部完成普查工作任务。要提升业务水平，对提交的相关材料要认真按照要求填写，确保普查信息完整和有效，高质量高水平的完成普查工作任务。海南省种子总站刘春光站长强调，要切实充分认识农作物种质资源普查与收集利用的意义及任务，种质资源是战略性资源，是农业科技原始创新与现代种业发展的物质基础，是种业发展的核心竞争力。当前，我们要打好种业翻身仗，种质资源是我们要迈出的第一步，此次普查要应收尽收，应保尽保，各市县（区）联络员要加强与普查组专家联系，配合好，确保完成工作任务。

来自东方、万宁、定安、临高、白沙、乐东、保亭、昌江、陵水、琼中等县市种子站（南繁局）负责普查工作人员、中国热带农业科学院品资所和海南省农业科学院的农作物种质资源普查技术专家、海南省农业农村厅种业管理处杨卫帆四级调研员、海南省种子总站刘春光站长和冯书云书记等相关人员40人参加。

供稿人：海南省种子总站　程子硕

（九）白沙黎族自治县农作物种质资源普查与征集行动纪实

白沙黎族自治县2017年9月以来普查与征集专业队伍分两组下乡考察，最难忘的是和队友从县城坐车30多千米到乡镇找村支书跟他谈我们这次的主题，村支书赞同地说，“多样性的物种是地球的资源也是人类的财富，保护物种多样性势在必行，我们需要建立更多的自然保护区和保护地，来保护珍稀和濒危的植物物种和生态系统；同时还需要建立种质基因库，保护珍贵的遗传多样性”。村支书带我们到农户家进行走访调查，告知这次普查的重要性和意义，与农户交流过程中听取农民的想法和见解，让我们感受到了农民的淳朴、真诚和无私。接下来我们在县内各乡镇偏僻村落跋山涉水，走在烈日中天、崎岖的山间小道上，雨后湿泞泞的道路常常使人步履维艰。工作中苦中有乐、乐中有苦，采集到了许多稀有的农作物，使我们感受到成功的喜悦，一路上依山傍水、到处都是植物生机勃勃，感受到大自然的气息。十多天的工作中，见到了许多神奇的农作物。

普查队员搜集资源

供稿人：白沙黎族自治县农业农村局　张春香

（十）五指山市种质资源普查与征集进展

2017年9月8日，五指山市农技中心举办“五指山市农作物种质资源普查与征集行动培训班”，标志着五指山市农作物种质资源普查与征集工作全面启动。参加此次培训班的有各乡镇农业服务中心的负责人、农技中心普查与征集工作小组的全体人员共22人。会上，王孟山副主任宣读了《五指山市农作物种质资源普查与征集行动实施方案》，详细讲解了实施方案的目标、任务和要求。种子站吕福昌同志着重讲解1956年、1981年和2014年3个时间段基本情况的调查和填写方法。下午，由王孟山副主任带队到畅好乡开展物种样本收集现场会，强调收集样本时要有录像、录音、定位、海拔、物种名称、科名、属名等，每位学员都认真听讲并掌握了操作方法。

目前，五指山市种质资源普查与收集小组已收集到18个物种样本，其中有山栏糯、山栏红稻、山栏稻、小米椒、野生苦瓜、闭鞘姜、蛇瓜、番荔枝、蓖麻、柚子、木薯、红玉米、水瓜、牛蕉、粉蕉等。这些物种生境复杂，山栏红稻、山栏稻都是在海拔500多米的地方收集到的，交通极其不便。野生苦瓜是我人生中第一次看到，也是第一次吃了野生苦瓜煮的汤，它那么小，好似香烟的过滤咀，个子虽小，但苦味十足，口感很好，有清凉感觉。据当地群众讲，野生苦瓜有清热解毒、清肝明目之功效。

在种质资源普查与收集工作中，也有很多酸甜苦辣的事情发生。有一次，我们到毛阳镇牙合村收集牛蕉和红玉米样本时，也正是“玛娃”16号台风后第二天，五指山地区普遍降暴雨，采集牛蕉样本很辛苦，锄头挖下去，泥浆溅起来……雨水、汗水、泥浆、笑声汇成一道美丽的风景线。但更辛苦的事还在后面呢！在回家的路上，道路泥泞，汽车频频打滑，把轮盘的滚珠打坏了，汽车不能行驶。车坏了，人累了，肚子饿了，怎么办？只好向单位领导汇报，请求救援，领导了解情况后立即联系救援单位。事故地点离五指山市区48km，拖车最快也要一个小时才能到位，我们无可奈何！只好等待！

回顾这段时间的工作，我们深深体会到，工作虽辛苦，但领导的尊重、肯定、支持、鼓励很重要。我们可以骄傲地说，五指山市农技中心的领导们对农作物种质资源普查与征集工作非常重视，有领导的大力支持，五指山市农作物种质资源普查与征集工作一定会按时按质按量完成任务。

供稿人：五指山市农技中心　吕福昌

附录　第三次全国农作物种质资源普查与收集行动2017年实施方案

根据《第三次全国农作物种质资源普查与收集行动实施方案》（农办种〔2015〕26号）要求，2017年，在继续做好湖北、湖南、广西、重庆、江苏、广东6省（区、市）农作物种质资源系统调查、鉴定评价和编目入库（圃）保存的基础上，启动浙江、福建、江西、海南4省农作物种质资源普查与征集、系统调查与抢救性收集试点工作。共收集各类作物种质资源8 800份，鉴定评价4 400份，编目入库（圃）保存2 300份。

一、主要任务

（一）农作物种质资源普查与征集

对浙江、福建、江西、海南4省248个农业县（市、区）的农作物种质资源进行全面普查（附件1）。一是查清粮食、经济、蔬菜、果树、牧草等栽培作物古老地方品种的分布范围、主要特性以及农民认知等基本情况；二是掌握列入国家重点保护名录的作物野生近缘植物的种类、地理分布、生态环境和濒危状况等重要信息；三是获得各类作物的种植历史、栽培制度、品种更替、社会经济和环境变化、种质资源的种类、分布、多样性及其消长状况等基本信息；四是分析当地气候、环境、人口、文化及社会经济发展对农作物种质资源变化的影响，揭示农作物种质资源的演变规律及其发展趋势。每个县（市、区）填写《第三次全国农作物种质资源普查与收集行动普查表》（附件2）。

征集古老、珍稀、特有、名优的作物地方品种和野生近缘植物种质资源6 300份，每份种质资源填写《第三次全国农作物种质资源普查与收集行动征集表》（附件3）。

（二）农作物种质资源系统调查与抢救性收集

对江苏、广东、浙江、福建、江西、海南6省（区、市）种质资源丰富的25个县（市、区）进行各类农作物种质资源的系统调查（附件4）。调查每类农作物种质资源的科、属、种、品种分布区域、生态环境、历史沿革、濒危状况、保护现状等信息，深入了解当地农民对其优良特性、栽培方式、利用价值、适应范围等方面的认知等基础信息。

抢救性收集各类作物的古老地方品种、种植年代久远的育成品种、国家重点保护的作物野生近缘植物以及其他珍稀、濒危野生植物种质资源2 500份。每份种质资源填写《第三次全国农作物种质资源普查与收集行动调查表》（附件5）。

（三）农作物种质资源鉴定评价与编目入库

在适宜生态区，对2016年湖北、湖南、广西、重庆、江苏、广东6省（区、市）征集和抢救性收集的种质资源进行繁殖，并开展基本生物学特征特性的鉴定评价，经过整理、整合并结合农民认知进行编目，入库（圃）妥善保存。

鉴定各类农作物种质资源4 400份，编目入库（圃）保存2 300份。

（四）农作物种质资源普查与收集数据库建设

对普查与征集、系统调查与抢救性收集、鉴定评价与编目等数据、信息进行系统整理，按照统一标准和规范建立全国农作物种质资源普查数据库和编目数据库。

二、工作措施

（一）开展技术培训

中国农业科学院作物科学研究所根据2015—2016年培训教材的使用情况及发展需求，组织修订种质资源普查、系统调查和采集标准，设计制作种质资源普查、系统调查和采集表格等培训教材。

举办1个种质资源系统调查与抢救性收集培训班，对浙江、福建、江西、海南4省参与调查收集的科技人员进行系统培训，并在浙江、福建、江西、海南4省分别举办种质资源普查与征集培训班。培训内容包括解读《全国农作物种质资源保护与利用中长期发展规划（2015—2030年）》和《第三次全国农作物种质资源普查与收集行动实施方案》，讲解种质资源文献资料查阅、资源分类、信息采集、数据填报、样本征集、资源保存、鉴定评价等知识、技术和方法。

（二）组建普查与收集专业队伍

浙江、福建、江西、海南4省种子管理站（局）指导普查县（市、区）农业局，组建由相关专业管理和技术人员构成的普查工作组，开展农作物种质资源普查与征集工作。

江苏、广东、浙江、福建、江西、海南6省（区、市）的省级农科院组建由农作物种质资源、作物育种与栽培、植物分类学等专业人员构成的系统调查课题组，开展农作物种质资源系统调查与抢救性收集工作。

（三）开展鉴定评价与编目保存

湖北、湖南、广西、重庆、江苏、广东6省（区、市）农业科学院组织专业技术人员，根据各类作物的生态适应性特点，选择适宜的生态区，分作物对征集和抢救性收集的种质资源进行繁殖和特征特性鉴定评价，整理、整合后按照相关技术标准入库（圃）妥善保存。

三、进度安排

4月：组织召开“第三次全国农作物种质资源普查与收集行动”2016年度工作总结会和2017年启动会，举办1个系统调查与抢救性收集培训班和4个农作物种质资源普查与征集培训班。

5月至10月：完成浙江、福建、江西、海南4省248个农业县（市、区）农作物种质资源的普查与征集工作，将普查数据录入数据库，将征集的种质资源送交本省农科院临时保存。

6月至11月：完成江苏、广东、浙江、福建、江西、海南6省（区、市）25个农业县（市、区）农作物种质资源系统调查与抢救性收集工作。

4月至12月：对2016年湖北、湖南、广西、重庆、江苏、广东6省（区、市）征集与收集的农作物种质资源进行田间繁殖、鉴定评价和编目入库（圃）保存等。

12月：完善全国作物种质资源普查数据库和编目数据库，编写农作物种质资源普查报告、系统调查报告、种质资源目录和重要农作物种质资源图集等技术报告等，并进行年度工作总结。

附件：

1. “第三次全国农作物种质资源普查与收集行动”2017年普查县清单
2. “第三次全国农作物种质资源普查与收集行动”普查表
3. “第三次全国农作物种质资源普查与收集行动”种质资源征集表
4. “第三次全国农作物种质资源普查与收集行动”2017年系统调查县清单
5. “第三次全国农作物种质资源普查与收集行动”种质资源调查表

附件1

“第三次全国农作物种质资源普查与收集行动”
2017年普查县清单

一、浙江省（63个）

序号	县（市、区）	市（区）	序号	县（市、区）	市（区）
1	桐庐县	杭州市	28	上虞区	绍兴市
2	淳安县		29	新昌县	
3	建德市		30	诸暨市	
4	富阳市		31	嵊州市	
5	象山县	宁波市	32	武义县	金华市
6	宁海县		33	浦江县	
7	余姚市		34	磐安县	
8	慈溪市		35	兰溪市	
9	奉化市		36	义乌市	
10	洞头县	温州市	37	东阳市	
11	永嘉县		38	柯城区	衢州市
12	平阳县		39	衢江区	
13	苍南县		40	常山县	
14	文成县		41	开化县	
15	泰顺县		42	龙游县	
16	瑞安市		43	江山市	
17	瓯海区		44	定海区	舟山市
18	乐清市		45	岱山县	
19	嘉善县	嘉兴市	46	嵊泗县	
20	海盐县		47	黄岩区	台州市
21	海宁市		48	路桥区	
22	平湖市		49	玉环县	
23	桐乡市		50	三门县	
24	德清县	湖州市	51	天台县	
25	长兴县		52	仙居县	
26	吴兴区		53	温岭市	
27	安吉县		54	临海市	

（续表）

序号	县（市、区）	市（区）	序号	县（市、区）	市（区）
55	青田县	丽水市	60	庆元县	丽水市
56	缙云县		61	景宁畲族自治县	
57	遂昌县		62	龙泉市	
58	松阳县		63	莲都区	
59	云和县				

二、福建省（74个）

序号	县（市、区）	备注	序号	县（市、区）	备注
1	闽侯县	福州市	24	沙县	三明市
2	连江县		25	将乐县	
3	罗源县		26	泰宁县	
4	闽清县		27	建宁县	
5	永泰县		28	永安市	
6	平潭综合实验区		29	洛江区	泉州市
7	福清市		30	泉港区	
8	长乐市		31	惠安县	
9	晋安区		32	安溪县	
10	同安区	厦门市	33	永春县	
11	翔安区		34	德化县	
12	城厢区	莆田市	35	石狮市	
13	涵江区		36	晋江市	
14	荔城区		37	南安市	
15	秀屿区		38	芗城区	漳州市
16	仙游县		39	龙文区	
17	梅列区	三明市	40	云霄县	
18	三元区		41	漳浦县	
19	明溪县		42	诏安县	
20	清流县		43	长泰县	
21	宁化县		44	东山县	
22	大田县		45	南靖县	
23	尤溪县		46	平和县	

（续表）

序号	县（市、区）	备注	序号	县（市、区）	备注
47	华安县	漳州市	61	永定区	龙岩市
48	龙海市		62	上杭县	
49	延平区	南平市	63	武平县	
50	顺昌县		64	连城县	
51	浦城县		65	漳平市	
52	光泽县		66	蕉城区	宁德市
53	松溪县		67	霞浦县	
54	政和县		68	古田县	
55	邵武市		69	屏南县	
56	武夷山市		70	寿宁县	
57	建瓯市		71	周宁县	
58	建阳区		72	柘荣县	
59	新罗区	龙岩市	73	福安市	
60	长汀县		74	福鼎市	

三、江西省（91个）

序号	县（市、区）	备注	序号	县（市、区）	备注
1	湾里区	南昌市	13	庐山区	九江市
2	南昌县		14	九江县	
3	新建县		15	武宁县	
4	安义县		16	修水县	
5	进贤县		17	永修县	
6	昌江区	景德镇市	18	德安县	
7	浮梁县		19	星子县	
8	乐平市		20	都昌县	
9	湘东区	萍乡市	21	湖口县	
10	莲花县		22	彭泽县	
11	上栗县		23	瑞昌市	
12	芦溪县		24	共青城市	

（续表）

序号	县（市、区）	备注	序号	县（市、区）	备注
25	渝水区	新余市	53	泰和县	吉安市
26	分宜县		54	遂川县	
27	余江县	鹰潭市	55	万安县	
28	贵溪市		56	安福县	
29	南康区	赣州市	57	永新县	
30	赣县		58	井冈山市	
31	信丰县		59	袁州区	宜春市
32	大余县		60	奉新县	
33	上犹县		61	万载县	
34	崇义县		62	上高县	
35	安远县		63	宜丰县	
36	龙南县		64	靖安县	
37	定南县		65	铜鼓县	
38	全南县		66	丰城市	
39	宁都县		67	樟树市	
40	于都县		68	高安市	
41	兴国县		69	临川区	抚州市
42	会昌县		70	南城县	
43	寻乌县		71	黎川县	
44	石城县		72	南丰县	
45	瑞金市		73	崇仁县	
46	吉州区	吉安市	74	乐安县	
47	青原区		75	宜黄县	
48	吉安县		76	金溪县	
49	吉水县		77	资溪县	
50	峡江县		78	东乡县	
51	新干县		79	广昌县	
52	永丰县		80	信州区	上饶市

（续表）

序号	县（市、区）	备注	序号	县（市、区）	备注
81	上饶县	上饶市	87	余干县	上饶市
82	广丰县		88	鄱阳县	
83	玉山县		89	万年县	
84	铅山县		90	婺源县	
85	横峰县		91	德兴市	
86	弋阳县				

四、海南省（20个）

序号	县（市、区）	备注	序号	县（市、区）	备注
1	琼山区	海口市	11	定安县	省直辖县级行政区划
2	天崖区	三亚市	12	屯昌县	
3	崖州区		13	澄迈县	
4	三沙市	三沙市	14	临高县	
5	五指山市	省直辖县级行政区划	15	白沙黎族自治县	
6	琼海市		16	昌江黎族自治县	
7	儋州市		17	乐东黎族自治县	
8	文昌市		18	陵水黎族自治县	
9	万宁市		19	保亭黎族苗族自治县	
10	东方市		20	琼中黎族苗族自治县	

附件2

“第三次全国农作物种质资源普查与收集行动”普查表

（1956年、1981年、2014年）

填表人：__________日期：______年____月___日　联系电话：________________

一、基本情况

（一）县名：______________________________

（二）历史沿革（名称、地域、区划变化）：______________________

（三）行政区划：县辖______个乡（镇）______个村，县城所在地______________

（四）地理系统：

县海拔范围______~______m，经度范围______°~______°，

纬度范围______°~______°，年均气温______℃，年均降水量______mm

（五）人口及民族状况：

总人口数______万人，其中农业人口______万人

少数民族数量______个，其中人口总数排名前10的民族信息：

民族______人口______万人，民族______人口______万人

民族______人口______万人，民族______人口______万人

民族______人口______万人，民族______人口______万人

民族______人口______万人，民族______人口______万人

民族______人口______万人，民族______人口______万人

（六）土地状况：

县总面积________________km^2，耕地面积______________万亩

草场面积________________万亩，林地面积______________万亩

湿地（含滩涂）面积______万亩，水域面积______________万亩

（七）经济状况：

生产总值________________万元，工业总产值____________万元

农业总产值______________万元，粮食总产值____________万元

经济作物总产值__________万元，畜牧业总产值__________万元

水产总产值______________万元，人均收入______________元

（八）受教育情况：

高等教育____%，中等教育____%，初等教育____%，未受教育____%

（九）特有资源及利用情况：______________________________

____

（十）当前农业生产存在的主要问题：______________________

（十一）总体生态环境自我评价：□优　□良　□中　□差

（十二）总体生活状况（质量）自我评价：□优　□良　□中　□差

（十三）其他：______________________________

二、全县种植的粮食作物情况

作物种类	种植面积（亩）	种植品种数目								具有保健、药用、工艺品、宗教等特殊用途品种		
		地方品种				培育品种						
		数目	代表性品种			数目	代表性品种			名称	用途	单产（kg/亩）
			名称	面积（亩）	单产（kg/亩）		名称	面积（亩）	单产（kg/亩）			

注：表格不足请自行补足。

三、全县种植的油料、蔬菜、果树、茶、桑、棉麻等主要经济作物情况

作物种类	种植面积（亩）	种植品种数目								具有保健、药用、工艺品、宗教等特殊用途品种		
		地方或野生品种				培育品种						
		数目	代表性品种			数目	代表性品种					
			名称	面积（亩）	单产（kg/亩）		名称	面积（亩）	单产（kg/亩）	名称	用途	单产（kg/亩）

附件3

“第三次全国农作物种质资源普查与收集行动”
种质资源征集表

注：*为必填项

样品编号*			日期*	年　月　日	
普查单位*			填表人及电话*		
地点*	省　市　县　乡（镇）　村				
经度		纬度		海拔	
作物名称			种质名称		
科　名			属名		
种　名			学名		
种质类型	□地方品种　□选育品种　□野生资源　□其他				
种质来源	□当地　□外地　□外国				
生长习性	□一年生　□多年生　□越年生		繁殖习性	□有性　□无性	
播种期	（　）月□上旬　□中旬　□下旬		收获期	（　）月□上旬　□中旬　□下旬	
主要特性	□高产　□优质　□抗病　□抗虫　□耐盐碱　□抗旱 □广适　□耐寒　□耐热　□耐涝　□耐贫瘠　□其他				
其他特性					
种质用途	□食用　□饲用　□保健药用　□加工原料　□其他				
利用部位	□种子（果实）　□根　□茎　□叶　□花　□其他				
种质分布	□广　□窄　□少		种质群落（野生）	□群生　□散生	
生态类型	□农田　□森林　□草地　□荒漠　□湖泊　□湿地　□海湾				
气候带	□热带　□亚热带　□暖温带　□温带　□寒温带　□寒带				
地形	□平原　□山地　□丘陵　□盆地　□高原				
土壤类型	□盐碱土　□红壤　□黄壤　□棕壤　□褐土　□黑土　□黑钙土 □栗钙土　□漠土　□沼泽土　□高山土　□其他				
采集方式	□农户搜集　□田间采集　□野外采集　□市场购买　□其他				
采集部位	□种子　□植株　□种茎　□块根　□果实　□其他				
样品数量	（　）粒（　）克（　）个/条/株				
样品照片					
是否采集标本	□是　□否				
提供人	姓名：　性别：　民族：　年龄：　联系电话：				
备注					

填写说明

本表为征集资源时所填写的资源基本信息表，一份资源填写一张表格。

1. 样品编号：征集的资源编号。由P +县代码+3位顺序号组成，共10位，顺序号由001开始递增，如“P430124008”。

2. 日期：分别填写阿拉伯数字，如2011、10、1。

3. 普查单位：组织实地普查与征集单位的全称。

4. 填表人及电话：填表人全名和联系电话。

5. 地点：分别填写完整的省、市、县、乡（镇）和村的名字。

6. 经度、纬度：直接从GPS上读数，请用“度”格式，即ddd.dddddd（只填写数字，不要填写“度”字或是“°”符号），不要用dd度mm分ss秒格式和dd度mm.mmmm分格式。一定要在GPS显示已定位后再读数！

7. 海拔：直接从GPS上读数。

8. 作物名称：该作物种类的中文名称，如水稻、小麦等。

9. 种质名称：该份种质的中文名称。

10. 科名、属名、种名、学名：填写拉丁名和中文名。

11. 种质类型：单选，根据实际情况选择。

12. 生长习性：单选，根据实际情况选择。

13. 繁殖习性：单选，根据实际情况选择。

14. 播种期、收获期：括号内填写月份的阿拉伯数字，再选择上、中、下旬。

15. 主要特性：可多选，根据实际情况选择。

16. 其他特性：该资源的其他重要特性。

17. 种质用途：可多选，根据实际情况选择。

18. 种质分布、种质群落：单选，根据实际情况选择。

19. 生态类型：单选，根据实际情况选择。

20. 气候带：单选，根据实际情况选择。

21. 地形：单选，根据实际情况选择。

22. 土壤类型：单选，根据实际情况选择。

23. 采集方式：单选，根据实际情况选择。

24. 采集部位：可多选，根据实际情况选择。

25. 样品数量：按实际情况选择粒、克或个/条/份，填写阿拉伯数字。

26. 样品照片：样品的全写、典型特征和样品生境照片的文件名，采用“样品编号”-1、“样品编号”-2……的方式对照片文件进行命名，如“P430124008-1.jpg”。

27. 是否采集标本：单选，根据实际情况选择。

28. 提供人：样品提供人（如农户等）的个人信息。

29. 备注：如表格填写项不足以描述该资源的情况，或普查人员觉得必须要加以记载的其他信息，请在此作详细描述。

附件4

“第三次全国农作物种质资源普查与收集行动”
2017年系统调查县清单

序号	调查县（市、区）	所在地区	省份
1	盱眙县	淮安市	江苏省
2	阜宁县	盐城市	
3	东台市		
4	龙门县	惠州市	广东省
5	大埔县	梅州市	
6	蕉岭县		
7	陆丰市	汕尾市	
8	东源县	河源市	
9	阳春市	阳江市	
10	淳安县	杭州市	浙江省
11	建德市		
12	宁海县	宁波市	
13	奉化市		
14	闽侯县	福州市	福建省
15	罗源县		
16	永泰县		
17	三元区	三明市	
18	明溪县		
19	莲花县	萍乡市	江西省
20	修水县	九江市	
21	永修县		
22	都昌县		
23	瑞昌市		
24	琼山区	海口市	海南省
25	崖州区	三亚市	

附件5

“第三次全国农作物种质资源普查与收集行动”种质资源调查表

——粮食、油料、蔬菜及其他一年生作物

□ 未收集的一般性资源　　□ 特有和特异资源

1. 样品编号：______________，日期：________年____月____日
采集地点：______________，样品类型：________________，
采集者及联系方式：__________________________________

2. 生物学：物种拉丁名：________，作物名称：________，品种名称：________，俗名：______，生长发育及繁殖习性：____________，其他：______________________

3. 品种类别：□ 野生资源，□ 地方品种，□ 育成品种，□ 引进品种

4. 品种来源：□ 前人留下，□ 换　　种，□ 市场购买，□ 其他途径：__________

5. 该品种已种植了大约______年，在当地大约有______农户种植该品种，
该品种在当地的种植面积大约有______亩

6. 该品种的生长环境：GPS定位的海拔：____m，经度：____°，纬度：____°；
土壤类型：______；分布区域：______________________________________；
伴生、套种或周围种植的作物种类：_________________________________

7. 种植该品种的原因：□自家食用，□市场出售，□饲料用，□药用，□观赏，
□其他用途：____

8. 该品种若具有高效（低投入，高产出）、保健、药用、工艺品、宗教等特殊用途：
具体表现：____
具体利用方式与途径：____

9. 该品种突出的特点（具体化）：
优质：____
抗病：____
抗虫：____
抗寒：____
抗旱：____
耐贫瘠：____
产量：平均单产________kg/亩，最高单产________kg/亩
其他：____

10. 利用该品种的部位：□ 种子，□ 茎，□ 叶，□ 根，□ 其他：______________

11. 该品种株高__________cm，穗长__________cm，籽粒：□ 大，□ 中，□ 小；

品质：□优，□中，□差

12. 该品种大概的播种期：______________，收获期：________________________

13. 该品种栽种的前茬作物：____________，后茬作物：______________________

14. 该品种栽培管理要求（病虫害防治、施肥、灌溉等）：____________________
____

15. 留种方法及种子保存方式：____

16. 样品提供者：姓名：_______，性别：___，民族：________，年龄：_______，文化程度：_______，家庭人口：_______人，联系方式：_______________

17. 照相：样品照片编号：____

注：照片编号与样品编号一致，若有多张照片，用“样品编号”加“–”加序号，样品提供者、生境、伴生物种、土壤等照片的编号与样品编号一致。

18. 标本：标本编号：____

注：在无特殊情况下，每份野生资源样品都必须制作1～2个相应材料的典型、完整的标本，标本编号与样品编号一致，若有多个标本，用“样品编号”加“–”加序号。

19. 取样：在无特殊情况下，地方品种、野生种每个样品（品种）都必须从田间不同区域生长的至少50个单株上各取1个果穗，分装保存，确保该品种的遗传多样性，并作为今后繁殖、入库和研究之用；栽培品种选取15个典型植株各取1个果穗混合保存。

20. 其他需要记载的重要情况：____

“第三次全国农作物种质资源普查与收集行动”种质资源调查表

——果树、茶、桑及其他多年生作物

1. 样品编号：＿＿＿＿＿＿＿，日期：＿＿＿＿＿年＿＿月＿＿日
   采集地点：＿＿＿＿＿＿＿＿＿＿，样品类型：＿＿＿＿＿＿＿＿＿＿，
   采集者及联系方式：＿＿＿＿＿＿＿＿＿＿＿＿＿＿＿＿＿＿＿＿＿＿
2. 生物学：物种拉丁名：＿＿＿＿，作物名称：＿＿＿＿＿＿，品种名称：＿＿＿＿＿，
   俗名：＿＿＿＿＿＿＿，分布区域：＿＿＿＿＿＿，历史演变：＿＿＿＿＿＿＿＿＿＿，
   伴生物种：＿＿＿＿＿＿＿＿＿＿＿＿，生长发育及繁殖习性：＿＿＿＿＿＿＿＿＿＿，
   极端生物学特性：＿＿＿＿＿＿＿＿＿，其他：＿＿＿＿＿＿＿＿＿＿＿＿＿＿＿＿＿＿＿
3. 地理系统：GPS定位：海拔＿＿＿＿＿m，经度＿＿＿＿＿°，纬度：＿＿＿＿＿°；
   地形：＿＿＿＿＿＿＿＿＿＿；地貌：＿＿＿＿＿＿＿＿；年均气温：＿＿＿＿＿℃；
   年均降水量：＿＿＿＿＿＿＿mm；其他：＿＿＿＿＿＿＿＿＿＿＿＿＿＿＿＿＿＿＿＿＿＿＿＿
4. 生态系统：土壤类型：＿＿＿＿＿＿＿＿＿，植被类型：＿＿＿＿＿＿＿＿＿＿＿＿＿＿
   植被覆盖率：＿＿＿＿＿＿＿%，其他：＿＿＿＿＿＿＿＿＿＿＿＿＿＿＿＿＿＿＿＿＿＿＿
5. 品种类别：□ 地方品种，□ 育成品种，□ 引进品种，□ 野生资源
6. 品种来源：□ 前人留下，□ 换　　种，□ 市场购买，□ 其他途径：＿＿＿＿＿
7. 种植该品种的原因：□ 自家食用，□ 饲用，□ 市场销售，□ 药用，□ 其他；
   用途：＿＿＿＿＿＿＿＿＿＿＿＿＿＿＿＿＿＿＿＿＿＿＿＿＿＿＿＿＿＿＿＿＿＿＿＿
8. 品种特性：
   优质：＿＿＿＿＿＿＿＿＿＿＿＿＿＿＿＿＿＿＿＿＿＿＿＿＿＿＿＿＿＿＿＿＿＿＿＿
   抗病：＿＿＿＿＿＿＿＿＿＿＿＿＿＿＿＿＿＿＿＿＿＿＿＿＿＿＿＿＿＿＿＿＿＿＿＿
   抗虫：＿＿＿＿＿＿＿＿＿＿＿＿＿＿＿＿＿＿＿＿＿＿＿＿＿＿＿＿＿＿＿＿＿＿＿＿
   产量：＿＿＿＿＿＿＿＿＿＿＿＿＿＿＿＿＿＿＿＿＿＿＿＿＿＿＿＿＿＿＿＿＿＿＿＿
   其他：＿＿＿＿＿＿＿＿＿＿＿＿＿＿＿＿＿＿＿＿＿＿＿＿＿＿＿＿＿＿＿＿＿＿＿＿
9. 该品种的利用部位：□ 果实，□ 种子，□ 植株，□ 叶片，□ 根，□ 其他＿＿
10. 该品种具有的药用或其他用途：
    具体用途：＿＿＿＿＿＿＿＿＿＿＿＿＿＿＿＿＿＿＿＿＿＿＿＿＿＿＿＿＿＿＿＿
    利用方式与途径：＿＿＿＿＿＿＿＿＿＿＿＿＿＿＿＿＿＿＿＿＿＿＿＿＿＿＿＿
11. 该品种其他特殊用途和利用价值：□ 观赏，□ 砧木，□ 其他＿＿＿＿＿＿＿＿
12. 该品种的种植密度：＿＿＿＿＿＿＿＿＿＿＿＿＿，间种作物：＿＿＿＿＿＿＿＿
13. 该品种在当地的物候期：＿＿＿＿＿＿＿＿＿＿＿＿＿＿＿＿＿＿＿＿＿＿＿＿＿＿
14. 品种提供者种植该品种大约有＿＿＿年，现在种植的面积大约＿＿＿亩，当地大约有＿＿＿户农户种植该品种，种植面积大约有＿＿＿亩
15. 该品种大概的开花期：＿＿＿＿＿＿＿＿＿＿＿＿，成熟期：＿＿＿＿＿＿＿＿＿

16. 该品种栽种管理有什么特别的要求？

____

17. 该品种株高：__________m，果实大小：__________mm，
果实品质：□ 优，□ 中，□ 差

18. 品种提供者一年种植哪几种作物：__________________

19. 其他：______________________________________

20. 样品提供者：姓名：________，性别：________，民族：________，
年龄：________，文化程度：__________，家庭人口：______人，
联系方式：__________________________